图解数据结构
使用C#

吴灿铭 胡昭民 编著

清华大学出版社

北京

内 容 简 介

这是一本综合讲述数据结构及其算法的入门书，全书采用图文讲解的方式，力求读者易于学习和掌握。

全书从基本的数据结构概念开始讲起，包括数组结构、队列、堆栈、树形结构、排序、查找等；接着介绍常用的算法，包括分治法、递归法、贪心法、动态规划法、迭代法、枚举法、回溯法等，并为每个经典的算法都提供了 C#程序设计语言编写的完整范例程序；最后在每章末尾都安排了大量的习题，这些题目包含各类考试的例题，希望读者能灵活地应用所学的各种知识。

本书图文并茂，叙述简洁、清晰，范例丰富，可操作性强，针对具有一定编程能力又想提高编程"深度"的非信息专业类人员或学生，是一本数据结构普及型的教科书或自学参考书。

本书为荣钦科技股份有限公司授权出版发行的中文简体字版本

北京市版权局著作权合同登记号　图字：01-2019-0484

图书在版编目（CIP）数据

图解数据结构：使用 C#/吴灿铭，胡昭民编著. —北京：清华大学出版社，2019（2021.10重印）
ISBN 978-7-302-52872-2

Ⅰ. ①图… Ⅱ. ①吴… ②胡… Ⅲ. ①数据结构-图解②C 语言-程序设计
Ⅳ. ①TP311.12-64②TP312.8

中国版本图书馆 CIP 数据核字（2019）第 083047 号

责任编辑：夏毓彦
封面设计：王　翔
责任校对：闫秀华
责任印制：宋　林

出版发行：清华大学出版社
　　　　网　　　址：http://www.tup.com.cn，http://www.wqbook.com
　　　　地　　　址：北京清华大学学研大厦 A 座　　　　邮　　编：100084
　　　　社　总　机：010-62770175　　　　邮　　购：010-62786544
　　　　投稿与读者服务：010-62776969，c-service@tup.tsinghua.edu.cn
　　　　质　量　反　馈：010-62772015，zhiliang@tup.tsinghua.edu.cn
印　装　者：涿州市京南印刷厂
经　　销：全国新华书店
开　　本：190mm×260mm　　　　印　　张：28.25　　　　字　　数：723 千字
版　　次：2019 年 7 月第 1 版　　　　印　　次：2021 年 10 月第 3 次印刷
定　　价：79.00 元

产品编号：081834-01

序

　　数据结构一直是计算机科学领域非常重要的基础课程,其除了是全国各大院校信息工程、信息管理、通信工程、应用数学、金融工程(计算金融)、计算机科学等信息类相关科系的必修科目外,近年来包括电机、电子,甚至一些商学院管理科系也将数据结构列入选修课程。同时,一些信息类相关科系的研究生入学考试、专业等级考试等,数据结构也被列入必考科目。由此可知,无论是从考试的角度还是研究信息科学理论知识的角度来看,数据结构确实是有志于从事信息类工作人员必须重视的一门基础课程。

　　但是,要学好数据结构的关键在于能否找到一本既易于阅读,又能将数据结构中各种重要理论知识及其算法进行详细诠释并举例示范的书籍。本书是一本讲述如何将数据结构概念以 C# 程序设计语言来实现的著作,为了方便读者学习,书中的算法尽量不以伪代码来说明,而是以 C# 程序设计语言来实现完整的范例程序,这样不仅可以避免片断学习造成的困扰,同时也方便老师的教学和对程序代码的解说。

　　本书的所有范例程序都是在 Visual Studio 2017 环境下进行编写、编译、调试与运行的,是一套多种程序设计语言的集成开发环境,其版本分为三种:Visual Studio Community 2017、Visual Studio Professional 2017 和 Visual Studio Enterprise 2017。其中 Visual Studio Community 2017 是一个免费版本,主要提供给初学者使用,本书就采用了这个版本。在本书最后的附录中包含了有关 Visual Studio Community 2017 这个集成开发环境下载、安装与设置的简介。另外,为了帮助读者在以 C#语言实现数据结构程序的过程中可以精准地使用各种程序命令的正确语法,以及提高程序的调试效率,我们在附录中也整理了实现数据结构必备的 C# 程序命令,并以摘要的方式帮助读者快速掌握其中的重点。

　　我想一本好的理论书籍除了内容的专业性外,更需要有清楚易懂的结构安排,在细细阅读本书之后,相信读者可以体会笔者的用心,也希望本书能帮助读者对这门基础学科有更加全面的认识。

编　者

2019 年 5 月

改编说明

"数据结构"不仅仅只是讲授数据的结构以及在计算机内如何存储和组织数据的方式，它背后真正蕴含的是与之息息相关的算法，精心选择的数据结构配合恰如其分的算法就意味着数据或信息在计算机内被高效率地存储和处理。算法是数据结构的灵魂，它既神秘又"好玩"，简而言之：数据结构 + 算法 = "聪明人在计算机上的游戏"。

为了方便老师教学或读者自学，作者在描述数据结构原理和算法时文字清晰且严谨，并为每个算法及其数据结构提供了演算的详细图解。另外，为了便于教学中让学生上机实践或者自学者上机"操练"，本书为每个经典的算法都提供了 C#程序设计语言编写的完整范例程序，并且每个范例程序都经过了测试和调试。本书的所有范例程序都可以在 Visual Studio 2017 的所有版本上顺利运行，请扫描下面二维码，获得这些范例程序（包含完整源代码）。

学习本书需要有面向对象程序设计语言的基础，如果读者没有学习过任何面向对象的程序设计语言，那么建议读者还是先学习一下 C#程序设计语言再来学习本书；如果读者已经掌握了 Java、C++、Python 等任何一种面向对象的程序设计语言，即便没有学习过 C#语言，只需要找一本"C#程序设计语言快速入门"方面的参考书快速浏览一下或者参考本书附录 A，就可以开始本书的学习。

资深架构师 赵军
2019 年 5 月

目　　录

第 1 章
数据结构与算法

计算机（Computer）是一种具备了数据计算与信息处理功能的电子设备。它可以接受人类所设计的指令或程序设计语言，经过运算处理后，输出期待的结果。

对于有志于从事信息技术专业领域的人员来说，数据结构（Data Structure）是一门与计算机硬件和软件息息相关的学科，称得上是从计算机问世以来经久不衰的热门学科。这门学科研究的重点是在计算机程序设计领域，即研究如何将计算机中相关数据或信息的组合，以某种方式组织起来进行有效地加工和处理，其中包含算法（Algorithm）、数据存储的结构、排序、查找、树、图及哈希函数等。

1.1　数据结构的定义

我们可以将数据结构看成是在数据处理过程中的一种分析、组织数据的方法与逻辑，它考虑到了数据之间的特性与相互关系。简单来说，数据结构的定义就是一种程序设计优化的方法论，它不仅讨论到存储的数据，同时也考虑到彼此之间的关系与运算，使之达到加快执行速度与减少内存占用空间的作用，如图 1-1 所示。

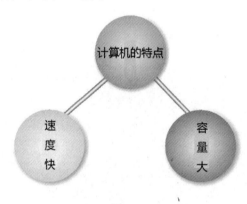

图 1-1

在现代社会中，计算机与信息是息息相关的，因为计算机有处理速度快与存储容量大两大特点，所以在数据处理的角色上更为举足轻重。数据结构无疑就是数据进入计算机内处理的一套完整逻辑，就像程序设计师必须选择一种数据结构来进行数据的添加、修改、删除、存储等操作。如果在选择数据结构时做了错误的决定，那么程序执行的速度可能会变得非常低效；如果选错了数据类型，那么后果更是不堪设想。

因此，当要求计算机为我们解决问题时，必须以计算机所能接受的模式来确认问题，而安排适当的算法处理数据，这就是数据结构要讨论的重点。

1.1.1　数据与信息

谈到数据结构，首先必须了解何谓数据（Data）与信息（Information）。所谓数据（Data），指的就是一种未经处理的原始文字（Word）、数字（Number）、符号（Symbol）或图形（Graph）等，它所表达出来的只是一种没有评估价值的基本元素或项目。例如，姓名、课程表、通讯录等都皆可称为一种"数据"（Data）。

当数据经过处理（Process），例如以特定的方式整理、归纳甚至进行分析后，就成为"信息"（Information），而这样的处理过程就称为"数据处理"（Data Processing），如图 1-2 所示。

图 1-2

从严谨的角度来形容"数据处理"，就是用人力或机器设备对数据进行系统地整理，如记录、排序、合并、整合、计算、统计等，以使原始的数据符合需求，从而成为有用的信息。

大家可能会有疑问："那么数据和信息的角色是否绝对一成不变呢？"。这倒也不一定，同一份文件可能在某种情况下为数据，而在另一种情况下则为信息。

1.1.2　数据的特性

通常按照计算机中所存储和使用的对象将数据分为两大类：一类为数值数据（Numeric Data），如 0, 1, 2, 3…9，即可用运算符（Operator）来进行运算的数据；另一类为字符数据（Alphanumeric Data），如 A, B, C…+,*等非数值数据（Non-Numeric Data）。如果按照数据在计算机程序设计语言中的存在层次来划分，则可以分为以下三种类型。

■ 基本数据类型（Primitive Data Type）

不能以其他类型来定义的数据类型，或者称为标量数据类型（Scalar Data Type），几乎所有的程序设计语言都会为标量数据类型提供一组基本数据类型，如 C#语言中的基本数据类型就包括了整数（int）、浮点（float）、字符（char）等。

■ 结构数据类型（Structured Data Type）

结构数据类型也称为虚拟数据类型（Virtual Data Type），是一种比基本数据类型更高一级的数据类型，如字符串（string）、数组（array）、指针（pointer）、列表（list）、文件（file）等。

■ 抽象数据类型（Abstract Data Type：ADT）

我们可以将一种数据类型看成是一种值的集合，以及在这些值上进行的运算及其代表的属性所组成的集合。"抽象数据类型"（Abstract Data Type，ADT）比结构数据类型更高级，是指一个数学模型及定义在此数学模型上的一组数学运算或操作。也就是说，ADT 在计算机中是表示一种"信息隐藏"（Information Hiding）的程序设计思想及信息之间的某一种特定的关系模式。例如堆栈（Stack）就是一种典型的数据抽象类型，它具有后进先出（Last In, First Out）的数据操作方式。

1.2 算法

随着信息与网络科技的高速发展，在目前这个物联网（Internet of Things，IOT）与云运算（Cloud Computing）的时代，程序设计能力已经被看成是国力的象征，有条件的中小学校都将程序设计（或称为"编程"）列入学生信息课的学习内容，在大专院校里，程序设计已不再只是信息技术相关科系的"专利"了。程序设计已经是接受全民义务制教育的学生们应该具备的基本能力，只有将"创意"通过"设计过程"与计算机相结合，才能让新一代人才轻松应对这个快速变迁的云计算时代（图 1-3）。

没有最好的程序设计语言，只有是否适合的程序设计语言。程序设计语言本来就只是工具，从来都不是算法的重点。我们知道，一个程序能否快速而高效地完成预定的任务，算法才是其中的关键因素。所以，我们可以认为 "数据结构加上算法等于可执行程序"，如图 1-4 所示。

图 1-3   图 1-4

 提 示　"云"其实泛指"网络"，因为工程师在网络结构示意图中通常习惯用"云朵"图来代表不同的网络。云计算是指将网络中的运算能力提供出来作为一种服务，只要用户可以通过网络登录远程服务器进行操作，就能使用这种运算资源。

物联网（Internet of Things，IOT）是近年来信息产业中一个非常热门的话题，各种配备了传感器的物品，如 RFID、环境传感器、全球定位系统（GPS）等与因特网结合起来，并通过网络技术让各种实体对象、自动化设备彼此沟通与交换信息，也就是通过网络把所有东西都连接在一起。

1.2.1 到处都是算法

算法（Algorithm）是计算机科学中程序设计领域的核心理论之一，每个人每天都会用到一些算法。算法也是人类使用计算机解决问题的技巧之一，它不仅用于计算机领域，而且在数学、物理甚至是每天的生活中都应用广泛。在日常生活中就有许多工作可以使用算法来描述，例如员工的工作报告、宠物的饲养过程、厨师准备美食的食谱、学生的课程表等。如今我们几乎每天都在使用的各种搜索引擎也必须借助不断更新的算法来运行，如图 1-5 所示。

图 1-5

特别是在算法与大数据的结合下，这门学科演化出"千奇百怪"的应用，例如当我们拨打某个银行信用卡客户服务中心的电话时，很可能就先经过后台算法的过滤，帮我们找出一位最"合我们胃口"的客服人员来与我们交谈。在互联网时代，通过大数据的分析，网店还可以进一步了解产品购买和需求的人群，甚至一些知名 IT 企业在面试过程中也会测验面试人员对算法的了解程度（图 1-6）。

图 1-6

提示

大数据（又称为海量数据，big data），由 IBM 公司于 2010 年提出，是指在一定时效（Velocity）内进行大量（Volume）、多样性（Variety）、低价值密度（Value）、真实性（Veracity）数据的获得、分析、处理、保存等操作，主要特性包含：Volume（大量）、Velocity（时效性）、Variety（多样性）、Value（低价值密度）和 Veracity（真实性）。大数据解决了商业智能无法处理的非结构化与半结构化数据。

1.2.2　算法的定义

在韦氏辞典中算法定义为："在有限步骤内解决数学问题的程序。"如果运用在计算机领域中，我们也可以把算法定义成："为了解决某项工作或某个问题，所需要有限数量的机械性或重复性指令与计算步骤。"

算法必须符合的 5 个条件可参考表 1-1 和图 1-7 所示。

表 1-1 算法必须符合的 5 个条件

算法的特性	内容与说明
输入（Input）	0 个或多个输入数据，这些输入必须有清楚的描述或定义
输出（Output）	至少会有一个输出结果，不能没有输出结果
明确性（Definiteness）	每一个指令或步骤必须是简洁明确的
有限性（Finiteness）	在有限步骤后一定会结束，不会产生无限循环
有效性（Effectiveness）	步骤清晰且可行，能让用户用纸笔计算而求出答案

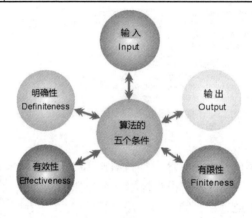

图 1-7

我们认识了算法的定义与条件后，接着要来思考：用什么方法来表达算法比较合适呢？其实算法的主要目的在于让人们了解所执行工作的流程与步骤，只要清楚地体现出算法的 5 个条件即可。常用的算法如下：

- 常用的算法一般可以用中文、英文、数字等文字来描述，即用语言来描述算法的具体步骤。例如，小华早上去上学并买早餐的简单文字算法，如图 1-8 所示。
- 伪语言（Pseudo-Language）是接近高级程序设计的语言，也是一种不能直接放进计算机中执行的语言。一般需要一种特定的预处理器（Preprocessor），或者要用人工编写转换成真正的计算机语言，经常使用的有 SPARKS、PASCAL-LIKE 等。以下是用 SPARKS 写成的链表反转的算法。

图 1-8

```
Procedure Invert(x)
    P←x;Q←Nil;
    WHILE P≠NIL do
     r←q;q←p;
     p←LINK(p);
```

```
            LINK(q)←r;
        END
    x←q;
END
```

- 表格或图形，如数组、树形图、矩阵图等，如图 1-9 所示。
- 流程图（Flow Diagram）是一种通用的图型符号表示法。例如，请您输入一个数值并判断是奇数还是偶数，如图 1-10 所示。

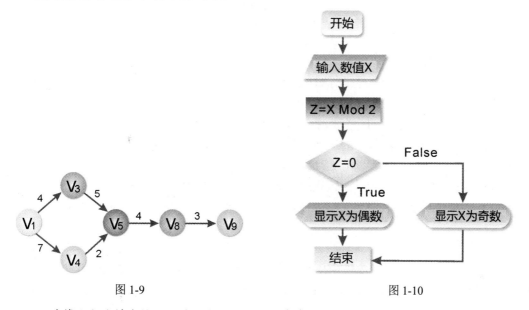

图 1-9　　　　　　　　　　　　　　图 1-10

- 目前算法也能够直接以可读性高的高级语言来表示，如 C#、Java、Python、Visual Basic、C、C++。本书将以 C# 语言来实现数据结构及其算法。

提 示

算法和过程（Procedure）有何不同？与流程图又有什么关系？

算法和过程是有所区别的，因为过程不一定要满足有限性的要求，如操作系统或机器上运行的过程。除非宕机，否则永远在等待循环中（Waiting Loop），这也违反了算法 5 个条件中的"有限性"。另外，只要是算法，就都能够使用流程图来表示，但是由于过程流程图可包含无限循环，所以无法使用算法来表达。

1.3　算法性能分析

对一个程序（或算法）性能的评估，经常是从时间与空间两种因素进行考虑。时间是指程序的运行时间，称为"时间复杂度"（Time Complexity）。空间则是该程序在计算机内所占的空间大小，称为"空间复杂度"（Space Complexity）。

▪ 空间复杂度

所谓"空间复杂度"，是一种以概量方式来衡量所需要的内存空间。而这些所需要的内存空间，通常可以分为"固定空间内存"（包括基本程序代码、常数、变量等）与"变动空间内存"（随程序或进行时而改变大小的使用空间，如引用类型变量）。由于计算机硬件的发展及所使用计算机的不同，所以纯粹从程序（或算法）的效率来看，应该以算法的运行时间为主要评估与分析的依据。

▪ 时间复杂度

程序设计师可以就某个算法的执行步骤计数来衡量运行时间。同样是两行指令：

$$a=a+1 \text{ 与 } a=a+0.3/0.7*10005$$

由于涉及变量存储类型与表达式的复杂度，所以真正绝对精确的运行时间一定不相同。不过话说回来，如此大费周章地去考虑程序的运行时间往往寸步难行，而且毫无意义，此时可以利用一种"概量"的概念来衡量运行时间，我们称之为"时间复杂度"（Time Complexity）。其详细定义如下：

在一个完全理想状态下的计算机中，我们定义 $T(n)$来表示程序执行所要花费的时间，其中 n 代表数据输入量。当然程序的运行时间（Worse Case Executing Time）或最大运行时间是时间复杂度的衡量标准，一般以 Big-oh 表示。

在分析算法的时间复杂度时，往往用函数来表示它的成长率（Rate of Growth），其实时间复杂度是一种"渐近表示法"（Asymptotic Notation）。

1.3.1 Big-oh

$O(f(n))$可视为某算法在计算机中所需运行时间不会超过某一常数倍的 $f(n)$，也就是说当某算法的运行时间 $T(n)$的时间复杂度（Time Complexity）为 $O(f(n))$（读成 big-oh of f(n)或 order is f(n)）。

意思是存在两个常数 c 与 n_0，则若 $n \geqslant n_0$，则 $T(n) \leqslant cf(n)$，$f(n)$又称为运行时间的成长率（Rate of Growth）。请大家看以下范例，以了解时间复杂度的意义。

范例▶ 1.3.1 假如运行时间 $T(n)=3n^3 + 2n^2 + 5n$，求时间复杂度。

解答▶ 首先得找出常数 c 与 n^0，我们可以找到当 $n_0=0$，c=10 时，则当 $n \geqslant n_0$ 时，$3n^3+2n^2+5n \leqslant 10n^3$，因此得知时间复杂度为 $O(n^3)$。

范例▶ 1.3.2 请证明 $\sum_{1 \leqslant i \leqslant n} i = O(n^2)$

解答▶

$$\sum_{1 \leqslant i \leqslant n} i = 1+2+3+\ldots+n = \frac{n(n+1)}{2} = \frac{n^2+n}{2}$$

又可以找到常数 $n^0=0$、c=1，当 $n \geqslant n^0$，$\frac{n^2+n}{2} \leqslant n^2$，因此得知时间复杂度为 $O(n^2)$。

范例▶ 1.3.3 考虑下列 $x \leftarrow x+1$ 的执行次数。

（1）

```
   :
x←x+1
   :
```

（2）

```
for i←1 to n do
   :
    x←x+1
   :
end
```

（3）

```
for i←1 to n do
   :
  for j←1 to m do
    :
      x←x+1
    :
    end
   :
end
```

解答▶ （1）1 次 ；（2）n 次 ；（3）n*m 次。

范例▶ 1.3.4　求下列算法中 x←x+1 的执行次数及时间复杂度。

```
for i←1 to n do
   j←i
   for k←j+1 to n do
     x←x+1
    end
end
```

解答▶ 有关 x←x+1 的执行次数，因为 j←i，且 k←j+1，所以可用以下公式来表示。

$$\sum_{i=1}^{n}\sum_{k=i+1}^{n}1 = \sum_{i=1}^{n}(n-i) = \sum_{i=1}^{n}n - \sum_{i=1}^{n}i = n^2 - \frac{n(n+1)}{2} = \frac{n(n-1)}{2} \quad (次)$$

而时间复杂度为 $O(n^2)$。

范例▶ 1.3.5　请确定以下程序片段的运行时间。

```
k=100000
while k<>5 do
```

```
     k=k DIV 10
  end
```

解答▶ 因为 k=k DIV 10，所以一直到 k=0 时，都不会出现 k=5 的情况，整个循环为无限循环，运行时间为无限长。

▪ 常见 Big-oh

事实上，时间复杂度只是执行次数的一个概略的量度层级，并非真实的执行次数。而 Big-oh 则是一种用来表示最坏运行时间的表现方式，它也是最常用于在描述时间复杂度的渐近式表示法。常见的 Big-oh 可参考表 1-2 和图 1-11。

表 1-2　常见的 Big-oh

Big-oh	特色与说明
$O(1)$	称为常数时间（Constant Time），表示算法的运行时间是一个常数倍
$O(n)$	称为线性时间（Linear Time），表示执行的时间会随着数据集合的大小而线性增长
$O(\log_2 n)$	称为次线性时间（Sub-Linear Time），成长速度比线性时间还慢，而比常数时间还快
$O(n^2)$	称为平方时间（Quadratic Time），算法的运行时间会成二次方的增长
$O(n^3)$	称为立方时间（Cubic Time），算法的运行时间会成三次方的增长
(2^n)	称为指数时间（Exponential Time），算法的运行时间会成 2 的 n 次方增长。例如解决 Nonpolynomial Problem 问题算法的时间复杂度即为 $O(2^n)$
$O(n\log_2 n)$	称为线性乘对数时间，介于线性和二次方增长的中间模式

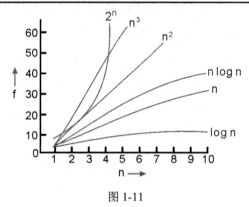

图 1-11

n≥16 时，时间复杂度的优劣比较关系如下：

$$O(1) < O(\log_2 n) < O(n) < O(n\log_2 n) < O(n^2) < O(n^3) < O(2^n)$$

范例▶ 1.3.6　确定下列的时间复杂度(f(n)表示执行次数)

（a）f(n)=n^2logn+logn

（b）f(n)=8loglogn

（c）f(n)=logn^2

（d）f(n)=4loglogn

（e）f(n)=n/100+1000/n^2

（f）f(n)=n!

解答 ▶

（a）f(n)=(n^2+1)logn=O(n^2logn)

（b）f(n)=8loglogn=O(loglogn)

（c）f(n)=logn^2=2logn=O(logn)

（d）f(n)=4loglogn=O(loglogn)

（e）f(n)=n/100+1000/n^2≤n/100（当 n≥1000 时）=O(n)

（f）f(n)=n!=1*2*3*4*5…*n<=n*n*n*…n*n≤n^n（n≥1 时）=O(n^n)

1.3.2 Ω(omega)

Ω 也是一种时间复杂度的渐近表示法，如果说 Big-oh 是运行时间量度的最坏情况，那么 Ω 就是运行时间量度的最好情况。以下是 Ω 的定义：

对 f(n) = Ω(g(n))（读作 big-omega of g(n)），意思是存在常数 c 和 n_0。对所有的 n 值而言，n ≥ n_0 时，f(n) ≥ cg(n)均成立，如 f(n) = 5n+6，存在 c = 5，n_0 = 1，对所有 n ≥ 1 时，5n+5 ≥ 5n。因此，对于 f(n) =Ω(n)而言，n 就是成长的最大函数。

范例 ▶ 1.3.7 f(n)=6n^2+3n+2，请使用 Ω 来表示 f(n)的时间复杂度。

解答 ▶ f(n) = 6n^2+3n+2，存在 c = 6，n_0≥1，对所有的 n≥n_0，使得 6n^2+3n+2≥6n^2，所以 f(n) = Ω(n^2)。

1.3.3 θ(theta)

θ 是一种比 Big-O 与 Ω 更精确的时间复杂度渐近表示法。其定义如下：

f(n) = θ(g(n))（读作 big-theta of g(n)），意思是存在常数 c_1、c_2、n_0，对所有的 n ≥ n_0 时，c_1g(n)≤f(n)≤c_2g(n)均成立。换句话说，当 f(n) = θ(g(n))时，就表示 g(n)可代表 f(n)的上限与下限。

以 f(n) = n^2+2n 为例，当 n≥0 时，n^2+2n≤3n^2，可得 f(n)=O(n^2)。同理，n≥0 时，n^2+2n≥n^2，可得 f(n) = Ω(n^2)，所以 f(n) = n^2 + 2n = θ(n^2)。

1.4 常见算法介绍

善用算法，当然是培养程序设计逻辑很重要的步骤，许多实际的问题都可用多个可行的算法来解决，但是要从中找出最佳的解决算法却是一项挑战。本节中将为大家介绍一些近年来相当知名的算法，能帮助大家更加了解不同算法的概念与技巧，以便日后更有能力分析各种算法的优劣。

1.4.1　分治法

分治法（Divide and Conquer，也称为"分而治之法"）是一种很重要的算法，我们可以应用分治法来逐一拆解复杂的问题,核心思想就是将一个难以直接解决的大问题依照相同的概念，分割成两个或更多的子问题，以便各个击破。其实，任何一个可以用程序求解的问题所需的计算时间都与其规模有关，问题的规模越小，越容易直接求解。分割问题也是遇到大问题的解决方式，可以使子问题规模不断缩小，直到这些子问题足够简单到可以解决，最后再将各子问题的解合并得到原问题的最终解答。这个算法应用相当广泛，如快速排序法（Quick Sort）、递归算法（Recursion）、大整数乘法。

下面我们就以一个实际的例子来说明。如果有 8 幅很难画的图，我们就可以分成两组各四幅画来完成；如果还是觉得太复杂，就再分成四组，每组各两幅画来完成。采用相同模式反复分割问题，这就是最简单的分治法的核心思想，如图 1-12 所示。

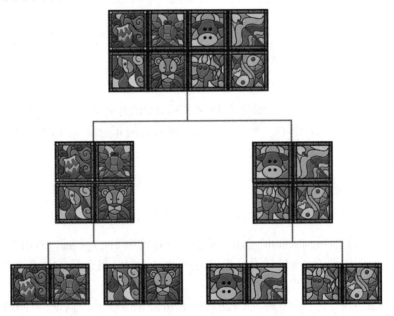

图 1-12

分治法也可以应用在数字的分类与排序上，如果要以人工的方式将散落在地上的打印稿，按从第 1 页整理并排序到第 100 页。我们可以有两种做法，一种方法是逐一捡起打印稿，并逐一按页码顺序插入到正确的位置。但是这样的方法有一种缺点，就是排序和整理的过程较为繁杂，而且比较浪费时间。

此时，我们可以应用分治法的原理，先行将页码 1 到页码 10 放在一起，页码 11 到页码 20 放在一起，以此类推，将页码 91 到页码 100 放在一起，也就是说，将原先的 100 页分类为 10 个页码区间，然后我们再分别对 10 堆页码进行整理，最后再从页码小到大的分组合并起来，轻易恢复到原先的稿件顺序，通过分治法可以让原先复杂的问题，变成规则更简单、数量更少、速度更快且更容易轻易解决的小问题。

1.4.2　递归法

递归是一种很特殊的算法，分治法和递归法很像一对孪生兄弟，都是将一个复杂的算法问题进行分解，让规模越来越小，最终使子问题容易求解。递归在早期人工智能所用的语言中，如 Lisp、Prolog 几乎是整个语言运行的核心，现在许多程序设计语言，包括 C#、C、C++、Java、Python 等都具备递归功能。简单来说，对程序设计人员的实现而言，"函数"（或称为子程序）不单纯只是能够被其他函数调用（或引用）的程序单元，在某些程序设计语言中还提供了自己调用自己的功能，这两种调用的功能就是所谓的"递归"。

从程序语言的角度来说，谈到递归的正式定义，我们可以正式这样形容，假如一个函数或子程序，是由自身所定义或呼叫的，就称为递归 (Recursion)，它至少要定义两个条件，包括一个可以反复执行的递归过程与一个跳出执行过程的出口。

提示　"尾递归"（Tail Recursion）就是函数或子程序的最后一条语句为递归调用，因为每次调用后，再回到前一次调用的第一条语句就是 return 语句，所以不需要再进行任何运算工作了。

此外，根据递归调用对象的不同，可以把递归分为以下两种。

▪　直接递归（Direct Recursion）：是指在递归函数中允许直接调用该函数自身。例如：

```
int Fun(...)
{
  .
  .
if(...)
  Fun(...)
  .
  .
  .
}
```

▪　间接递归：是指在递归函数中如果调用其他递归函数，就再从其他递归函数调用原来的递归函数。

```
int Fun1(...)        int Fun2(...)
{                    {
 .                    .
 .                    .
 if(...)              if(...)
   Fun2(...)            Fun1(...)
   .                    .
   .                    .
}                    }
```

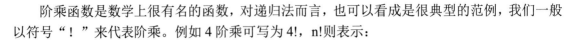

阶乘函数是数学上很有名的函数，对递归法而言，也可以看成是很典型的范例，我们一般以符号"！"来代表阶乘。例如 4 阶乘可写为 4!，n! 则表示：

$$n! = n \times (n-1) * (n-2) \ldots \ldots * 1$$

我们可以逐步分解它的运算过程，以观察出其规律性。

```
5! = (5 * 4!)
   = 5 * (4 * 3!)
   = 5 * 4 * (3 * 2!)
   = 5 * 4 * 3 * (2 * 1)
   = 5 * 4 * (3 * 2)
   = 5 * (4 * 6)
   = (5 * 24)
   = 120
```

用 C# 语言编写的 n! 递归函数算法如下。

```csharp
static int fac(int n)
{
if (n == 0) //递归终止的条件
        return 1;
    else
        return n * fac(n - 1); //递归调用
}
```

下面请用 C# 编写一个完整的执行 n! 递归算法的程序。

【范例程序：ch01_01.sln】

```csharp
1    using System;
2    using System.Collections.Generic;
3    using System.Linq;
4    using System.Text;
5    using System.Threading.Tasks;
6    using static System.Console;//导入静态类
7
8    namespace ch01_01
9    {
10       class Program
11       {
12           static void Main(string[] args)
13           {
14               WriteLine($"5!={Fac(5)}");
15               ReadKey();
16           }
```

```
17          static int Fac(int n)
18          {
19              if (n == 0) //递归终止的条件
20                  return 1;
21              else
22                  return n * Fac(n - 1); //递归调用
23          }
24      }
25  }
```

范例程序的执行结果如图 1-13 所示。

5!=120

图 1-13

以上是用阶乘函数的范例来说明递归的运行方式。在系统中具体实现递归时，则需要用到堆栈的数据结构，所谓堆栈（Stack）就是一组相同数据类型的集合，所有的操作均在这个结构的顶端进行，具有"后进先出"（Last In First Out：LIFO）的特性。有关堆栈的详细功能说明与实现，请参考第 4 章有关堆栈的内容。

我们再来看著名的斐波拉契数列（Fibonacci Polynomial）的求解。首先了解一下斐波拉契数列的基本定义：

$$F_n = \begin{cases} 0 & n=0 \\ 1 & n=1 \\ F_{n-1}+F_{n-2} & n=2,3,4,5,6\ldots\ldots(n \text{ 为正整}) \end{cases}$$

简单来说，这个数列的第 0 项是 0，第 1 项是 1，之后各项的值是由其前面两项值相加的结果（即后面的每项值都是其前两项值的和）。根据斐波拉契数列的定义，可以尝试把它设计成递归形式。

```
public static int Fibonacci(int n)
  {
    if (n==0)      // 第 0 项为 0
      return (0) ;
    else if (n==1) // 第 1 项为 1
      return (1) ;
    else
      return( Fibonacci(n-1)+Fibonacci(n-2));
    // 递归调用函数：第 n 项为 n-1 与 n-2 项之和
  }
```

下面设计一个计算第 n 项斐波拉契数列的递归程序。

【范例程序：ch01_02.sln】

```
1   using System;
2   using System.Collections.Generic;
3   using System.Linq;
4   using System.Text;
5   using System.Threading.Tasks;
6   using System.IO;
7   using static System.Console;   //导入静态类
8
9   namespace ch01_02
10  {
11      class Program
12      {
13          static void Main(string[] args)
14          {
15              int num;
16              string str;
17
18              WriteLine("使用递归计算斐波拉契数列");
19              Write("请输入一个整数:");
20              str = ReadLine();
21              num = int.Parse(str);
22              if (num < 0)
23                  WriteLine("输入的数字必须大于 0\n");
24              else
25                  Write("Fibonacci(" + num + ")=" + Fibonacci(num) + "\n");
26              ReadKey();
27          }
28          static int Fibonacci(int n)
29          {
30              if (n == 0)      // 第 0 项为 0
31                  return (0);
32              else if (n == 1) // 第 1 项为 1
33                  return (1);
34              else
35                  return (Fibonacci(n - 1) + Fibonacci(n - 2));
36              // 递归调用函数:第 N 项为 n-1 与 n-2 项之和
37          }
38      }
39  }
```

范例程序的执行结果如图 1-14 所示。

```
使用递归计算斐波拉契数列
请输入一个整数:8
Fibonacci(8)=21
```

图 1-14

1.4.3 贪心法

贪心法（Greed Method）又称为贪婪算法，方法是从某一起点开始，就是在每一个解决问题步骤使用贪心原则，都采取在当前状态下最有利或最优化的选择，不断地改进该解答，持续在每一步骤中选择最佳的方法，并且逐步逼近给定的目标，当达到某一步骤不能再继续前进时，算法停止，以尽可能快地求得更好的解。

贪心法的精神虽然是把求解的问题分成若干个子问题，不过不能保证求得的最后解是最佳的，贪心法容易过早做决定，只能求满足某些约束条件的可行解的范围，不过在有些问题却可以得到最佳解。经常用在求图形结构的最小生成树（MST）、最短路径与霍哈夫曼编码等。

我们来看一个简单的例子（后面的货币系统不是现实的情况，只为了举例），假设我们今天去便利商店买了几听可乐，总价是 24 元，我们付给售货员 100 元，且我们希望不要找给太多硬币，即硬币的总数量最少，该如何找钱呢？假如目前的硬币有 50 元、10 元、5 元、1 元 4 种，从贪心法的策略来说，应找的钱总数是 76 元，所以一开始选择 50 元的硬币一枚，接下来就是 10 元的硬币两枚，最后是 5 元的硬币和 1 元的硬币各一枚，总共 4 枚硬币，这个结果也确实是最佳的解答。

贪心法很也适合用于旅游某些景点的判断，假如我们要从图 1-14 中的顶点 5 走到顶点 3，最短的路径该怎么走才好呢？以贪心法来说，当然是先走到顶点 1 最近，接着选择走到顶点 2，最后从顶点 2 走到顶点 5，这样的距离是 28，可是从图 1-16 中我们发现直接从顶点 5 走到顶点 3 才是最短的距离，也就是在这种情况下，是没办法以贪心法规则来找到最佳的解答。

图 1-15

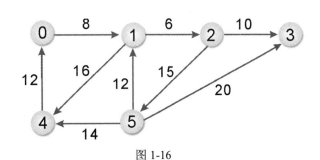

图 1-16

1.4.4 动态规划法

动态规划法（Dynamic Programming Algorithm，DPA）类似于分治法，在 20 世纪 50 年代初由美国数学家 R. E. Bellman 发明，用于研究多阶段决策过程的优化过程与求得一个问题的最佳解。动态规划法主要的做法是：如果一个问题答案与子问题相关的话，就能将大问题拆解成各个小问题，其中与分治法最大不同的地方是可以让每一个子问题的答案被存储起来，以供下次求解时直接取用。这样的做法不但能减少再次计算的时间，并可将这些解组合成大问题的解答，故而使用动态规划可以解决重复计算的问题。

例如前面斐波拉契数列是用类似分治法的递归法，如果改用动态规划法，那么已计算过的数据就不必重复计算了，也不会再往下递归，因而实现了提高性能的目的。如果我们想求斐波拉契数列的第 4 项数 Fib(4)，那么它的递归过程可以用图 1-17 表示出来。

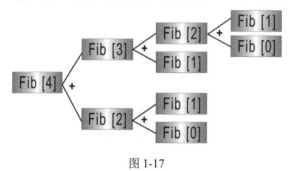

图 1-17

从上面的执行路径图中我们可以得知递归调用了 9 次，而执行加法运算 4 次，Fib(1)与 Fib(0)共执行了 3 次，重复计算影响了执行性能。我们根据动态规划法的思想，将算法可以修改如下（以 C#语言为例）：

```csharp
static int[] output = new int[1000]; //fibonacci 的暂存区

static int fib(int n)
{
int result;
result=output[n];
    if (result==0)
    {
        if(n==0)
            return 0;
        if(n==1)
            return 1;
        else
            return (fib(n-1)+fib(n-2));
    }
    output[n]=result;
    return result;
}
```

1.4.5 迭代法

迭代法（Iterative Method）是指无法使用公式一次求解，而需要使用迭代。
下面以 C#语言用 for 循环设计一个计算 1!~n!的阶乘程序。

【范例程序：ch01_03.sln】

```
1    using System;
2    using System.Collections.Generic;
3    using System.Linq;
4    using System.Text;
5    using System.Threading.Tasks;
6    using System.IO;
7    using static System.Console;//导入静态类
8
9    namespace ch01_03
10   {
11       class Program
12       {
13           static void Main(string[] args)
14           {
15               int sum = 1;
16
17               Write("请从键盘输入 n= ");
18               int n = int.Parse(ReadLine());
19
20               //用 for 循环计算 n!
21               for (int i = 1; i < n + 1; i++)
22               {
23                   for (int j = i; j > 0; j--)
24                       sum = sum * j;    // sum=sum*j
25                   WriteLine(i + "!=" + sum);
26                   sum = 1;
27               }
28               ReadKey();
29           }
30       }
31   }
```

范例程序的执行结果如图 1-18 所示。

```
请从键盘输入n= 8
1!=1
2!=2
3!=6
4!=24
5!=120
6!=720
7!=5040
8!=40320
```

图 1-18

上述的例子是一种固定执行次数的迭代法，当遇到一个问题，无法一次以公式求解，又不能确定要执行多少次，此时就可以使用 while 循环。

while 循环必须加入控制变量的起始值及递增或递减表达式，并且在编写循环过程时必须检查离开循环体的条件是否存在，如果条件不存在，则会让循环体一直执行而无法停止，导致"无限循环"。循环结构通常需要具备一下三个要件：

（1）变量初始值。
（2）循环条件判断表达式。
（3）调整变量增减值。

例如下面的程序：

```
i=1;
while (i < 10) {
  //循环条件判断表达式
WriteLine (i);
  i += 1;    //调整变量增减值
}
```

当 i 小于 10 时会执行 while 循环体内的语句，所以 i 会加 1，直到 i 等于 10。当条件判断表达式为 False 时，就会跳离循环了。

1.4.6 枚举法

枚举法（又称为穷举法）是一种常见的数学方法，是我们在日常中使用比较多的一种算法，其核心思想就是：列举所有的可能。根据问题要求，逐一列举问题的解答，或者为了便于解决问题，把问题分为不重复、不遗漏的有限种情况，逐一列举各种情况并加以解决，最终达到解决整个问题的目的。枚举法这种分析问题、解决问题的方法，得到的结果总是正确的，枚举算法的缺点就是速度太慢。

例如，我们想将 A 与 B 两个字符串连接起来，就是将 B 字符串的每一个字符，从第一个字符开始逐步连接到 A 字符串的最后一个字符，如图 1-19 所示。

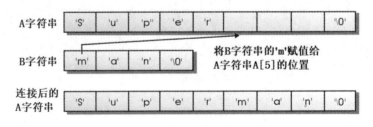

图 1-19

再来看一个例子，当某数 1000 依次减去 1，2，3……直到哪一个数时，相减的结果开始为负数，这是很纯粹的枚举法应用，只要按序减去 1，2，3，4，5，6，8……？

1000-1-2-3-4-5-6….-? < 0

用 C# 语言写成的算法如下：

```
x=1;
num=1000;
while (num>=0) { //while 循环
num-=x;
x=x+1;
}
Console.WriteLine(x-1);
```

简单来说，枚举法的核心概念就是将要分析的项目在不遗漏的情况下逐一列举出来，再从所列举的项目中去找到自己所需要的目标对象。我们再举一个例子来加深大家的印象，如果我们希望列出 1~500 之间所有 5 的倍数（整数），用枚举法就是 1 开始到 500 逐一列出所有的整数并枚举，同时检查该枚举的数字是否为 5 的倍数，如果不是，则不加以理会，如果是，则加以输出。

用 C# 语言编写其算法如下：

```
for (int num=1; num<501; num++)
if (num % 5 ==0 )
Console.WriteLine (num+"是 5 的倍数");
```

如果编写 C# 语言进行示范时，先按下面的程序语句导入 System.Console 静态类。

```
using System.IO;
using static System.Console;//导入静态类
```

那么在编写控制台的输入/输出程序语句时，就可以省略"Console."部分。因此上面同一个程序就可以修改如下：

```
for (int num=1; num<501; num++)
if (num % 5 ==0 )
WriteLine (num+"是 5 的倍数");
```

提 示

回溯法（Backtracking）也算是枚举法中的一种。对于某些问题而言，回溯法是一种可以找出所有（或一部分）解的一般性算法，同时避免枚举不正确的数值。一旦发现不正确的数值，就不再递归到下一层，而是回溯到上一层，以节省时间，是一种走不通就退回再走的方式。它的特点主要是在搜索过程中寻找问题的解，当发现不满足求解条件时，就回溯（即返回），尝试别的路径，避免无效搜索。例如老鼠走迷宫就是一种回溯法的应用。

1.5　程序设计简介

在数据结构中所探讨的目标就是将算法朝有效率、可读性高的程序设计方向努力。简单地说，数据结构与算法必须通过程序（Program）的转换，才能真正由计算机系统来执行。

所谓程序，是由符合程序设计语言语法规则的指令所组成，而程序设计的目的就是通过程序的编写与执行来达到用户的需求。

1.5.1　程序开发流程

至于在程序设计时必须采用何种程序设计语言，通常可根据主客观环境的需要确定，并无特别规定。一般评判程序设计语言好坏的四项原则如下：

- 可读性（Readability）高：阅读与理解都相当容易。
- 平均成本低：成本考虑不局限于编码的成本，还包括执行、编译、维护、学习、调试与日后更新等成本。
- 可靠度高：所编写出来的程序代码稳定性高，不容易产生副作用（Side Effect）。
- 可编写性高：对于针对需求所编写的程序相对容易。

对于程序设计领域的学习方向而言，无疑就是以有效率、可读性高的程序设计成果为目标。一个程序的产生过程，可分为以下 5 个设计步骤（图 1-20）。

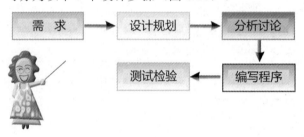

图 1-20

步骤01 需求认识（Requirement）。了解程序所要解决的问题是什么，有哪些输入及输出等。

步骤02 设计规划（Design and Plan）。根据需求选择适合的数据结构，并以任何的表示方式写一个算法以解决问题。

步骤03 分析讨论（Analysis and Discussion）。思考其他可能适合的算法及数据结构，再选出最适当的目标。

步骤04 编写程序（Coding）。把分析的结论写成初步的程序代码。

步骤05 测试检验（Verification）。最后必须确认程序的输出是否符合需求，这个步骤细步地执行程序并进行许多的相关测试。

1.5.2　结构化程序设计

在传统程序设计的方法中，主要以"由下而上"与"由上而下"方法为主。所谓"由下而上"是指程序员将整个程序需求中最容易的部分先编写，再逐步扩大来完成整个程序。

而"由上而下"则是将整个程序需求从上而下、由大到小逐步分解成较小的单元，或称为"模块"（Module），这样使得程序员针对各模块分别开发，不但可减轻设计者负担、可读性较高，也便于日后维护。而结构化程序设计的核心精神，就是"由上而下设计"与"模块化设计"。例如在 Pascal 语言中,这些模块称为"过程"(Procedure),C 语言中称为"函数"(Function)。

通常"结构化程序设计"具有以下三种控制流程,对于一个结构化程序,不管其结构如何复杂,都可利用以下的基本控制流程来加以表达(参考表 1-3)。

表 1-3 基本控制流程

流程结构名称	概念示意图
[顺序结构] 逐步编写程序语句	
[选择结构] 根据某些条件进行逻辑判断	
[重复结构] 根据某些条件决定是否重复执行某些程序语句	

1.5.3 面向对象程序设计

"面向对象程序设计"(Object-Oriented Programming,OOP)的主要设计思想就是将存在于日常生活中随处可见的对象(Object)概念,应用在软件开发模式(Software Development Model)。OOP 让我们在程序设计时,能以一种更生活化、可读性更高的设计思路来进行程序的开发和设计,并且所开发出来的程序也更容易扩充、修改及维护。

在现实生活中充满了形形色色的物体，每个物体都可视为一种对象。我们可以通过对象的外部行为（Behavior）运作及内部状态（State）模式来进行详细的描述。行为代表此对象对外所显示出来的运作方法，状态则代表对象内部各种特征的目前状况，如图 1-21 所示。

图 1-21

例如我们今天想要自己组装一台计算机，而目前我们人在外地，因为配件不足，找遍当了地所有的计算机配件公司，仍找不到需要的配件

如果换一个角度来说，我们不必去理会配件货源如何获得，完全交给计算机公司全权负责，那么事情便会简单许多。我们只需填好一份配置的清单，该计算机公司便会收集好所有的配件，然后寄往我们所交待的地方，至于该计算机公司如何找到的货源，便不是我们所要关心的事了。我们要强调的概念便在此，只要确立每一个配件公司是一个独立的个体，该独立个体有其特定的功能，而各项工作的完成，仅需在这些各个独立的个体之间进行消息（Message）交换即可。

面向对象设计的概念就是认定每一个对象是一个独立的个体，而每个独立个体有其特定的功能，对我们而言，无须去理解这些特定功能如何实现这个目标的具体过程，只需要将需求告诉这个独立的个体，如果这个个体能独立完成，就直接将此任务交给它即可。面向对象程序设计的重点是强调程序的可读性（Readability）、重复使用性（Reusability）与扩展性（Extension），本身还具备以下三种特性，如图 1-22 所示。

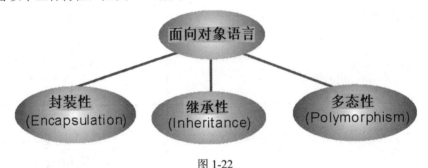

图 1-22

■ 封装性

封装性（Encapsulation）就是利用"类"来实现"抽象数据类型"（ADT）。类是一种用来具体描述对象状态与行为的数据类型，也可以看成是一个模型或蓝图，按照这个模型或蓝图所产生的实例（Instance），就被称为对象。类与对象的关系如图 1-23 所示。

所谓"抽象"，就是将代表事物特征的数据隐藏起来，并定义一些方法来作为操作这些数据的接口，让用户只能接触到这些方法，而无法直接使用数据，也符合了信息隐藏的意义，而这种自定义的数据类型就称为"抽象数据类型"。而传统程序设计的概念，就必须掌握所有的来龙去脉，针对时效性而言，传统程序设计便要大打折扣。

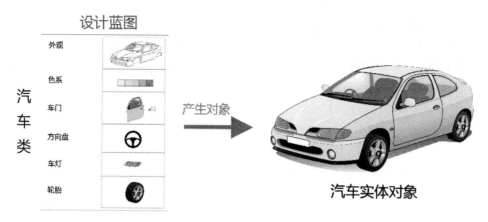

图 1-23

继承性

继承性是面向对象程序设计语言中最强大的功能之一，因为它允许程序代码的重复使用（Code Reusability），同时可以表达树形结构中父代与子代的遗传现象。"继承"（Inheritance）类似现实生活中的遗传，允许我们去定义一个新的类来继承现有的类（Class），进而使用或修改继承而来的方法（Method），并可在子类中加入新的数据成员与函数成员。在继承关系中，可以把它单纯视为一种复制（Copy）的操作。换句话说，当程序开发人员以继承机制声明新增的类时，它会先将所引用的父类中的所有成员，完整地写入新增的类中。类继承关系示意图如图 1-24 所示。

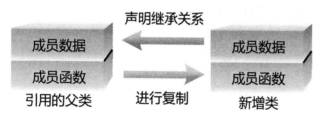

图 1-24

多态性

多态（Polymorphism）也是面向对象设计的重要特性，也称为"同名异式"，可让软件在开发和维护时达到充分的延伸性。多态（Polymorphism），按照英文单词字面的解释，就是一样东西同时具有多种不同的类型。在面向对象程序设计语言中，多态的定义简单来说就是利用类的继承结构，先建立一个基类对象。用户可通过对象的继承声明，将此对象向下继承为派生类对象，进而控制所有派生类的"同名异式"成员方法。简单的说，多态最直接的定义就是让具有继承关系的不同类别对象，可以调用相同名称的成员函数，并产生不同的反应结果。

对象

对象（Object）可以是抽象的概念或是一个具体的东西，包括 "数据"（Data）及其所相应的"操作"或"运算"（Operation），或称为方法（Method），它具有状态（State）、行为（Behavior）与标识（Identity）。每一个对象（Object）均有其相应的属性（Attribute）

及属性值（Attribute value）。例如，有一个对象称为学生，"开学"是一条信息，可传送给这个对象。而学生有学号、姓名、出生年月日、住址、电话等等属性，当前的属性值便是其状态。学生对象的操作或运算行为则有注册、选修、转系、毕业等，学号则是学生对象的唯一识别编号（对象标识，OID）。

课 后 习 题

1. 请问以下 C# 程序是否相当严谨地表达出了算法的含义？

```
01 count=0;
02 while(count < >3)
```

2. 请问下列程序的循环部分，实际执行的次数与时间复杂度？

```
for i=1 to n
    for j=i to n
        for k =j to n
        { end of k Loop }
    { end of j Loop }
{ end of i Loop }
```

3. 试证明 $f(n) = a_m n^m + ... + a_{1n} + a_0$，则 $f(n) = O(n^m)$。

4. 求下列程序中，函数 F(i, j, k)的执行次数。

```
for k=1 to n
    for I-0 to k-1
        for j=0 to k-1
            if i<>j then F(i,j,k)
        end
    end
end
```

5. 请问以下程序的 Big-O 为何？

```
Total=0;
for(i=1; i<=n ; i++)
    total=total+i*i;
```

6. 试述非多项式问题（Nonpolynomial Problem）的意义。

7. 解释下列名词：

（1）O(n)（Big-Oh of n）。

（2）抽象数据类型（Abstract Data Type）。

8. 结构化程序设计与面向对象程序设计的特性为何？试简述之。

9. 请编写一个算法来求取函数 f(n)。f(n)的定义如下：

$$f(n): \begin{cases} n^n & \text{if } n \geq 1 \\ 0 & \text{otherwise} \end{cases}$$

10. 算法必须符合哪五个条件？
11. 请问评估程序设计语言好坏的要素是什么？
12. 试简述分治法的核心思想。
13. 递归至少要定义哪两种条件？
14. 试简述贪心法的主要核心概念。
15. 简述动态规划法与分治法的差异。
16. 什么是迭代法，请简述之。
17. 枚举法的核心概念是什么？试简述之。
18. 回溯法的核心概念是什么？试简述之。

第 2 章
数组结构

　　"线性表"（Linear List）是数学应用在计算机科学中一种十分简单的基本数据结构。简单地说，线性表是 n 个元素的有限序列（n≥0），例如 26 个英文字母的字母表（A、B、C、D、E……）就是一个线性表，线性表中的数据元素为字母符号，或者是 10 个阿拉伯数字的列表（0、1、2、3、4、5、6、7、8、9）。线性表的应用在计算机科学领域中是相当广泛的，例如本章中将要介绍的数组结构（Array）就是一种典型线性表的应用。

2.1　线性表简介

　　线性表的关系（Relation）可以看成是一种有序对的集合，目的在于表示线性表中的任意两相邻元素之间的关系。其中 a_{i-1} 称为 a_i 的先行元素，a_i 是 a_{i-1} 的后继元素。简单的表示线性表，我们可以写成$(a_1, a_2, a_3, ..., a_{n-1}, a_n)$。以下我们尝试以更清楚和口语化的说明来重新定义"线性表"（Linear List）的定义。

　　（1）有序表可以是空集合，或者可写成（$a_1, a_2, a_3, ..., a_{n-1}, a_n$）。
　　（2）存在唯一的第一个元素 a_1 与存在唯一的最后一个元素 an。
　　（3）除了第一个元素 a_1 外，每一个元素都有唯一的先行者（Predecessor），如 a_i 的先行者为 a_{i-1}。
　　（4）除了最后一个元素 a_n 外，每一个元素都有唯一的后继者（Successor），如 a_{i+1} 是 a_i 的后继者。

　　线性表中的每一元素与相邻元素间还会存在某种关系。例如以下 8 种常见的运算方式：

　　（1）计算线性表的长度 n。
　　（2）取出线性表中的第 i 项元素来加以修正，1≤i≤n。
　　（3）插入一个新元素到第 i 项，1≤i≤n，并使得原来的第 i, i+1..., n 项，后移变成 i+1, i+2..., n+1 项。
　　（4）删除第 i 项的元素，1≤i≤n，并使得第 i+1, i+2, …n 项，前移变成第 i, i+1..., n-1 项。
　　（5）从右到左或从左到右读取线性表中各个元素的值。
　　（6）在第 i 项存入新值，并取代旧值，1≤i≤n。
　　（7）复制线性表。
　　（8）合并线性表。

　　线性表也可应用在计算机中的数据存储结构，基本上按照内存存储的方式，可分为以下两种。

■　静态数据结构（Static Data Structure）

　　静态数据结构也称为"密集表"（Dense List），它使用连续分配的内存空间（Contiguous Allocation）来存储有序表中的数据。静态数据结构是在编译时就给相关的变量分配好内存空间。在建立静态数据结构的初期，必须事先声明最大可能要占用的固定内存空间，因此容易造成内存的浪费，例如数组类型就是一种典型的静态数据结构。优点是设计时相当简单，而且读取与修改表中任意一个元素的时间都是固定的。缺点则是删除或加入数据时，需要移动大量的数据。

▪ 动态数据结构（Dynamic Data Structure）

动态数据结构又称为"链表"（Linked List），它使用不连续的内存空间存储具有线性表特性的数据。优点是数据的插入或删除都相当方便，不需要移动大量数据。另外，因为动态数据结构的内存分配是在程序执行时才进行分配的，所以不需事先声明，这样能充分节省内存。缺点是在设计数据结构时比较麻烦，而且在查找数据时，也无法像静态数据一样随机读取，必须按顺序找到该数据为止。

范例 2.1.1 密集表（Dense List）在某些应用上相当方便，请问：

（1）什么情况下不适用？

（2）如果原有 n 项数据，请计算插入一项新数据平均需要移动几项数据？

解答

（1）密集表中同时加入或删除多项数据时，会造成数据的大量移动，这种情况非常不方便，如数组结构。

（2）因为任何可能插入位置的概率均为 1/n，所以平均移动数据的项数为（求期望值）：

$$E = 1*\frac{1}{n} + 2*\frac{1}{n} + 3*\frac{1}{n} + \cdots\cdots + n*\frac{1}{n}$$

$$= \frac{1}{n}*\frac{n*(n+1)}{2} = \frac{n+1}{2}\text{项}$$

2.2 认识数组

"数组"（Array）结构其实就是一排紧密相邻的可数内存，并提供了一个能够直接访问单一数据内容的计算方法。我们其实可以想象一下自家的信箱，每个信箱都有住址，其中路名就是名称，而信箱号码就是索引（注：在数组中也称为"下标"），如图 2-1 所示。邮递员可以按照信件上的住址，把信件直接投递到指定的信箱中，这就好比程序设计语言中数组的名称是表示一块紧密相邻内存的起始位置，而数组的索引（或下标）功能则用来表示从此内存起始位置的第几个区块。

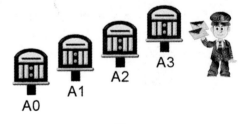

图 2-1

在不同的程序设计语言中，数组结构类型的声明也有所差异，不过通常必须包含以下 5 种属性。

（1）起始地址：表示数组名（或数组第一个元素）所在内存中的起始地址。

（2）维度（Dimension）：代表此数组为几维数组，如一维数组、二维数组、三维数组等。

（3）索引上下限：指元素在此数组中，内存所存储位置的上标与下标。

（4）数组元素个数：是索引上限与索引下限的差+1。

（5）数组类型：声明此数组的类型，它决定数组元素在内存所占容量的大小。

实际上，任何程序设计语言中的数组表示法（Representation of Arrays），只要具备数组上述五种属性以及计算机内存足够的情况下，就容许 n 维数组的存在。通常数组的使用可以分为一维数组、二维数组与多维数组等等，其基本的工作原理都相同。其实，多维数组也必须在一维的物理内存中来表示，因为内存地址是按线性顺序递增的。通常情况下，按照不同的程序设计语言，又可分为一下两种方式。

（1）以行为主（Row-major）：一行一行按序存储，如 C/C++、Java、PASCAL 程序设计语言的数组存储方式。

（2）以列为主（Column-major）：一列一列按序存储，例如 Fortran 语言的数组存储方式。

接下来我们将逐步介绍各种不同维数数组的详细定义，至于数组相关的声明与内存分配的方式，在本节中都会陆续为大家说明。

2.2.1　一维数组

在 C#语言中，一维数组的声明方式如下：

数据类型[] 数组名=new 数据类型[元素个数];

- 数据类型：表示该数组存放的数据类型，可以是基本的数据类型（如 int，float，char 等），或扩展的数据类型，如 C/C++结构类型（struct）、Java 的类类型（class）等。
- 数组名：命名规则与变量相同。
- 元素个数：表示数组可存放的数据个数，为一个正整数常数，且数组的索引值是从 0 开始。

当数组声明时会在内存中分配一个暂存空间，如图 2-2 所示。

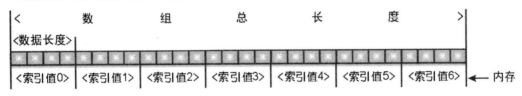

图 2-2

空间的大小以声明的数据类型及数组数量为依据，例如声明 int 类型，数组数量为 10，则数组占内存容量为 4*10=40（Byte）。

范例 ▶ 2.2.1　假设 A 为一个具有 1000 个元素的数组，每个元素为 4 个字节的实数，若 A[500]的位置为 100016，请问 A[1000]的地址是多少？

解答 ▶ 本题很简单，地址以 16 进制数来表示。

$$\rightarrow loc(A[1000]) = loc(A[500]) + (1000 - 500) \times 4$$
$$= 4096(100016) + 2000 = 6096$$

范例 2.2.2 有一个 PASCAL 数组 A:ARRAY[6..99] of REAL（假设 REAL 元素占用的内存空间大小为 4），如果已知数组 A 的起始地址为 500，则元素 A[30]的地址是多少？

解答 Loc(A[30]) = Loc(A[6]) + (30-6)*4 = 500 + 96 = 596

范例 2.2.3 请使用一维数组寻找并存储范围为 1 到 MAX 内的所有质数，所谓质数（Prime Number）是指不能被 1 和它本身以外的其他整数整除的整数。

范例: ch02_01.sln

```
1    using System;
2    using System.Collections.Generic;
3    using System.Linq;
4    using System.Text;
5    using System.Threading.Tasks;
6    using System.IO;
7    using static System.Console;//导入静态类
8
9    namespace ch02_01
10   {
11       class Program
12       {
13           static void Main(string[] args)
14           {
15               const int MAX = 300;
16               //false 为质数,true 为非质数
17               //声明后若没有给定初值,其默认值为 false
18               bool[] prime = new bool[MAX];
19               prime[0] = true;//0 为非质数
20               prime[1] = true;//1 为非质数
21               int num = 2, i;
22               //将 1~MAX 中不是质数者,逐一过滤掉,以此方式找到所有质数
23               while (num < MAX)
24               {
25                   if (!prime[num])
26                   {
27                       for (i = num + num; i < MAX; i += num)
28                       {
29                           if (prime[i]) continue;
30                           prime[i] = true;//设置为 true,代表此数为非质数
31                       }
32                   }
33                   num++;
34               }
```

```
35                      //打印 1~MAX 间的所有质数
36                      WriteLine($"1 到 {MAX} 间的所有质数:");
37                      for (i = 2, num = 0; i < MAX; i++)
38                      {
39                          if (!prime[i])
40                          {
41                              Write(i + "\t");
42                              num++;
43                          }
44                      }
45                      WriteLine("\n质数总数= " + num + "个");
46                      ReadKey();
47                  }
48              }
49          }
```

范例程序的执行结果如图 2-3 所示。

```
1到 300 间的所有质数:
2         3         5         7         11        13        17        19        23        29        31        37        41        43        47
53        59        61        67        71        73        79        83        89        97        101       103       107       109       113
127       131       137       139       149       151       157       163       167       173       179       181       191       193       197
199       211       223       227       229       233       239       241       251       257       263       269       271       277       281
283       293
质数总数= 62个
```

图 2-3

2.2.2　二维数组

二维数组（Two-dimension Array）可视为一维数组的扩展，都是用于处理数据类型相同的数据，差别只在于维数的声明。例如一个含有 m*n 个元素的二维数组 A (1:m, 1:n)，m 代表行数，n 代表列数，A[4][4]数组中各个元素在直观平面上的排列方式如图 2-4 所示。

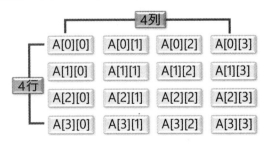

图 2-4

当然，在实际的计算机内存中是无法以矩阵方式存储的，必须以线性方式视为一维数组的扩展来处理。通常按照不同的语言，又可分为以下两种方式。

（1）以行为主（Row-major）：存储顺序为 a_{11}, a_{12}, ...a_{1n}, a_{21}, a_{22}, ..., ...a_{mn}。假设 α 为数组 A 在内存中的起始地址，d 为单位空间，那么数组元素 a_{ij} 与内存地址有下列关系：

$$Loc(a_{ij})= \alpha+n*(i-1)*d+(j-1)*d$$

（2）以列为主（Column-major）：存储顺序为 $a_{11}, a_{12}, ...a_{1n}, a_{21}, a_{22}, ..., ...a_{mn}$。假设 α 为数组 A 在内存中的起始地址，d 为单位空间，那么数组元素 aij 与内存地址有下列关系：

$$Loc(a_{ij})= \alpha+(i-1)*d+m*(j-1)*d$$

了解以上的公式后，如果声明数组 A(1:2, 1:4)，则表示法如图 2-5 所示。

	第1列	第2列	第3列	第4列
第1行	A(1,1)	A(1,2)	A(1,3)	A(1,4)
第2行	A(2,1)	A(2,2)	A(2,3)	A(2,4)

图 2-5

图 2-6 是这个数组在内存中的实际排列方式。

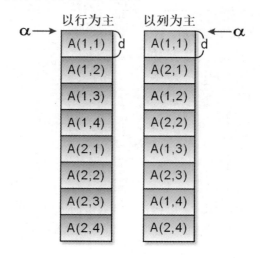

图 2-6

以上两种计算数组元素地址的方法，都是以 A(m,n)或写成 A(1:m,1:n)的方式来表示，这两种的方式称为简单表示法，且 m 与 n 的起始值一定都是 1。如果我们把数组 A 声明成 $A(l_1:u_1,l_2:u_2)$，且对任意 A(i, j)即 aij，有 $u_1{\geq}i{\geq}l_1$，$u_2{\geq}j{\geq}l_2$，这种方式称为"注标表示法"。此数组共有(u_1-l_1+1)行，(u_2-l_2+1)列。那么地址计算公式和上面以简单表示法有些不同，假设 α 仍为起始地址，而且 $m=(u_1-l_1+1)$，$n=(u_2-l_2+1)$。则可导出下列公式：

（1）以行为主（Row-major）：

$$Loc(a_{ij}) =\alpha+((i-l_1+1)-1)*n*d+((j-l_2+1)-1)*d$$
$$=\alpha+(i-l_1)*n*d+(j-l_2)*d$$

（2）以列为主（Column-major）：

$$Loc(a_{ij}) = \alpha + ((i-l_1+1)-1)*d + ((j-l_2+1)-1)*m*d$$
$$= \alpha + (i-l_1)*d + (j-l_2)*m*d$$

在 C# 语言中，二维数组的声明格式如下：

数据类型[,] 变量名称=new 数据类型[第一维长度,第二维长度];

例如声明：

```
int [,] a= new int[2,3];
```

此数组共有 2 行 3 列的元素，即每行有 3 个元素，也就是数组元素分别是 a[0][0]，a[0][1]，a[0][2]，…，a[1][2]。在存取二维数组中的数据时，使用的索引值仍然是由 0 开始计算。

范例 2.2.4　现有一个二维数组 A，有 3*5 个元素，数组的起始地址 A(1, 1)是 100，以行为主（Row-major）存储，每个元素占两个字节的内存空间，请问 A(2,3)的地址是多少？

解答　直接代入公式：Loc(A(2, 3)) = 100 + (2-1)*5*2 + (3-1)*2 = 114。

范例 2.2.5　二维数组 A[1:5, 1:6]，如果以列为主（Column-major）存储，则 A(4, 5)排在这个数组的第几个位置？（$\alpha=0$，d=1）

解答　由于 Loc(A(4, 5)) = 0 + (4-1)*5*1 + (5-1)*1 = 19 的下一个，因此 A(4, 5) 在第 20 个位置。

范例 2.2.6　A(-3:5, -4:2) 的起始地址 A(-3, -4) = 1200，以行为主（Row-major）存储，每个元素占 1 个字节的内存空间，请问 Loc(A(1, 1))=?

解答　假设 A 数组以行为主存储，且 α = Loc(A(-3, -4)) = 1200，m = 5 - (-3) + 1 = 9 (行)，n = 2 - (-4) + 1 = 7(列)，则 A(1, 1) = 1200 + 1*7*(1 - (-3)) + 1*(1 - (-4)) = 1233

范例 2.2.7　请设计一个 C# 程序，使用二维数组来存储产生的随机数。随机数生成时还需要记录随机数重复的次数，请使用二维数组的索引值特性及 while 循环机制进行反向检查，以找出重复次数最多的 6 个随机数。

【范例：ch02_02.sln】

```
1    using System;
2    using System.Collections.Generic;
3    using System.Linq;
4    using System.Text;
5    using System.Threading.Tasks;
6    using System.IO;
7    using static System.Console;//导入静态类
8
9    namespace ch02_02
```

```
10   {
11       class Program
12       {
13           static void Main(string[] args)
14           {
15               //变量声明
16               int intCreate = 1000000;//产生随机数次数
17               Random Rand = new Random();    //产生的随机数
18               int[][] intArray = new int[2][];//存储随机数的数组
19               intArray[0] = new int[42];
20               intArray[1] = new int[42];
21               //将产生的随机数存放到数组中
22               int intRand;
23               while (intCreate-- > 0)
24               {
25                   intRand = Rand.Next(42);
26                   intArray[0][intRand]++;
27                   intArray[1][intRand]++;
28               }
29               //对 intArray[0]数组进行排序
30               Array.Sort(intArray[0]);
31               //找出重复次数最多的 6 个随机数
32               for (int i = 41; i > (41 - 6); i--)
33               {
34                   //逐一检查次数相同者
35                   for (int j = 41; j >= 0; j--)
36                   {
37                       //当次数匹配时打印输出
38                       if (intArray[0][i] == intArray[1][j])
39                       {
40                           WriteLine($"随机数 {j + 1} 出现 {intArray[0][i]} 次");
41                           intArray[1][j] = 0;  //将找到的随机数对应的重复次数归零
42                           break;  //中断内循环，继续外循环
43                       }
44                   }
45               }
46               ReadKey();
47           }
48       }
49   }
```

范例程序的执行结果如图 2-7 所示。

```
随机数25 出现 24122 次
随机数6 出现 24096 次
随机数38 出现 24068 次
随机数23 出现 23989 次
随机数13 出现 23978 次
随机数22 出现 23958 次
```

图 2-7

2.2.3　三维数组

现在让我们来看看三维数组（Three-dimension Array），基本上三维数组的表示法和二维数组一样，都可视为是一维数组的延伸。如果数组为三维数组时，可以看作是一个立方体，如图 2-8 所示。

三维数组若以线性的方式来处理，一样可分为"以行为主"和"以列为主"两种方式。如果数组 A 声明为 $A(1:u_1, 1:u_2, 1:u_3)$，就表示 A 为一个含有 $u_1*u_2*u_3$ 元素的三维数组。我们可以把 $A(i, j, k)$ 元素想象成空间上的立方体图，如图 2-9 所示。

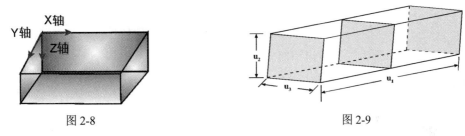

图 2-8　　　　　　　　　　　　　　　　　图 2-9

■　以行为主（Row-major）

我们可以将数组 A 视为 u_1 个 u_2*u_3 的二维数组，再将每个二维数组视为有 u_2 个一维数组，而这每一个一维数组又可包含 u_3 的元素。另外，每个元素占用 d 个单位的内存空间，且 α 为数组的起始地址。以行为主的三维数组的存储位置示意图如图 2-10 所示。

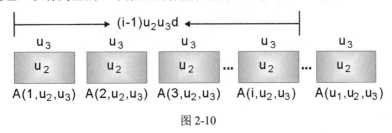

图 2-10

在写出转换公式时，只要知道我们最终是把 $A(i, j, k)$ 看看它是在直线排列的第几个，所以很简单地可以得到以下地址计算公式：

$$Loc(A(i,j,k))=\alpha+(i-1)u_2u_3d+(j-1)u_3d+(k-1)d$$

若数组 A 声明为 $A(l_1:u_1, l_2:u_2, l_3:u_3)$ 模式，则地址计算公式如下：

$$a= u_1-l_1+1, b= u_2-l_2+1, c= u_3-l_3+1;$$

$$Loc(A(i,j,k))=\alpha+(i-l_1)bcd+(j-l_2)cd+(k-l_3)d$$

◾ 以列为主（Column-major）。

将数组 A 视为 u_3 个 u_2*u_1 的二维数组，再将每个二维数组视为有 u_2 个一维数组，每一数组含有 u_1 个元素。每个元素占有 d 个单位的内存空间，且 α 为起始地址。以列为主的三维数组的存储位置示意图如图 2-11 所示。

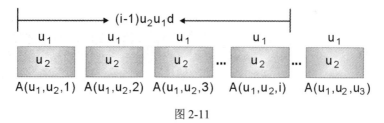

图 2-11

可以得到下列的地址计算公式：

$$Loc(A(i,j,k))=\alpha+(k-1)u_2u_1d+(j-1)u_1d+(i-l)d$$

若数组声明为 $A(l_1{:}u_1, l_2{:}u_2, l_3{:}u_3)$ 模式，则地址计算公式如下：

$$a= u_1-l_1+1, b= u_2-l_2+1, c= u_3-l_3+1；$$

$$Loc(A(i,j,k))=\alpha+(k-l_3)abd+(j-l_2)ad+(i-l_1)d$$

例如在 C# 语言中三维数组声明方式如下：

数据类型 [,,] 变量名称=new 数据类型[第一维长度,第二维长度,第三维长度];

数组 No[2][2][2] 共有 8 个元素，可以使用立体图形表示，如图 2-12 所示。

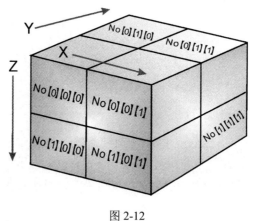

图 2-12

范例▶ 2.2.8　假设有数组是以行为主（Row-major）存储的程序设计语言，声明 A(1:3, 1:4, 1:5)三维数组，且 Loc(A(1, 1, 1)) = 100，请求出 Loc(A(1, 2, 3)) = ？

解答▶ 直接代入公式：Loc(A(1, 2, 3)) = 100 + (1-1)*4*5*1 + (2-1)*5*1 + (3-1)*1 = 107

范例▶ 2.2.9　A(6, 4, 2) 是以列为主（Column-Major）存储的数组，若 α = 300，且 d = 1，求 A(4, 4, 1)的地址。

解答▶ 这题是以列为主，我们直接代入公式即可：

Loc(A(4, 4, 1)) = 300 + (1-1)*4*6*1 + (4-1)*6*1 + (4-1)*1 = 300 + 18 + 3 = 321

范例 2.2.10　假设一个三维数组元素内容如下：

```
int [,,] num={{{33,45,67},
              {23,71,56},
              {55,38,66}},
             {{21,9,15 },
              {38,69,18},
              {90,101,89}}}
```

请设计一个 C# 程序，利用三重嵌套循环来找出此 2*3*3 三维数组中所存储数值中的最小值。

范例：ch02_03.sln

```
1    using System;
2    using System.Collections.Generic;
3    using System.Linq;
4    using System.Text;
5    using System.Threading.Tasks;
6    using System.IO;
7    using static System.Console;//导入静态类
8
9    namespace ch02_03
10   {
11       class Program
12       {
13           static void Main(string[] args)
14           {
15               int[,,] num={{{33,45,67},
16                            {23,71,56},
17                            {55,38,66}},
18                           {{21,9,15 },
19                            {38,69,18},
20                            {90,101,89}}};//声明三维数组
21               int min = num[0,0,0];//设置 main 为 num 数组的第一个元素
22
23               for(int i=0;i<2;i++)
24                   for(int j=0;j<3;j++)
25                       for(int k=0;k<3;k++)
26                           if(min>=num[i,j,k])
27                               min=num[i,j,k]; //使用三层循环找出最小值
28
29               Write("最小值= "+min+'\n');
```

```
30              ReadKey();
31          }
32      }
33  }
```

范例程序的执行结果如图 2-13 所示。

最小值= 9

图 2-13

2.2.4　n 维数组

有了一维、二维、三维数组，当然也可能有四维、五维，或者更多维数的数组。不过因为受限于计算机内存，所以通常程序设计语言中的数组声明都会有维数的限制。在此，我们把三维以上的数组归纳为 n 维数组。例如在 C# 语言中 n 维数组声明方式如下：

数据类型 [,,,,,,,,,...] 变量名称=new 数据类型 [第一维长度,第二维长度,...,第 n 维长度];

假设数组 A 声明为 $A(1:u_1, 1:u_2, 1:u_3......, 1:u_n)$，则可将数组视为有 u_1 个 n-1 维数组，每个 n-1 维数组中有 u_2 个 n-2 维数组，每个 n-2 维数组中，有 u_3 个 n-3 维数组......有 u_{n-1} 个一维数组，在每个一维数组中有 u_n 个元素。

如果 α 为起始地址，$\alpha = Loc(A(1, 1, 1, 1, ..., 1))$，d 为单位空间，则数组 A 元素中的内存分配公式有如下两种方式。

（1）以行为主（Row-major）

$$
\begin{aligned}
Loc(A(i_1, i_2, i_3......, in)) = {} & \alpha + (i_1-1)u_2u_3u_4......u_nd \\
& + (i_2-1)u_3u_4......u_nd \\
& + (i_3-1)u_4u_5......u_nd \\
& + (i_4-1)u_5u_6......u_nd \\
& + (i_5-1)u_6u_7......u_nd \\
& \quad\quad\vdots \\
& + (i_{n-1}-1)u_nd \\
& + (i_n-1)d
\end{aligned}
$$

（2）以列为主（Column-major）

$$
\begin{aligned}
Loc(A(i_1, i_2, i_3......, i_n)) = {} & \alpha + (i_{n-1})u_{n-1}u_{n-2}......u_1d \\
& + (i_{n-1}-1)u_{n-2}......u_1d \\
& \vdots \\
& + (i_2-1)u_1d \\
& + (i_1-1)d
\end{aligned}
$$

范例▶ 2.2.11　在 4-维数组 A[1:4, 1:6, 1:5, 1:3]中，且 α = 200，d = 1。并已知是以列为主排列（Column-major），求 A[3, 1, 3, 1]的地址。

解答▶ 由于本题中原本就是数组的简单表示法，所以不需要转换，直接代入计算公式即可：

Loc(A[3, 1, 3, 1]) = 200 + (1-1)*5*6*4 + (3-1)*6*4 + (1-1)*4 + (3 − 1)= 250

2.3 矩阵

从数学的角度来看，对于 m×n 矩阵（Matrix）的形式，可以用计算机中 A(m, n) 的二维数组来描述，如图 2-14 所示的矩阵 A，大家是否立即想到了一个声明为 A(1:3, 1:3) 的二维数组。

$$A = \begin{bmatrix} a_{11} & a_{12} & a_{13} \\ a_{21} & a_{22} & a_{23} \\ a_{31} & a_{32} & a_{33} \end{bmatrix}_{3 \times 3}$$

图 2-14

许多矩阵的运算与应用都可以使用计算机中的二维数组来解决，本节中我们将会讨论两个矩阵的相加、相乘，或是某些稀疏矩阵（Sparse Matrix）、转置矩阵（A^t）、上三角形矩阵（Upper Triangular Matrix）与下三角形矩阵（Lower Triangular Matrix）等。

提示

"深度学习"（Deep Learning，DL）是目前人工智能得以快速发展的原因之一，源自于人工神经网络（Artificial Neural Network）模型，并且结合了神经网络架构与大量的运算资源，目的在于让机器建立与模拟人脑进行学习的神经网络，以解读大数据中的图像、声音和文字等多种信息。由于神经网络是将权重存储在矩阵中，矩阵可以是多维，以便考虑各种参数的组合，当然就会牵涉到"矩阵"的大量运算。以往由于硬件的限制，使得这类运算的速度缓慢，不具有实用性。自从拥有超多核心的 GPU（Graphics Processing Unit，GPU）问世之后——GPU 含有数千个微型且更高效率的运算单元，可以有效进行并行计算（Parallel Computing），因而大幅地提高了运算性能，加上 GPU 内部本来就是以向量和矩阵运算为基础的，大量的矩阵运算可以分配给为数众多的内核同步进行处理，使得人工智能领域正式进入实用阶段，必将成为未来各个学科不可或缺的技术之一。

2.3.1 矩阵相加

矩阵的相加运算较为简单，前提是相加的两个矩阵对应的行数与列数都必须相等，而相加后矩阵的行数与列数也是相同的。例如 $A_{mxn} + B_{mxn} = C_{mxn}$。下面我们就来看一个矩阵相加的例子，参考图 2-15。

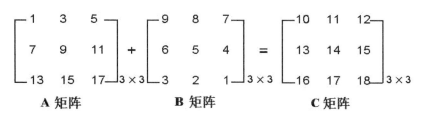

A 矩阵　　　　**B 矩阵**　　　　**C 矩阵**

图 2-15

范例 **2.3.1** 请设计一个 C# 程序来声明 3 个二维数组实现图 2-15 所示的两个矩阵相加的过程，并显示这两个矩阵相加后的结果。

范例：ch02_04.sln

```
1    using System;
2    using System.Collections.Generic;
3    using System.Linq;
4    using System.Text;
5    using System.Threading.Tasks;
6    using System.IO;
7    using static System.Console;//导入静态类
8
9    namespace ch02_04
10   {
11       class Program
12       {
13           static void MatrixAdd(int[,] arrA, int[,] arrB, int[,] arrC,
                                   int dimX, int dimY)
14           {
15               int row, col;
16               if (dimX <= 0 || dimY <= 0)
17               {
18                   WriteLine("矩阵维数必须大于 0");
19                   return;
20               }
21               for (row = 1; row <= dimX; row++)
22               {
23                   for (col = 1; col <= dimY; col++)
24                   {
25                       arrC[(row - 1),(col - 1)] = arrA[(row - 1),
                             (col - 1)] + arrB[(row - 1),(col - 1)];
26                   }
27               }
28           }
29           static void Main(string[] args)
30           {
31               int i;
32               int j;
33               const int ROWS = 3;
34               const int COLS = 3;
35               int[,] A = {{1,3,5},
36                           {7,9,11},
37                           {13,15,17}};
```

```
38            int[,] B = {{9,8,7},
39                        {6,5,4},
40                        {3,2,1}};
41            int[,] C = new int[ROWS,COLS];
42            WriteLine("[矩阵 A 的各个元素]");  //打印输出矩阵 A 的内容
43            for (i = 0; i < 3; i++)
44            {
45                for (j = 0; j < 3; j++)
46                    Write(A[i,j] + " \t");
47                WriteLine();
48            }
49            WriteLine("[矩阵 B 的各个元素]");  //打印输出矩阵 B 的内容
50            for (i = 0; i < 3; i++)
51            {
52                for (j = 0; j < 3; j++)
53                    Write(B[i,j] + " \t");
54                WriteLine();
55            }
56            MatrixAdd(A, B, C, 3, 3);
57            WriteLine("[显示矩阵 A 和矩阵 B 相加的结果]"); //打印输出 A+B 的内容
58            for (i = 0; i < 3; i++)
59            {
60                for (j = 0; j < 3; j++)
61                    Write(C[i,j] + " \t");
62                WriteLine();
63            }
64            ReadKey();
65        }
66    }
67 }
```

范例程序的执行结果如图 2-16 所示。

```
[矩阵A的各个元素]
1          3          5
7          9          11
13         15         17
[矩阵B的各个元素]
9          8          7
6          5          4
3          2          1
[显示矩阵A和矩阵B相加的结果]
10         11         12
13         14         15
16         17         18
```

图 2-16

2.3.2　矩阵相乘

　　两个矩阵 A 与 B 的相乘受到某些条件的限制。首先，必须符合 A 为一个 m*n 的矩阵，B 为一个 n*p 的矩阵，对 A*B 之后的结果为一个 m*p 的矩阵 C，如图 2-17 所示。

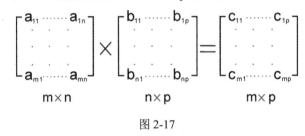

图 2-17

$$C_{11} = a_{11} * b_{11} + a_{12} * b_{21} +\ldots\ldots+ a_{1n} * b_{n1}$$
$$\vdots$$
$$C_{1p} = a_{11} * b_{1p} + a_{12} * b_{2p} +\ldots\ldots+ a_{1n} * b_{np}$$
$$\vdots$$
$$C_{mp} = a_{m1} * b_{1p} + a_{m2} * b_{2p} +\ldots\ldots+ a_{mn} * b_{np}$$

　　范例 2.3.2　请设计一个 C#程序实现两个可自行输入矩阵维数的矩阵相乘过程，并显示输出相乘后的结果。

范例：ch02_05.sln

```
1    using System;
2    using System.Collections.Generic;
3    using System.Linq;
4    using System.Text;
5    using System.Threading.Tasks;
6    using System.IO;
7    using static System.Console;//导入静态类
8
9    namespace ch02_05
10   {
11       class Program
12       {
13           static void Main(string[] args)
14           {
15               int M, N, P;
16               int i, j;
17               String strM;
18               String strN;
19               String strP;
20               String tempstr;
21               WriteLine("请输入矩阵 A 的维数(M,N): ");
```

```
22          Write("请先输入矩阵 A 的 M 值: ");
23          strM = ReadLine();
24          M = int.Parse(strM);
25          Write("接着输入矩阵 A 的 N 值: ");
26          strN = ReadLine();
27          N = int.Parse(strN);
28          int[,] A = new int[M, N];
29          WriteLine("[请输入矩阵 A 的各个元素]");
30          WriteLine("注意! 每输入一个值按下 Enter 键确认输入");
31          for (i = 0; i < M; i++)
32              for (j = 0; j < N; j++)
33              {
34                  Write("a" + i + j + "=");
35                  tempstr = ReadLine();
36                  A[i, j] = int.Parse(tempstr);
37              }
38          WriteLine("请输入矩阵 B 的维数(N,P): ");
39          Write("请先输入矩阵 B 的 N 值: ");
40          strN = ReadLine();
41          N = int.Parse(strN);
42          Write("接着输入矩阵 B 的 P 值: ");
43          strP = ReadLine();
44          P = int.Parse(strP);
45          int[,] B = new int[N, P];
46          WriteLine("[请输入矩阵 B 的各个元素]");
47          WriteLine("注意! 每输入一个值按下 Enter 键确认输入");
48          for (i = 0; i < N; i++)
49              for (j = 0; j < P; j++)
50              {
51                  Write("b" + i + j + "=");
52                  tempstr = ReadLine();
53                  B[i, j] = int.Parse(tempstr);
54              }
55          int[,] C = new int[M, P];
56          MatrixMultiply(A, B, C, M, N, P);
57          WriteLine("[AxB 的结果是]");
58          for (i = 0; i < M; i++)
59          {
60              for (j = 0; j < P; j++)
61              {
62                  Write(C[i, j]);
63                  Write('\t');
64              }
```

```
65                  WriteLine();
66              }
67          ReadKey();
68      }
69
70      static void MatrixMultiply(int[,] arrA, int[,] arrB, int[,] arrC,
                                    int M, int N, int P)
71      {
72          int i, j, k, Temp;
73          if (M <= 0 || N <= 0 || P <= 0)
74          {
75              WriteLine("[错误:维数 M,N,P 必须大于 0]");
76              return;
77          }
78          for (i = 0; i < M; i++)
79              for (j = 0; j < P; j++)
80              {
81                  Temp = 0;
82                  for (k = 0; k < N; k++)
83                      Temp = Temp + arrA[i,k] * arrB[k,j];
84                  arrC[i,j] = Temp;
85              }
86          }
87      }
88  }
```

范例程序的执行结果如图 2-18 所示。

```
请输入矩阵A的维数(M,N):
请先输入矩阵A的M值: 2
接着输入矩阵A的N值: 3
[请输入矩阵A的各个元素]
注意！每输入一个值按下Enter键确认输入
a00=3
a01=3
a02=3
a10=5
a11=5
a12=5
请输入矩阵B的维数(N,P):
请先输入矩阵B的N值: 3
接着输入矩阵B的P值: 2
[请输入矩阵B的各个元素]
注意！每输入一个值按下Enter键确认输入
b00=1
b01=2
b10=3
b11=4
b20=5
b21=6
[AxB的结果是]
27      36
45      60
```

图 2-18

2.3.3　转置矩阵

"转置矩阵"（A^t）就是把原矩阵的行坐标元素与列坐标元素相互调换。假设 A^t 为 A 的转置矩阵，则有 $A^t[j, i]=A[i, j]$，如图 2-19 所示。

$$A=\begin{bmatrix} 1 & 2 & 3 \\ 4 & 5 & 6 \\ 7 & 8 & 9 \end{bmatrix}_{3\times3} \qquad A^t=\begin{bmatrix} 1 & 4 & 7 \\ 2 & 5 & 8 \\ 3 & 6 & 9 \end{bmatrix}_{3\times3}$$

图 2-19

范例 2.3.3　请设计一个 C# 程序，可任意输入 m 与 n 值，实现一个 m*n 二维数组的转置矩阵。

范例程序：ch02_06.sln

```
1    using System;
2    using System.Collections.Generic;
3    using System.Linq;
4    using System.Text;
5    using System.Threading.Tasks;
6    using System.IO;
7    using static System.Console;//导入静态类
8
9    namespace ch02_06
10   {
11       class Program
12       {
13           static void Main(string[] args)
14           {
15               int M, N, row, col;
16               String strM;
17               String strN;
18               String tempstr;
19               WriteLine("[输入 MxN 矩阵的维数]");
20               Write("请输入维数 M: ");
21               strM = ReadLine();
22               M = int.Parse(strM);
23               Write("请输入维数 N: ");
24               strN = ReadLine();
25               N = int.Parse(strN);
26               int[,] arrA=new int[M,N];
27           int[,] arrB=new int[N,M];
```

```
28          WriteLine("[请输入矩阵内容]");
29          for(row=1;row<=M;row++)
30          {
31              for(col=1;col<=N;col++)
32          {
33              Write("a"+row+col+"=");
34                      tempstr= ReadLine();
35                      arrA[row - 1,col - 1]= int.Parse(tempstr);
36          }
37              }
38              WriteLine("[输入矩阵内容为]\n");
39          for(row=1;row<=M;row++)
40          {
41              for(col=1;col<=N;col++)
42          {
43              Write(arrA[(row - 1),(col - 1)]);
44                      Write('\t');
45          }
46      WriteLine();
47          }
48          //进行矩阵转置的操作
49          for(row=1;row<=N;row++)
50              for(col=1;col<=M;col++)
51              arrB[(row - 1),(col - 1)]=arrA[(col - 1),(row - 1)];
52
53          WriteLine("[转置矩阵内容为]");
54          for(row=1;row<=N;row++)
55          {
56              for(col=1;col<=M;col++)
57          {
58              Write(arrB[(row - 1),(col - 1)]);
59                      Write('\t');
60          }
61      WriteLine();
62          }
63              ReadKey();
64          }
65      }
66  }
```

范例程序的执行结果如图 2-20 所示。

```
[输入MxN矩阵的维数]
请输入维数M: 4
请输入维数N: 3
[请输入矩阵内容]
a11=1
a12=2
a13=3
a21=4
a22=5
a23=6
a31=7
a32=8
a33=9
a41=10
a42=11
a43=12
[输入矩阵内容为]

1          2          3
4          5          6
7          8          9
10         11         12
[转置矩阵内容为]
1          4          7          10
2          5          8          11
3          6          9          12
```

图 2-20

2.3.4　稀疏矩阵

对于抽象数据类型而言，我们希望阐述的是在计算机中具备某种意义的特别概念（Concept），如稀疏矩阵（Sparse Matrix）就是一个很好的例子。什么是稀疏矩阵呢？简单地说，如果一个矩阵中的大部分元素为零的话，就被称为稀疏矩阵。如图 2-21 所示就是一种典型的稀疏矩阵。

$$\begin{bmatrix} 25 & 0 & 0 & 32 & 0 & -25 \\ 0 & 33 & 77 & 0 & 0 & 0 \\ 0 & 0 & 0 & 55 & 0 & 0 \\ 0 & 0 & 0 & 0 & 0 & 0 \\ 101 & 0 & 0 & 0 & 0 & 0 \\ 0 & 0 & 38 & 0 & 0 & 0 \end{bmatrix} 6 \times 6$$

图 2-21

对于稀疏矩阵而言，实际存储的数据项很少，如果在计算机中使用传统的二维数组方式来存储稀疏矩阵，就会非常浪费计算机的内存空间。特别是当矩阵很大时，如存储一个 1000*1000 的稀疏矩阵所需的空间需求，而大部分的元素都是零的话，这样空间的利用率确实不经济。而提高内存空间利用率的方法就是利用三项式（3-tuple）的数据结构，我们把每一个非零项以（i, j, item-value）来表示，就是假如一个稀疏矩阵有 n 个非零项，那么可以利用一个 A(0:n, 1:3) 的二维数组来存储这些非零项，我们把这样存储的矩阵叫压缩矩阵。

其中 A(0, 1) 是存储这个稀疏矩阵的行数，A(0, 2) 是存储这个稀疏矩阵的列数，而 A(0, 3) 则是此稀疏矩阵非零项的总数。另外，每一个非零项以 (i, j, item-value) 来表示。其中 i 为此矩阵非零项所在的行数，j 为此矩阵非零项所在的列数，item-value 则为此矩阵非零的值。以图 2-21 所示的 6x6 稀疏矩阵为例，可以如图 2-22 所示的方式来表示。

	1	2	3
0	6	6	8
1	1	1	25
2	1	4	32
3	1	6	-25
4	2	2	33
5	2	3	77
6	3	4	55
7	5	1	101
8	6	3	38

图 2-22

其中：A(0, 1)→表示此矩阵的行数；

A(0, 2)→表示此矩阵的列数；

A(0, 3)→表示此矩阵非零项的总数。

范例 2.3.4 请设计一个 C# 程序使用三项式（3-tuple）数据结构，并压缩 8*8 稀疏矩阵，以减少内存不必要的浪费。

范例：ch02_07.sln

```
1    using System;
2    using System.Collections.Generic;
3    using System.Linq;
4    using System.Text;
5    using System.Threading.Tasks;
6    using System.IO;
7    using static System.Console;//导入静态类
8
9    namespace ch02_07
10   {
11       class Program
12       {
13           static void Main(string[] args)
14           {
15               const int _ROWS = 8;     //定义行数
16               const int _COLS = 9;     //定义列数
17               const int _NOTZERO = 8; //定义稀疏矩阵中不为 0 的元素的个数
18               int i, j, tmpRW, tmpCL, tmpNZ;
19               int temp = 1;
```

```
20          int[,] Sparse=new int[_ROWS,_COLS];           //声明稀疏矩阵
21          int[,] Compress = new int[_NOTZERO + 1, 3]; //声明压缩矩阵
22          Random intRand = new Random(); //声明一个 Random 对象
23          for (i=0;i<_ROWS;i++)  //将稀疏矩阵的所有元素设为 0
24           for (j=0;j<_COLS;j++)
25                  Sparse[i,j]=0;
26      tmpNZ=_NOTZERO;
27      for (i=1;i<tmpNZ+1;i++)
28      {
29              tmpRW = intRand.Next(100);
30              tmpRW = (tmpRW % _ROWS);
31              tmpCL = intRand.Next(100);
32              tmpCL = (tmpCL % _COLS);
33           if(Sparse[tmpRW,tmpCL]!=0)
                                //避免同一个元素设定两次数值而造成压缩矩阵中有 0
34              tmpNZ++;
35          Sparse[tmpRW,tmpCL]=i; //随机产生稀疏矩阵中非零的元素值
36      }
37          WriteLine("[稀疏矩阵的各个元素]"); //打印输出稀疏矩阵的各个元素
38      for (i=0;i<_ROWS;i++)
39      {
40          for (j=0;j<_COLS;j++)
41                  Write(Sparse[i,j]+" ");
42          WriteLine();
43      }
44      /*开始压缩稀疏矩阵*/
45       Compress[0,0] = _ROWS;
46       Compress[0,1] = _COLS;
47       Compress[0,2] = _NOTZERO;
48     for (i=0;i<_ROWS;i++)
49       for (j=0;j<_COLS;j++)
50      if (Sparse[i,j] != 0)
51      {
52          Compress[temp,0]=i;
53          Compress[temp,1]=j;
54          Compress[temp,2]=Sparse[i,j];
55          temp++;
56      }
57              WriteLine("[稀疏矩阵压缩后的内容]");//打印输出压缩矩阵的各个元素
58       for (i=0;i<_NOTZERO+1;i++)
59       {
60      for (j=0;j<3;j++)
61              Write(Compress[i,j]+" ");
```

```
62                    WriteLine();
63              }
64              ReadKey();
65          }
66      }
67 }
```

范例程序的执行结果如图 2-23 所示。

现在清楚了压缩稀疏矩阵的存储方法后，我们还要了解稀疏矩阵的相关运算，如转置矩阵的问题就挺有趣。按照转置矩阵的基本定义，对于任何稀疏矩阵而言，它的转置矩阵仍然是一个稀疏矩阵。

如果直接将此稀疏矩阵进行转置，因为只需要使用两个 for 循环，所以时间复杂度可以视为 O(columns*rows)。如果说我们使用一个用三项式存储的压缩矩阵，首先会确定在原稀疏阵中每一列的元素个数。根据这个原因，就可以事先确定转置矩阵中每一行的起始位置，接着将原稀疏矩阵中的元素一个个地放到在转置矩阵中的正确位置。这样的做法可以将时间复杂度调整到 O(columns+rows)。

```
[稀疏矩阵的各个元素]
0 3 0 0 1 0 0 0 0
0 7 0 0 0 0 0 0 0
0 0 0 0 0 2 0 0 0
0 0 0 0 0 0 0 0 0
0 0 0 0 0 0 0 4 0
5 0 0 0 0 0 0 0 0
0 0 0 0 8 0 0 0 0
0 6 0 0 0 0 0 0 0
[稀疏矩阵压缩后的内容]
8 9 8
0 1 3
0 4 1
1 1 7
2 5 2
4 7 4
5 0 5
6 4 8
7 1 6
```

图 2-23

2.3.5　上三角形矩阵

上三角形矩阵（Upper Triangular Matrix）就是一种对角线以下元素都为 0 的 n*n 矩阵。其中又可分为右上三角形矩阵（Right Upper Triangular Matrix）与左上三角形矩阵（Left Upper Triangular Matrix）。由于上三角形矩阵仍有许多元素为 0，为了避免浪费内存空间，我们可以把三角形矩阵的二维模式，存储在一维数组中。

■　右上三角形矩阵

即对 nxn 的矩阵 A，假如 i>j，那么 A(i, j) = 0，如图 2-24 所示。

由于此二维矩阵的非零项可按序映射到一维矩阵，且需要一个一维数组 $B(1: \frac{n*(n+1)}{2})$ 来存储，因此映射方式也可分为以行为主（Row-major）和以列为主（Column-major）两种数组内存分配的方式。

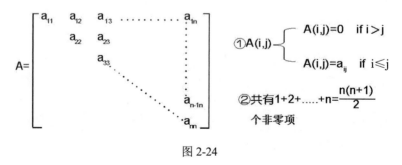

图 2-24

（1）以行为主（Row-major）

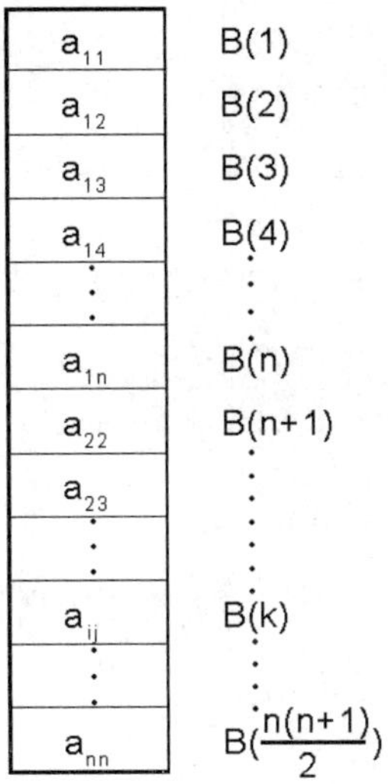

图 2-25

从图 2-25 可知，a_{ij} 在 B 数组中所对应的 k 值，也就是 a_{ij} 会存放在 B(k)中，k 的值等于第 1 行到第 i-1 行所有的元素个数减去第 1 行到第 i-1 行中所有值为零的元素个数加上 a_{ij} 所在的列数 j。即

$$k = n*(i-1) - \frac{i*(i-1)}{2} + j$$

（2）以列为主（Column-major）

从图 2-26 可知 a_{ij} 在 B 数组中所对应的 k 值，也就是 a_{ij} 会存放在 B(k)中，k 的值等于第 1 列到第 j-1 列的所有非零元素的个数加上 a_{ij} 所在的行数 i。即

$$k = \frac{j*(j-1)}{2} + i$$

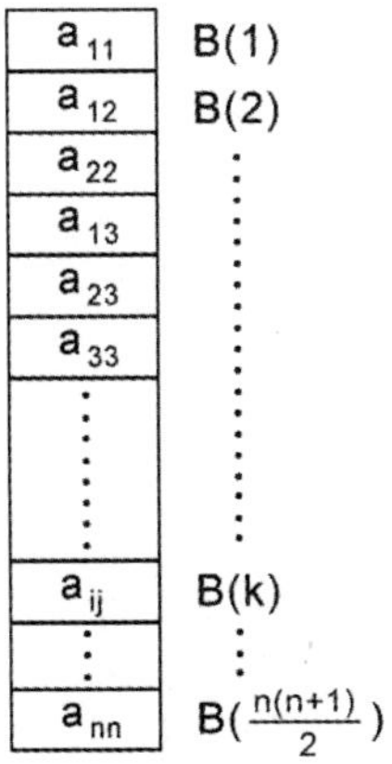

图 2-26

范例▶ **2.3.5** 假如有一个 5*5 的右上三角形矩阵 A，以行为主映射到一维数组 B，请问 a_{23} 所对应 B(k)的 k 值是多少？

解答▶ 直接代入右上三角形矩阵公式：

$$k = \frac{j*(j-1)}{2} + i = \frac{3*(3-1)}{2} + 2 = 5 \rightarrow \text{对应到 B(5)}$$

范例▶ **2.3.6** 请练习设计一个 C# 程序，将右上三角形矩阵压缩为一维数组。

范例：ch02_08.sln

```
1   using System;
2   using System.Collections.Generic;
3   using System.Linq;
4   using System.Text;
5   using System.Threading.Tasks;
6   using System.IO;
7   using static System.Console;//导入静态类
8
9   namespace ch02_08
10  {
11      class Program
12      {
13          const int ARRAY_SIZE= 5;
14          static int[,] A={ //上三角矩阵的内容
15                          {7, 8, 12, 21, 9},
16                          {0, 5, 14, 17, 6},
17                          {0, 0, 7, 23, 24},
18                          {0, 0, 0, 32, 19},
19                          {0, 0, 0, 0, 8}};
20          //一维数组的数组声明
21          static int[] B =new int [ARRAY_SIZE * (1 + ARRAY_SIZE) / 2];
22
23          static int GetValue(int i, int j)
24          {
25              int index =ARRAY_SIZE * i - i * (i + 1) / 2 + j;
26              return B[index];
27          }
28
29          static void Main(string[] args)
30          {
31              int i = 0, j = 0;
32              int index;
33
34              WriteLine("=========================================");
```

```
35              WriteLine("上三角形矩阵：");
36              for (i = 0; i < ARRAY_SIZE; i++)
37              {
38                  for (j = 0; j < ARRAY_SIZE; j++)
39                      Write("\t"+ A[i,j]);
40                  WriteLine();
41              }
42              //将右上三角矩阵压缩为一维数组
43              index = 0;
44              for (i = 0; i < ARRAY_SIZE; i++)
45              {
46                  for (j = 0; j < ARRAY_SIZE; j++)
47                  {
48                      if (A[i,j] != 0) B[index++] = A[i,j];
49                  }
50              }
51              WriteLine("===========================================");
52              WriteLine("以一维的方式表示：");
53              Write("\t[");
54              for (i = 0; i < ARRAY_SIZE; i++)
55              {
56                  for (j = i; j < ARRAY_SIZE; j++)
57                      Write(" " + GetValue(i, j));
58              }
59              Write(" ]");
60              WriteLine();
61              ReadKey();
62          }
63      }
64  }
```

范例程序的执行结果如图 2-27 所示。

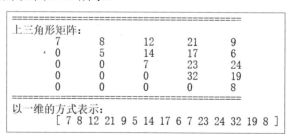

图 2-27

■ 左上三角形矩阵

即对 nxn 的矩阵 A，假如 i>n-j+1 时，A(i, j)=0，如图 2-28 所示。

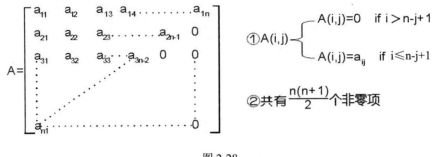

图 2-28

与右上三角形矩阵相同，对应方式也分为以行为主和以列为主两种数组内存分配方式。

（1）以行为主（Row-major）

从图 2-29 可知 a_{ij} 在 B 数组中所对应的 k 值，也就是 a_{ij} 会存放在 B(k)中，则 k 的值会等于第 1 行到第 i-1 行所有元素的个数减去第 1 行到第 i-2 行中所有值为零的元素个数加上 a_{ij} 所在的列数 j，即

$$k = n*(i-1) - \frac{(i-2)*((i-2)+1)}{2} + j$$
$$= n*(i-1) - \frac{(i-2)*(i-1)}{2} + j$$

（2）以列为主（Column-major）

从图 2-30 可知，a_{ij} 在 B 数组中所对应的 k 值，也就是 a_{ij} 会存放在 B(k)中，则 k 的值会等于第 1 列到第 j-1 列的所有元素的个数减去第 1 列到第 j-2 列中所有值为零的元素个数加上 a_{ij} 所在的行数 i。即

$$k = n*(j-1) - \frac{(j-2)*(j-1)}{2} + i$$

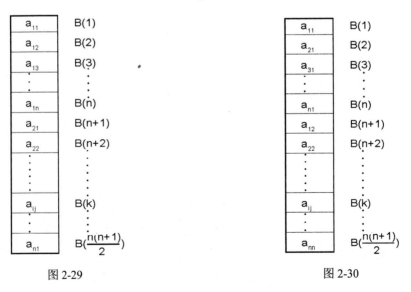

图 2-29   图 2-30

范例 ▶ 2.3.7　假如有一个 5*5 的左上三角形矩阵，以列为主对应到一维数组 B，请问 a_{23} 所对应 b(k) 的 k 值为何？

解答 ▶ 由公式可得

$$k = n*(j\text{-}1) + i - \frac{(j-2)*(j-1)}{2}$$

$$= 5*(3\text{-}1) + 2 - \frac{(3-2)*(3-1)}{2}$$

$$= 10 + 2 - 1 = 11$$

2.3.6　下三角形矩阵

与上三角形矩阵相反，下三角形矩阵就是一种对角线以上元素都为 0 的 nxn 矩阵。也可分为左下三角形矩阵（Left Lower Triangular Matrix）和右下三角形矩阵（Right Lower Triangular Matrix）。

▪ 左下三角形矩阵

即对 nxn 的矩阵 A，假如 i<j，那么 A(i, j) = 0，如图 2-31 所示。

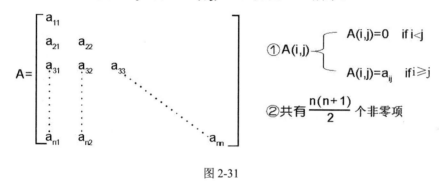

图 2-31

同样的，映射到一维数组 $B(1 : \frac{n*(n+1)}{2})$ 的方式，也可分为以行为主和以列为主两种数组内存分配的方式。

（1）以行为主

从图 2-32 可知，a_{ij} 在 B 数组中所对应的 k 值，也就是 a_{ij} 会存放在 B(k) 中，k 的值等于第 1 行到第 i-1 行所有非零元素的个数加上 a_{ij} 所在的列数 j。即

$$k = \frac{i*(i-1)}{2} + j$$

（2）以列为主

从图 2-33 可知，a_{ij} 在 B 数组中所对应的 k 值，也就是 a_{ij} 会存放在 B(k) 中，k 的值等于第 1 列到第 j-1 列所有非零元素的个数减去第 1 列到第 j-1 列所有值为零的元素个数，再加上 a_{ij} 所在的行数 i。即

$$k = n*(j-1) + i - \frac{(j-1)*[1+(j-1)]}{2}$$

$$= n*(j-1) + i - \frac{j*(j-1)}{2}$$

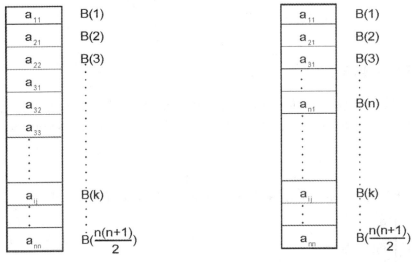

图 2-32   图 2-33

范例 **2.3.8**　假设有一个 6*6 的左下三角形矩阵，以列为主的方式映射到一维数组 B，求元素 a_{32} 所对应 B(k) 的 k 值是多少？

解答 代入公式

$$k = n*(j-1) + i - \frac{j*(j-1)}{2}$$

$$= 6*(2-1) + 3 - \frac{2*(2-1)}{2}$$

$$= 6 + 3 - 1 = 8$$

范例 **2.3.9**　请设计一个 C# 程序，将左下三角形矩阵压缩为一维数组。

范例：ch02_09.sln

```
1    using System;
2    using System.Collections.Generic;
3    using System.Linq;
4    using System.Text;
5    using System.Threading.Tasks;
6    using System.IO;
7    using static System.Console;//导入静态类
8
9    namespace ch02_09
10   {
11       class Program
12       {
```

```
13        const int ARRAY_SIZE = 5;  //矩阵的维数大小
14
15        static int[,] A={ //下三角矩阵的内容
16                        {76, 0, 0, 0, 0},
17                        {54, 51, 0, 0, 0},
18                        {23, 8, 26, 0, 0},
19                        {43, 35, 28, 18, 0},
20                        {12, 9, 14, 35, 46}};
21        //一维数组的数组声明
22        static int[] B= new int[ARRAY_SIZE * (1 + ARRAY_SIZE) / 2];
23        static int GetValue(int i, int j)
24        {
25            int index = ARRAY_SIZE * i - i * (i + 1) / 2 + j;
26            return B[index];
27        }
28        static void Main(string[] args)
29        {
30            int i = 0, j = 0;
31            int index;
32            Write("========================================\n");
33            Write("下三角形矩阵：\n");
34            for (i = 0; i < ARRAY_SIZE; i++)
35            {
36                for (j = 0; j < ARRAY_SIZE; j++)
37                    Write($"\t{A[i,j]}");
38                WriteLine();
39            }
40            //将左下三角矩阵压缩为一维数组
41            index = 0;
42            for (i = 0; i < ARRAY_SIZE; i++)
43            {
44                for (j = 0; j < ARRAY_SIZE; j++)
45                {
46                    if (A[i,j] != 0) B[index++] = A[i,j];
47                }
48            }
49            Write("========================================\n");
50            Write("以一维的方式表示：\n");
51            Write("\t[");
52            for (i = 0; i < ARRAY_SIZE; i++)
53            {
54                for (j = i; j < ARRAY_SIZE; j++)
55                    Write($" {GetValue(i, j)}");
```

```
56                    }
57                    Write(" ]");
58                    WriteLine();
59                    ReadKey();
60                }
61            }
62    }
```

范例程序的执行结果如图 2-34 所示。

```
==================================
下三角形矩阵:
     76       0       0       0       0
     54      51       0       0       0
     23       8      26       0       0
     43      35      28      18       0
     12       9      14      35      46
==================================
以一维的方式表示:
     [ 76 54 51 23 8 26 43 35 28 18 12 9 14 35 46 ]
```

图 2-34

▪ 右下三角形矩阵

即对 nxn 的矩阵 A,假如 $i<n-j+1$,那么 $A(i,j)=0$,如图 2-35 所示。

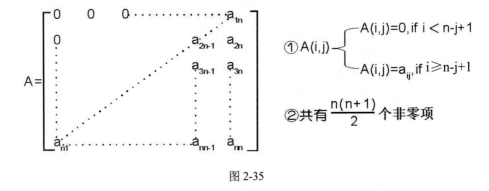

图 2-35

同样,映射到一维数组 $B(1:\dfrac{n*(n+1)}{2})$ 的方式,也可分为以行为主和以列为主两种数组内存分配的方式。

(1)以行为主

从图 2-36 可知,a_{ij} 在 B 数组中所对应的 k 值,也就是 a_{ij} 会存放在 B(k)中,k 的值等于第 1 行到第 i-1 行非零元素的个数加上 a_{ij} 所在的列数 j,再减去该列中所有值为零的个数。即

$$k = \frac{(i-1)}{2} * [1+(i-1)] + j - (n-i)$$

$$= \frac{[i*(i-1)+2*i]}{2} + j - n$$

$$= \frac{i*(i+1)}{2} + j - n$$

（2）以列为主

从图 2-37 可知，a_{ij} 在 B 数组中所对应的 k 值，也就是 a_{ij} 会存放在 B(k)中，k 的值等于第 1 列到第 j-1 列非零元素的个数加上 a_{ij} 所在的第 i 行减去该行中所有值为零的元素个数。即

$$k = \frac{[(j-1)*[1+(j-1)]}{2} + i - (n-j)$$

$$= \frac{j*(j+1)}{2} + i - n$$

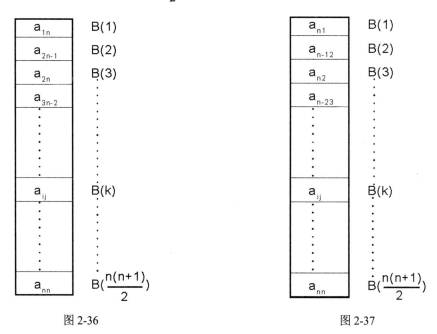

图 2-36　　　　　　　　　　　　　　　图 2-37

范例▶ 2.3.10　假设有一个 4*4 的右下三角形矩阵，以列为主映射到一维数组 B，求元素 a_{32} 所对应 B(k)的 k 值是多少？

解答▶ 代入公式

$$k = \frac{j*(j+1)}{2} + i - n$$

$$= \frac{2*(2+1)}{2} + 3 - 4$$

$$= 2$$

2.3.7　带状矩阵

所谓带状矩阵（Band Matrix），是一种在应用上较为特殊且稀少的矩阵，就是在上三角形矩阵中，右上方的元素都为零，在下三角形矩阵中，左下方的元素也为零，即除了第一行与第 n 行有两个元素外，其余每行都具有三个元素，使得中间主轴附近的值形成类似带状的矩阵。带状矩阵如图 2-38 所示。

$$
\begin{bmatrix}
a_{11} & a_{21} & 0 & 0 & 0 \\
a_{12} & a_{22} & a_{32} & 0 & 0 \\
0 & a_{23} & a_{33} & a_{43} & 0 \\
0 & 0 & a_{34} & a_{44} & a_{54} \\
0 & 0 & 0 & a_{45} & a_{55}
\end{bmatrix}
$$

$a_{ij}=0, \quad if \ |i-j| > 1$

$\rightarrow k = n*(j-1) - j*(j-1)/2 + i$

5×5

图 2-38

由于本身也是稀疏矩阵，因此在存储上也只将非零项存储到一维数组中，映射关系同样可分为以行为主和以列为主两种。例如，对以行为主的存储方式而言，一个 n*n 带状矩阵，除了第 1 行和第 n 行为两个元素外，其余均为三个元素，因此非零项的总数最多为 3n-2 个，而 a_{ij} 所映射到的 B(k)，其 k 值的计算为：

$$
\begin{aligned}
k &= 2 + 3 + \ldots + 3 + j-i + 2 \\
&= 2 + 3i-6 + j-i + 2 \\
&= 2i + j-2
\end{aligned}
$$

2.4　数组与多项式

多项式是数学中相当重要的表达方式，如果使用计算机处理多项式的各种相关运算，那么通常可以用数组（Array）或链表（Linked List）来存储多项式。

假如一个多项式 $P(x) = a_n x^n + a_{n-1} x^{n-1} + \ldots \ldots + a_1 x + a_0$，那么这个多项式就被称 P(x) 为一个 n 次多项式。一个多项式如果使用数组结构存储在计算机中的话，表示法就有以下两种。

（1）使用一个 n+2 长度的一维数组来存放，数组的第一个位置存储最大指数 n 项的系数，其他位置按照指数 n 递减，按序存储对应项的系数。即

$$P = (n, a_n, a_{n-1}, \ldots\ldots, a_1, a_0)$$

存储在 A(1:n+2)，如 P(x) = $2x^5 + 3x^4 + 5x^2 + 4x + 1$，可转换为成 A 数组来表示。即

$$A=\{5,2,3,0,5,4,1\}$$

使用这种表示法的优点就是在计算机中运用时，对于多项式各种运算（如加法与乘法）的设计比较方便。不过，如果多项式的系数为多半为零，如 $x^{100}+1$，就太浪费内存空间了。

（2）只存储多项式中非零项。如果有 m 项非零项，则使用 2m+1 长的数组来存储每一个非零项的指数和系数，但数组的第一个元素为此多项式非零项的个数。

例如，P(x) = $2x^5 + 3x^4 + 5x^2 + 4x + 1$，可表示成 A(1:2m+1)数组。即

$$A=\{5,2,5,3,4,5,2,4,1,1,0\}$$

这种方法的优点是可以节省不必要的内存空间，减少浪费；缺点是在多项式各种算法的设计时较为复杂。

范例▶ **2.4.1**　下面利用本节介绍的第一种多项式表示法来设计一个 C# 程序，并进行两个多项式 A(x) = $3x^4 + 7x^3 + 6x + 2$ 和 B(x) = $x^4 + 5x^3 + 2x^2 + 9$ 的加法运算。

范例：ch02_10.sln

```
1    using System;
2    using System.Collections.Generic;
3    using System.Linq;
4    using System.Text;
5    using System.Threading.Tasks;
6    using System.IO;
7    using static System.Console;//导入静态类
8
9    namespace ch02_10
10   {
11       class Program
12       {
13           static int ITEMS = 6;
14           static void Main(string[] args)
15           {
16               int[] PolyA = { 4, 3, 7, 0, 6, 2 }; //声明多项式A
17               int[] PolyB = { 4, 1, 5, 2, 0, 9 }; //声明多项式B
18               Write("多项式A=> ");
19               PrintPoly(PolyA, ITEMS);    //打印输出多项式A
20               Write("多项式B=> ");
21               PrintPoly(PolyB, ITEMS);    //打印输出多项式B
22               Write("A+B => ");
23               PolySum(PolyA, PolyB);      //多项式A+多项式B
24               ReadKey();
25           }
```

```
26
27        static void PrintPoly(int[] Poly, int items)
28        {
29            int i, MaxExp;
30            MaxExp = Poly[0];
31            for (i = 1; i <= Poly[0] + 1; i++)
32            {
33                MaxExp--;
34                if (Poly[i] != 0)          //如果该项式为 0 就跳过
35                {
36                    if ((MaxExp + 1) != 0)
37                        Write(Poly[i] + "X^" + (MaxExp + 1));
38            else
39                        Write(Poly[i]);
40                    if (MaxExp >= 0)
41                        Write('+');
42                }
43            }
44            WriteLine();
45        }
46
47        static void PolySum(int[] Poly1, int[] Poly2)
48        {
49            int i;
50            int[] result = new int[ITEMS];
51            result[0] = Poly1[0];
52            for (i = 1; i <= Poly1[0] + 1; i++)
53                result[i] = Poly1[i] + Poly2[i]; //等幂次的系数相加
54            PrintPoly(result, ITEMS);
55        }
56    }
57 }
```

范例程序的执行结果如图 2-39 所示。

```
多项式A=> 3X^4+7X^3+6X^1+2
多项式B=> 1X^4+5X^3+2X^2+9
A+B => 4X^4+12X^3+2X^2+6X^1+11
```

图 2-39

课 后 习 题

1. 试举出 8 种线性表常见的运算方式。

2. 如果 Loc(A(1, 1)) = 2，Loc(A(2, 3)) = 18，Loc(A(3, 2)) = 28，试求 Loc(A(4, 5))。

3. 若 A(3, 3)在位置 121，A(6, 4)在位置 159，则 A(4, 5)的位置在哪里？（单位空间 d = 1）

4. A(-3:5, -4:2)数组的起始地址 A(-3,-4) = 100，以行存储为主，试求 Loc(A(1,1))。

5. 若 A(3, 3)在位置 121，A(6, 4)在位置 159，则 A(4, 5)的位置在哪里？（单位空间 d = 1）

6. 若 A(1, 1)在位置 2，A(2, 3)在位置 18，A(3, 2)在位置 28，试求 A(4, 5)的位置。

7. 请说明稀疏矩阵的定义，并举例说明之。

8. 假设数组 A[-1:3, 2:4, 1:4, -2:1] 是以行为主排列，起始地址 a = 200，每个数组元素内存空间为 5，请求出 A [-1, 2, 1, -2]、A [3, 4, 4, 1]、A [3, 2, 1, 0]的位置。

9. 求下图稀疏矩阵的压缩数组表示法。

$$\begin{bmatrix} 0 & 0 & 0 & 0 & 3 \\ 1 & 0 & 0 & 0 & 0 \\ 0 & 0 & 0 & 4 & 0 \\ 6 & 0 & 0 & 0 & 7 \\ 0 & 5 & 0 & 0 & 0 \end{bmatrix}$$

10. 什么是带状矩阵（Band Matrix）？并举例说明。

11. 解释下列名词：

（1）转置矩阵　　　　（2）稀疏矩阵　　　　（3）左下三角形矩阵　　　　（4）有序表

12. 数组结构类型通常包含哪几个属性？

13. 数组（Array）是以 PASCAL 语言来声明的，每个数组元素占用 4 个单位的内存空间。若起始地址是 255，在下列声明中，所列元素存储位置分别是多少？

（1）Var A=array[-55…1, 1…55]，求 A[1,12]的地址。

（2）Var A=array[5…20, -10…40]，求 A[5,-5]的地址。

14. 假设我们以 FORTRAN 语言来声明浮点数的数组 A[8][10]，且每个数组元素占用 4 个单位的内存空间，如果 A[0][0] 的起始地址是 200，那么元素 A[5][6] 的地址是多少？

15. 假设有一个三维数组声明为 A(1:3, 1:4, 1:5)，A(1,1,1) = 300，且 d=1，试问以列为主的排列方式下，求出 A(2,2,3)的所在地址。

16. 有一个三维数组 A(-3:2, -2:3, 0:4)，以行为主（Row-major）方式排列，数组的起始地址是 1118，试求 Loc(A(1,3,3)) =？ （d=1）

17. 假设有一个三维数组声明为 A(-3:2, -2:3, 0:4)，A(1,1,1) = 300，且 d = 2，试问以列为主的排列方式下，求出 A(2,2,3)所在的地址。

18. 一个下三角数组（Lower Triangular Array），B 是一个 n * n 的数组，其中 B[i, j]=0，i<j。

（1）求 B 数组中不为 0 的最大个数。

（2）如何将 B 数组以最为经济的方式存储在内存中。

（3）写出在（2）的存储方式中，如何求得 B[i, j]，i≥j。

19. 请使用多项式的两种数组表示法来存储 $P(x) = 8x^5 + 7x^4 + 5x^2 + 12$。

20. 如何使用数组来表示与存储多项式 $P(x, y) = 9x^5 + 4x^4y^3 + 14x^2y^2 + 13xy^2 + 15$？试说明之。

第 3 章
链　　表

　　链表（Linked List）是由许多相同数据类型的数据项按特定顺序排列而成的线性表。但链表的特性是其各个数据项在计算机内存中的位置是不连续且随机（Random）存放的，其优点是数据的插入或删除都相当方便，有新数据加入就向系统申请一块内存空间，而数据被删除后，就可以把这块内存空间还给系统，加入和删除都不需要移动大量的数据。其缺点就是设计数据结构时较为麻烦，并且在查找数据时，也无法像静态数据（如数组）那样可随机读取数据，必须按序查找到该数据为止。

　　日常生活中有许多链表的抽象运用，例如可以把"单向链表"想象成火车，有多少人就挂多少节的车厢，当假日人多时，需要较多车厢时就可多挂些车厢，人少时就把车厢数量减少，十分有弹性（如图 3-1 所示）。像游乐场中的摩天轮就是一种"环形链表"的应用，可以根据需要增加坐厢的数量。

图 3-1

3.1　动态分配内存

　　链表与数组的最大不同点，就是它的各个元素或数据项的存储不必在连续的内存中（即不必分配连续存储的空间给它们），只要考虑它们在逻辑上的顺序即可。虽然数组结构也可以用来仿真链表的结构，但在进行增删或移动元素时相当不便，而且必须事先声明固定的数组空间，太多或太少各有利弊，缺乏弹性。因此，使用动态分配内存的模式，最适合链表数据结构的设计。

　　"动态分配内存"（Dynamic Allocation）的基本精神就是：让内存的使用更具弹性，即可在程序执行期间根据用户的设置与需求，适当给变量分配所需要的内存空间。虽然动态分配内存方式比静态分配内存方式更具弹性，但是动态分配内存方式也有不利之处。表 3-1 列出了静态内存分配和动态分配内存两种方式的相关比较。

表 3-1　静态内存分配和动态分配内存两种方式的相关比较

相关比较表	动态配置	静态分配
内存分配	运行阶段	编译阶段
内存释放	程序结束前必须释放分配的内存空间，否则造成内存"泄漏"（Memory Leak）	不需释放，程序结束时自动归还给系统
程序运行性能	较低。（因为所需内存要到程序执行时才能分配）	较高。（程序编译阶段即已确定所需分配的内存容量）
指针遗失	若指向动态分配空间的指针在未释放该地址空间之前，又指向了别的内存空间时，则原本所指向的内存空间将无法被释放，而造成内存"泄漏"	没有此问题

3.2　单向链表

在动态分配内存空间时，最常使用的就是"单向链表"（Single Linked List）。一个单向
链表节点基本上是由两个元素，即数据字段和指针所组成，而指针将会指
向下一个元素在内存中的地置，如图 3-2 所示。

在"单向链表"中第一个节点是"链表头指针"，指向最后一个节点
的指针设为 NULL，表示它是"链表尾"，不指向任何地方。例如列表
A={a, b, c, d, x}，其单向链表的数据结构如图 3-3 所示。

图 3-2

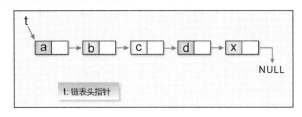

图 3-3

由于单向链表中所有节点都知道节点本身的下一个节点在哪里,但是对于前一个节点却没
有办法知道，所以在单向链表的各种操作中，"链表头指针"就显得相当重要，只要存在链表
头指针，就可以遍历整个链表、进行加入和删除节点等操作。注意，除非必要，否则不可移动
链表头指针。

通常在其他程序设计语言中，如 C 或 C++语言，是以指针（pointer）类型来处理链表类
型的数据结构。由于在 C#程序设计语言中没有指针类型，因此可以把链表声明为类（class）。
例如要模拟链表中的节点，必须声明如下的 Node 类。

```
class Node
{
    public int data;
    public Node next;
    public Node(int data)  //节点声明的构造函数
    {
        this.data=data;
        this.next=null;
    }
}
```

接着可以声明链表 LinkedList 类，该类定义两个 Node 类型的节点指针，分别指向链表的
第一节点和最后一个节点。

```
class LinkedList
{
    private Node first;
```

```
    private Node last;
    //定义类的方法
    ......................
    ......................
    }
```

如果链表中的节点不只记录单一数值,例如每一个节点除了有指向下一个节点的指针字段外,还包括学生的姓名(name)、学号(no)、成绩(score),则其链表如图 3-4 所示。

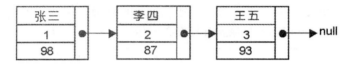

图 3-4

在 C#语言中要模拟链表中的此类节点,其 Node 类的语法可以声明如下:

```
class Node
{
    public String   name;
    public int      no;
    public int      score;
    public Node     next;
    public Node(String name,int no,int score)
    {
        this.name=name;
        this.no=no;
        this.score=score;
        this.next=null;
    }
}
```

3.2.1 建立单向链表

现在我们试着使用 C# 语言的链表处理以下学生的成绩问题。

学号	姓名	成绩
01	黄小华	85
02	方小源	95
03	林大晖	68
04	孙阿毛	72
05	王小明	79

首先我们必须声明节点的数据类型,让每一个节点包含一个数据,并且包含指向下一个数据的指针,使所有数据能被串在一起形成一个列表结构,如图 3-5 所示。

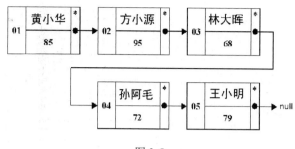

图 3-5

下面我们将详细说明建立如图 3-5 所示的单向链表的步骤。

步骤 01 建立新节点，如图 3-6 所示。

步骤 02 将链表的 first 及 last 指针字段指向 newNode，如图 3-7 所示。

图 3-6   图 3-7

步骤 03 建立另一个新节点，如图 3-8 所示。

步骤 04 将两个节点串起来，如图 3-9 所示。

```
last.next=newNode;
last=newNode;
```

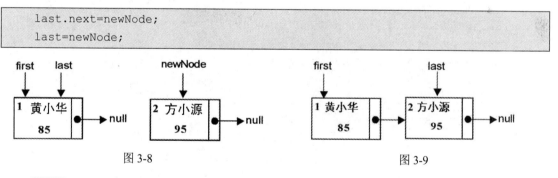

图 3-8   图 3-9

步骤 05 按序完成如图 3-10 所示的链表结构。

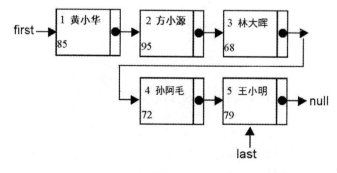

图 3-10

由于列表中所有节点都知道节点本身的下一个节点在那里，但是对于前一个节点却是没有办法知道，所以"列表首"就显得相当重要。

无论如何，只要有列表首存在，就可以对整个列表进行遍历、加入及删除节点等操作。而之前建立的节点若没有串接起来就会形成无人管理的节点，并一直占用内存空间。因此在建立列表时必须有一个列表指针指向列表首，并且在没有必要的情况下不可移动列表首指针。

我们可以在程序中会声明 Node 类和 LinkedList 类，在 LinkedList 类中，定义了两个 Node 类节点指针，分别指向链表的第一个节点和最后一个节点。另外，在该类中还声明了三个方法，如表 3-2 所示。

表 3-2　LinkedList 类中的三个方法

方法名称	功能说明
public boolean isEmpty()	用来判断当前的链表是否为空列表
public void print()	用来将当前的链表内容打印来
public void insert(int data, String names, int np)	用来将指定的节点插入到当前的链表

范例▶ 3.1.1　请设计一个 C# 程序，可以让用户输入数据来添加学生数据节点，以建立一个单向链表。一共输入 5 位学生的成绩来建立好单向链表，然后遍历这个单向链表的每一个节点来打印输出学生的成绩。单向链表的遍历（Traverse）就是访问链表中的每个节点。

范例程序：ch03_01.sln

```
1    using System;
2    using System.Collections.Generic;
3    using System.Linq;
4    using System.Text;
5    using System.Threading.Tasks;
6    using System.IO;
7    using static System.Console;//导入静态类
8
9    namespace ch03_01
10   {
11       public class Node
12       {
13           public int data;
14           public int np;
15           public String names;
16           public Node next;
17           public Node(int data, String names, int np)
18           {
19               this.np = np;
20               this.names = names;
21               this.data = data;
```

```
22              this.next = null;
23          }
24      }
25
26      public class LinkedList
27      {
28          private Node first;
29          private Node last;
30          public bool isEmpty()
31          {
32              return first == null;
33          }
34          public void Print()
35          {
36              Node current = first;
37              while (current != null)
38              {
39                  WriteLine("[" + current.data + " " + current.names + " " +
                                  current.np + "]");
40                  current = current.next;
41              }
42              WriteLine();
43          }
44          public void Insert(int data, String names, int np)
45          {
46              Node newNode = new Node(data, names, np);
47              if (this.isEmpty())
48              {
49                  first = newNode;
50                  last = newNode;
51              }
52              else
53              {
54                  last.next = newNode;
55                  last = newNode;
56              }
57          }
58      }
59
60      class Program
61      {
62          static void Main(string[] args)
63          {
```

```
64          int num;
65          String name;
66          int score;
67
68          WriteLine("请输入 5 位学生的数据：");
69          LinkedList list = new LinkedList();
70          for (int i = 1; i < 6; i++)
71          {
72              Write("请输入学号：");
73              num = int.Parse(ReadLine());
74              Write("请输入姓名：");
75              name = ReadLine();
76              Write("请输入成绩：");
77              score = int.Parse(ReadLine());
78              list.Insert(num, name, score);
79              WriteLine("-------------");
80          }
81          WriteLine(" 学 生 成 绩 ");
82          WriteLine("学号  姓名 成绩 ===========");
83          list.Print();
84          ReadKey();
85      }
86  }
87 }
```

范例程序的执行结果如图 3-11 所示。

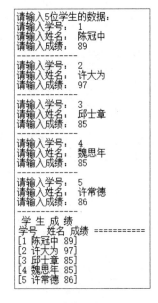

图 3-11

3.2.2　单向链表节点的删除

在单向链表类型的数据结构中，若要在链表中删除一个节点，则根据所删除节点的位置会有以下三种不同的情况。

- 删除链表的第一个节点：只要把链表头指针指向第二个节点即可，如图 3-12 所示。

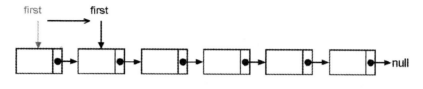

图 3-12

```
if(first.data==delNode.data)
    first=first.next;
```

- 删除链表内的中间节点：只要将删除节点的前一个节点的指针，指向欲删除节点的下一个节点即可，如图 3-13 所示，并参考以下程序代码。

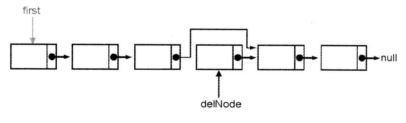

图 3-13

```
newNode=first;
tmp=first;
while(newNode.data!=delNode.data)
{
    tmp=newNode;
    newNode=newNode.next;
}
tmp.next=delNode.next;
```

- 删除链表后的最后一个节点：只要将指向最后一个节点的指针，直接指向 null 即可。如图 3-14 所示，并参考以下程序代码。

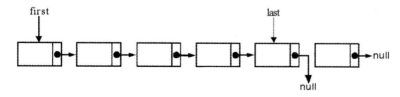

图 3-14

```
    if(last.data==delNode.data)
    {
        newNode=first;
        while(newNode.next!=last) newNode=newNode.next;
        newNode.next=last.next;
      last=newNode;
    }
```

范例 ▶ 3.1.2　请设计一个 C#程序，来实现建立一组学生成绩的单向链表程序，包含了学号、姓名与成绩三种数据。只要输入想要删除的成绩，就可以遍历该此列表，并清除该位学生的节点。要结束输时，请输入 "-1"，此时会列出此列表未删除的所有学生数据。

范例程序：CH03_02.sln

```
1    using System;
2    using System.Collections.Generic;
3    using System.Linq;
4    using System.Text;
5    using System.Threading.Tasks;
6    using System.IO;
7    using static System.Console;//导入静态类
8
9    namespace ch03_02
10   {
11       public class Node
12       {
13           public int data;
14           public int np;
15           public String names;
16           public Node next;
17
18           public Node(int data, String names, int np)
19           {
20               this.np = np;
21               this.names = names;
22               this.data = data;
23               this.next = null;
24           }
25       }
26
27       public class StuLinkedList
28       {
29           public Node first;
30           public Node last;
```

```
31        public bool isEmpty()
32        {
33            return first == null;
34        }
35
36        public void Print()
37        {
38            Node current = first;
39            while (current != null)
40            {
41                WriteLine("[" + current.data + " " + current.names + " " +
                                current.np + "]");
42                current = current.next;
43            }
44            WriteLine();
45        }
46
47        public void Insert(int data, String names, int np)
48        {
49            Node newNode = new Node(data, names, np);
50            if (this.isEmpty())
51            {
52                first = newNode;
53                last = newNode;
54            }
55            else
56            {
57                last.next = newNode;
58                last = newNode;
59            }
60        }
61
62        public void Delete(Node delNode)
63        {
64            Node newNode;
65            Node tmp;
66            if (first.data == delNode.data)
67            {
68                first = first.next;
69            }
70            else if (last.data == delNode.data)
71            {
72                newNode = first;
```

```
73              while (newNode.next != last) newNode = newNode.next;
74              newNode.next = last.next;
75              last = newNode;
76          }
77          else
78          {
79              newNode = first;
80              tmp = first;
81              while (newNode.data != delNode.data)
82              {
83                  tmp = newNode;
84                  newNode = newNode.next;
85              }
86              tmp.next = delNode.next;
87          }
88      }
89  }
90
91  class Program
92  {
93      static void Main(string[] args)
94      {
95          Random rand = new Random();
96          StuLinkedList list = new StuLinkedList();
97          int i, j, findword = 0;
98          int[,] data = new int[12, 10];
99          String[] name = new String[] { "Allen", "Scott",
100             "Marry", "Jon", "Mark", "Ricky", "Lisa",
101             "Jasica", "Hanson", "Amy", "Bob", "Jack" };
102         WriteLine("学号  成绩  学号  成绩  学号  成绩  学号  成绩\n ");
103         for (i = 0; i < 12; i++)
104         {
105             data[i, 0] = i + 1;
106             data[i, 1] = (Math.Abs(rand.Next(50))) + 50;
107             list.Insert(data[i, 0], name[i], data[i, 1]);
108         }
109         for (i = 0; i < 3; i++)
110         {
111             for (j = 0; j < 4; j++)
112                 Write("[" + data[j * 3 + i, 0] + "]  [" + data[j * 3 + i,
113                         1] + "] ");
            WriteLine();
114         }
```

```
115          while (true)
116          {
117              Write("请输入要删除成绩的学生学号，结束输入-1：  ");
118              findword = int.Parse(ReadLine());
119              if (findword == -1)
120                  break;
121              else
122              {
123                  Node current = new Node(list.first.data,
                                       list.first.names, list.first.np);
124                  current.next = list.first.next;
125                  while (current.data != findword) current = current.next;
126                  list.Delete(current);
127              }
128              WriteLine("删除后成绩的链表，请注意！要删除的成绩其学生的学号必须
                         在此链表中\n");
129              list.Print();
130          }
131          ReadKey();
132      }
133  }
134 }
```

范例程序的执行结果如图 3-15 所示。

```
学号  成绩  学号  成绩  学号  成绩  学号  成绩

[1]  [88]  [4]  [65]  [7]  [62]  [10]  [80]
[2]  [64]  [5]  [71]  [8]  [80]  [11]  [74]
[3]  [72]  [6]  [82]  [9]  [87]  [12]  [57]
请输入要删除成绩的学生学号，结束输入-1：  11
删除后成绩的链表，请注意！要删除的成绩其学生的学号必须在此链表中

[1 Allen 88]
[2 Scott 64]
[3 Marry 72]
[4 Jon 65]
[5 Mark 71]
[6 Ricky 82]
[7 Lisa 62]
[8 Jasica 80]
[9 Hanson 87]
[10 Amy 80]
[12 Jack 57]

请输入要删除成绩的学生学号，结束输入-1：
```

图 3-15

3.2.3 单向链表插入新节点

在单向链表中插入新节点，如同一列火车中加入新的车厢，有三种情况：加到第一个节点
之前、加到最后一个节点之后及加到此链表中间任一位置。

新节点插入第一个节点之前，即成为此链表的首节点：只需把新节点的指针指向链表原来的第一个节点，再把链表头指针指向新节点即可，如图 3-16 所示。

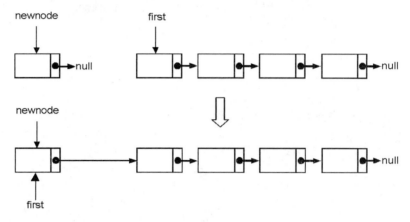

图 3-16

- 新节点插入最后一个节点之后：只需把链表的最后一个节点的指针指向新节点，新节点的指针再指向 null 即可，如图 3-17 所示。

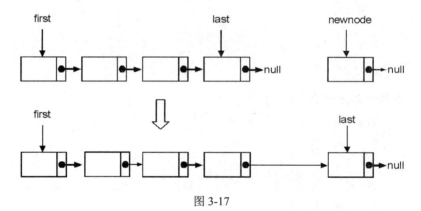

图 3-17

- 将新节点插入链表中间的位置：例如插入的节点是在 X 与 Y 之间，只要将 X 节点的指针指向新节点，新节点的指针指向 Y 节点即可，如图 3-18 和图 3-19 所示。

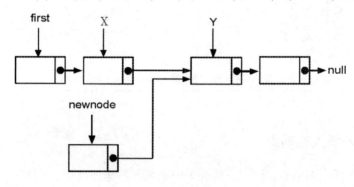

图 3-18

接着把插入点指针指向的新节点。

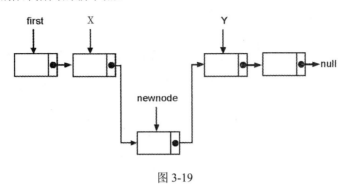

图 3-19

以下是用 C# 语言实现的链表插入节点的算法。

```
//插入节点
    public void Insert(Node ptr)
    {
        Node tmp;
        Node newNode;
        if (this.isEmpty())
        {
            first = ptr;
            last = ptr;
        }
        else
        {
            if (ptr.next == first)//插入第一个节点
            {
                ptr.next = first;
                first = ptr;
            }
            else
            {
                if (ptr.next == null)//插入最后一个节点
                {
                    last.next = ptr;
                    last = ptr;
                }
                else//插入中间节点
                {
                    newNode = first;
                    tmp = first;
                    while (ptr.next != newNode.next)
                    {
```

```
                                tmp = newNode;
                                newNode = newNode.next;
                            }
                            tmp.next = ptr;
                            ptr.next = newNode;
                        }
                    }
                }
```

范例▶ 3.1.3　请设计一个 C# 程序，来实现单向链表添加节点的过程，并且允许可以在链表头部、链表末尾和链表中间三种不同位置插入新节点。

范例程序：CH03_03.sln

```
1    using System;
2    using System.Collections.Generic;
3    using System.Linq;
4    using System.Text;
5    using System.Threading.Tasks;
6    using System.IO;
7    using static System.Console;//导入静态类
8
9    namespace ch03_03
10   {
11       class Node
12       {
13           public int data;
14           public Node next;
15           public Node(int data)
16           {
17               this.data = data;
18               this.next = null;
19           }
20       }
21
22       class LinkedList
23       {
24           public Node first;
25           public Node last;
26           public bool isEmpty()
27           {
28               return first == null;
29           }
30           public void Print()
```

```
31          {
32              Node current = first;
33              while (current != null)
34              {
35                  Write("[" + current.data + "]");
36                  current = current.next;
37              }
38              WriteLine();
39          }
40          //串接两个链表
41          public LinkedList Concatenate(LinkedList head1, LinkedList head2)
42          {
43              LinkedList ptr;
44              ptr = head1;
45              while (ptr.last.next != null)
46                  ptr.last = ptr.last.next;
47              ptr.last.next = head2.first;
48              return head1;
49          }
50          //插入节点
51          public void Insert(Node ptr)
52          {
53              Node tmp;
54              Node newNode;
55              if (this.isEmpty())
56              {
57                  first = ptr;
58                  last = ptr;
59              }
60              else
61              {
62                  if (ptr.next == first)//插入第一个节点
63                  {
64                      ptr.next = first;
65                      first = ptr;
66                  }
67                  else
68                  {
69                      if (ptr.next == null)//插入最后一个节点
70                      {
71                          last.next = ptr;
72                          last = ptr;
73                      }
```

```
74                       else//插入中间节点
75                       {
76                           newNode = first;
77                           tmp = first;
78                           while (ptr.next != newNode.next)
79                           {
80                               tmp = newNode;
81                               newNode = newNode.next;
82                           }
83                           tmp.next = ptr;
84                           ptr.next = newNode;
85                       }
86                   }
87               }
88           }
89       }
90
91       class Program
92       {
93           static void Main(string[] args)
94           {
95               LinkedList list1 = new LinkedList();
96               LinkedList list2 = new LinkedList();
97               Node node1 = new Node(5);
98               Node node2 = new Node(6);
99               list1.Insert(node1);
100              list1.Insert(node2);
101              Node node3 = new Node(7);
102              Node node4 = new Node(8);
103              list2.Insert(node3);
104              list2.Insert(node4);
105              list1.Concatenate(list1, list2);
106              list1.Print();
107              ReadKey();
108          }
109      }
110  }
```

范例程序的执行结果如图 3-20 所示。

[5][6][7][8]
▄

图 3-20

3.2.4　单向链表的反转

　　了解了单向链表节点的删除和插入之后,大家会发现在这种具有方向性的链表结构中增删节点是相当容易的一件事。而要从头到尾输出整个单向链表也不难,但是如果要反转过来输出单向链表就真得需要某些技巧了。在单向链表中的节点特性是知道下一个节点的位置,可是却无从得知它上一个节点的位置。如果要将单向链表反转,则必须使用三个指针变量,如图 3-21 所示。

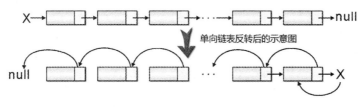

图 3-21

　　下面我们就以 C# 语言设计将前面的学生成绩程序中的学生成绩按照学号反转打印出来。下面就是这个程序的完整程序代码。

范例程序：ch03_04.sln

```
1    using System;
2    using System.Collections.Generic;
3    using System.Linq;
4    using System.Text;
5    using System.Threading.Tasks;
6    using System.IO;
7    using static System.Console;//导入静态类
8
9    namespace ch03_04
10   {
11       class Node
12       {
13           public int data;
14           public int np;
15           public String names;
16           public Node next;
17
18           public Node(int data, String names, int np)
19           {
20               this.np = np;
21               this.names = names;
22               this.data = data;
23               this.next = null;
24           }
```

```
25          }
26
27     class StuLinkedList
28     {
29         public Node first;
30         public Node last;
31         public bool IsEmpty()
32         {
33             return first == null;
34         }
35
36         public void Print()
37         {
38             Node current = first;
39             while (current != null)
40             {
41                 WriteLine("[" + current.data + " " + current.names + " " +
                                   current.np + "]");
42                 current = current.next;
43             }
44           WriteLine();
45         }
46
47         public void Insert(int data, String names, int np)
48         {
49             Node newNode = new Node(data, names, np);
50             if (this.IsEmpty())
51             {
52                 first = newNode;
53                 last = newNode;
54             }
55             else
56             {
57                 last.next = newNode;
58                 last = newNode;
59             }
60         }
61
62         public void Delete(Node delNode)
63         {
64             Node newNode;
65             Node tmp;
66             if (first.data == delNode.data)
```

```
67                  {
68                      first = first.next;
69                  }
70              else if (last.data == delNode.data)
71                  {
72                      newNode = first;
73                      while (newNode.next != last) newNode = newNode.next;
74                      newNode.next = last.next;
75                      last = newNode;
76                  }
77              else
78                  {
79                      newNode = first;
80                      tmp = first;
81                      while (newNode.data != delNode.data)
82                      {
83                          tmp = newNode;
84                          newNode = newNode.next;
85                      }
86                      tmp.next = delNode.next;
87                  }
88          }
89      }
90
91      class ReverseStuLinkedList:StuLinkedList
92      {
93
94      public void Reverse_print()
95      {
96          Node current = first;
97          Node before = null;
98              WriteLine("反转后的链表数据:");
99          while (current != null)
100         {
101             last = before;
102             before = current;
103             current = current.next;
104             before.next = last;
105         }
106         current = before;
107         while (current != null)
108         {
```

```
109              WriteLine("[" + current.data + " " + current.names + " " +
                              current.np + "]");
110              current = current.next;
111          }
112          WriteLine();
113      }
114  }
115
116  class Program
117  {
118      static void Main(string[] args)
119      {
120          Random rand = new Random();
121          ReverseStuLinkedList list = new ReverseStuLinkedList();
122          int i, j;
123          int[,] data = new int[12,10];
124          String[] name= new String[] { "Allen", "Scott", "Marry", "Jon",
                  "Mark", "Ricky", "Lisa", "Jasica", "Hanson", "Amy", "Bob",
                  "Jack" };
125          WriteLine("学号　成绩　学号　成绩　学号　成绩　学号　成绩\n ");
126          for (i=0;i<12;i++)
127          {
128              data[i,0]=i+1;
129              data[i,1]=(Math.Abs(rand.Next(50)))+50;
130          list.Insert(data[i,0], name[i], data[i,1]);
131          }
132          for (i=0;i<3;i++)
133          {
134              for(j=0;j<4;j++)
135                  Write("["+data[j * 3 + i,0]+"]  ["+data[j * 3 + i,1]+"]");
136              WriteLine();
137          }
138          list.Reverse_print();
139          ReadKey();
140      }
141  }
142  }
```

范例程序的执行结果如图 3-22 所示。

```
学号 成绩  学号 成绩  学号 成绩  学号 成绩
[1]  [97]  [4]  [63]  [7]  [97]  [10] [57]
[2]  [66]  [5]  [94]  [8]  [93]  [11] [67]
[3]  [78]  [6]  [75]  [9]  [96]  [12] [91]
反转后的链表数据:
[12 Jack 91]
[11 Bob 67]
[10 Amy 57]
[9 Hanson 96]
[8 Jasica 93]
[7 Lisa 97]
[6 Ricky 75]
[5 Mark 94]
[4 Jon 63]
[3 Marry 78]
[2 Scott 66]
[1 Allen 97]
```

图 3-22

3.2.5　单向链表的串接

对于两个或以上链表的连接（Concatenation，也称为级联），其实现法很容易，只要将链表的首尾相连即可，如图 3-23 所示。

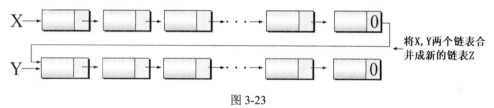

图 3-23

用 C#语言实现的单向列表连接算法如下：

```
class Node
{
    public int data;
    public Node next;
    public Node(int data)
    {
        this.data = data;
        this.next = null;
    }
}

public class LinkeList
{
    Node first;
    Node last;
    public bool IsEmpty()
    {
```

```
        return first == null;
    }
    public void Print()
    {
        Node current = first;
        while (current != null)
        {
            Write("[" + current.data + "]");
            current = current.next;
        }
        WriteLine();
    }
}


/*串接两个链表*/
public LinkeList Concatenate(LinkeList head1, LinkeList head2)
{
    LinkeList ptr;
    ptr = head1;
    while (ptr.last.next != null)
        ptr.last = ptr.last.next;
    ptr.last.next = head2.first;
    return head1;
}
```

3.2.6 多项式链表表示法

假如一个多项式 $P(x) = a_nx^n + a_{n-1}x^{n-1} + \dots + a_1x + a_0$，则称 $P(x)$ 为一个 n 次多项式。而一个多项式如果使用数组结构存储在计算机中的话，那么其表示法有以下两种。

（1）第一种是使用一个 n+2 长度的一维数组来存储，数组的第一个位置存放最大指数 n，其他位置按照指数 n 的递减，按序存储相对应的系数。例如，$P(x) = 12x^5 + 23x^4 + 5x^2 + 4x + 1$，可转换为 A 数组来表示（注意数组第一项为最高指数幂次）：

$$A=\{12,23,0,5,4,1\}$$

使用这种方法对于某些多项式而言，太浪费空间，如 $X^{10000} + 1$，需要长度为 10002 的数组来存储，即 A={10000, 1, 0, 0, ……, 0, 1}。

（2）第二种方法是只存储多项式中的非零项。如果有 m 个非零项，则使用 2m + 1 长的数组来存储每一个非零项的指数及系数即可。例如，多项式 $P = 8X^5 + 6X^4 + 3X^2 + 8$，可得 P = {4, 8, 5, 6, 4, 3, 2, 8, 0}，注意数组第一项为非零项的个数。

范例 **3.1.4** 请写出以下两个多项式的任一数组表示法。

$$A(X)=X^{100}+6X^{10}+1$$
$$B(X)=X^5+9X^3+X^2+1$$

解答 对于 A(X)可以采用存储非零项次的表示法，也就是使用 2m+1 长度的数组，m 表示非零项目的数目。因此 A 数组的内容为：

$$A = (3, 1, 100, 6, 10, 1, 0)$$

另外，由于 B(X)多项式的非零项较多，因此可使用 n+2 长度的一维数组，n 表示最高幂次（即最高指数值）：

$$B = (5, 1, 0, 9, 1, 0, 1)$$

一般来说，使用数组表示法经常会出现以下的困扰。

（1）多项式内容变动时，对数组结构的影响相当大，算法不容易处理。

（2）由于数组是静态数据结构，所以事先必须寻找一块连续的且够大的内存空间，容易造成内存空间的浪费。

这时如果使用单向链表来表示多项式，就可以克服以上的问题。多项式的链表表示法主要是存储非零项，并且每一项均符合以下数据结构，如图 3-24 所示。

COEF	EXP	LINK

COEF：表示该变量的系数

EXP　：表示该变量的指数

LINK：表示指向下一个节点的指针

图 3-24

例如，假设多项式有 n 个非零项，且 $P(x) = a_{n-1}x^e_{n-1} + a_{n-2}x^e_{n-2} + \ldots + a_0$，则可表示成如图 3-25 所示的链表。

图 3-25

例如，$A(x)=3X^2+6X-2$，即可用如图 3-26 所示的链表来表示。

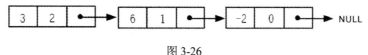

图 3-26

多项式以单向链表方式表示的作用，主要是用于多项式的四则运算，例如多项式的加法或减法运算。如图 3-27 所示的两个多项式 A(X)、B(X)，求两式相加的结果 C(X)：

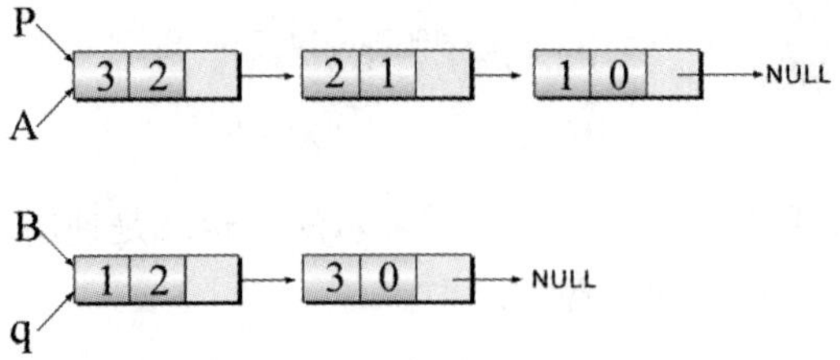

$$A=3X^2+2x+1$$

$$B=X^2+3$$

图 3-27

基本上，对于两个多项式相加，从左往右逐一比较项次，比较幂次大小，当发现指数幂次大时，则将此节点加到 C(X)，指数幂次相同者相加，若结果非零也将此节点加到 C(X)，直到两个多项式的每一项都比较完毕为止。我们以下列步骤来进行说明：

步骤 01 Exp(p) = Exp(q)，计算结果参考图 3-28 中的 C 链表。

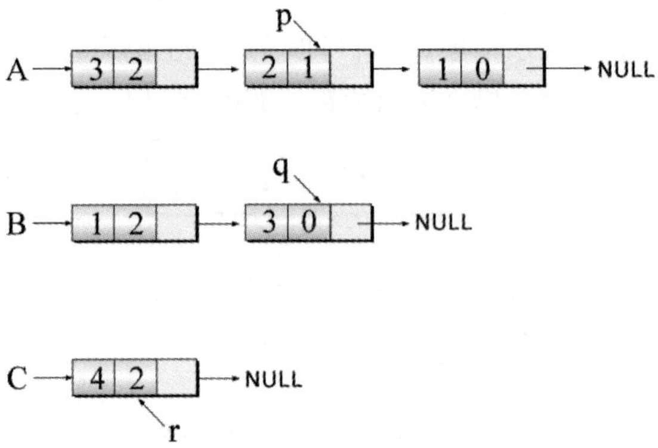

图 3-28

步骤 02 Exp(p) > Exp(q)，计算结果参考图 3-29 中的 C 链表。

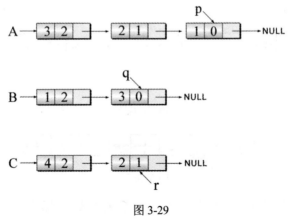

图 3-29

步骤 **03** Exp(p) = Exp(q)，计算结果参考图 3-30 中的 C 链表。

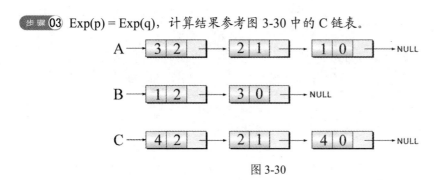

图 3-30

范例 **3.1.5** 请设计一个 C# 程序，以单向链表来实现两个多项式相加的过程。

```
范例程序：ch03_05.sln

1    using System;
2    using System.Collections.Generic;
3    using System.Linq;
4    using System.Text;
5    using System.Threading.Tasks;
6    using System.IO;
7    using static System.Console;//导入静态类
8
9    namespace ch03_05
10   {
11       class Node
12       {
13           public int coef;
14           public int exp;
15           public Node next;
16           public Node(int coef, int exp)
17           {
18               this.coef = coef;
19               this.exp = exp;
20               this.next = null;
21           }
22       }
23       class PolyLinkedList
24       {
25           public Node first;
26           public Node last;
27
28           public bool IsEmpty()
29           {
30               return first == null;
```

```
31            }
32
33        public void Create_link(int coef, int exp)
34        {
35            Node newNode = new Node(coef, exp);
36            if (this.IsEmpty())
37            {
38                first = newNode;
39                last = newNode;
40            }
41            else
42            {
43                last.next = newNode;
44                last = newNode;
45            }
46        }
47
48        public void Print_link()
49        {
50            Node current = first;
51            while (current != null)
52            {
53                if(current.exp == 1 && current.coef != 0) //X^1 时不显示指数
54                    Write(current.coef + "X + ");
55            else if (current.exp != 0 && current.coef != 0)
56                    Write(current.coef + "X^" + current.exp + " + ");
57            else if (current.coef != 0)      // X^0 时不显示变量
58                    Write(current.coef);
59                current = current.next;
60            }
61            WriteLine();
62        }
63
64        public PolyLinkedList Sum_link(PolyLinkedList b)
65        {
66            int[] sum = new int[10];
67            int i = 0, maxnumber;
68            PolyLinkedList tempLinkedList = new PolyLinkedList();
69            PolyLinkedList a = new PolyLinkedList();
70            int[] tempexp = new int[10];
71            Node ptr;
72            a = this;
73            ptr = b.first;
```

```
74              while (a.first != null)   //判断多项式 1
75              {
76                  b.first = ptr;          // 重复比较 A 和 B 的指数
77                  while (b.first != null)
78                  {
79                      if (a.first.exp == b.first.exp) //指数相等，系数相加
80                      {
81                          sum[i] = a.first.coef + b.first.coef;
82                          tempexp[i] = a.first.exp;
83                          a.first = a.first.next;
84                          b.first = b.first.next;
85                          i++;
86                      }
87                      else if (b.first.exp > a.first.exp) //B 指数较大，系数给 C
88                      {
89                          sum[i] = b.first.coef;
90                          tempexp[i] = b.first.exp;
91                          b.first = b.first.next;
92                          i++;
93
94                      }
95                      else if (a.first.exp > b.first.exp) //A 指数较大，系数给 C
96                      {
97                          sum[i] = a.first.coef;
98                          tempexp[i] = a.first.exp;
99                          a.first = a.first.next;
100                         i++;
101                     }
102                 } // end of inner while loop
103             }   // end of outer while loop
104             maxnumber = i - 1;
105             for (int j = 0; j < maxnumber + 1; j++)
                        tempLinkedList.Create_link(sum[j], maxnumber - j);
106             return tempLinkedList;
107         } // end of Sum_link
108     } // end of class PolyLinkedList
109
110     class Program
111     {
112         static void Main(string[] args)
113         {
114             PolyLinkedList a = new PolyLinkedList();
115             PolyLinkedList b = new PolyLinkedList();
```

```
116              PolyLinkedList c = new PolyLinkedList();
117
118              int[] data1 = { 8, 54, 7, 0, 1, 3, 0, 4, 2 };   //多项式 A 的系数
119              int[] data2 = { -2, 6, 0, 0, 0, 5, 6, 8, 6, 9 };
                                                        //多项式 B 的系数
120              Write("原始多项式为: \nA=");
121
122              for (int i = 0; i < data1.Length; i++)
123                  a.Create_link(data1[i], data1.Length - i - 1);
                                            //建立多项式 A, 系数由 3 递减
124
125              for (int i = 0; i < data2.Length; i++)
126                  b.Create_link(data2[i], data2.Length - i - 1);
                                            //建立多项式 B, 系数由 3 递减
127
128              a.Print_link();            //打印多项式 A
129              Write("B=");
130              b.Print_link();            //打印多项式 B
131              Write("多项式相加的结果为: \nC=");
132              c = a.Sum_link(b);         //C 为 A、B 多项式相加结果
133              c.Print_link();            //打印多项式 C
134              ReadKey();
135          }
136      }
137  }
```

范例程序的执行结果如图 3-31 所示。

```
原始多项式为:
A=8X^8 + 54X^7 + 7X^6 + 1X^4 + 3X^3 + 4X + 2
B=-2X^9 + 6X^8 + 5X^4 + 6X^3 + 8X^2 + 6X + 9
多项式相加的结果为:
C=-2X^9 + 14X^8 + 54X^7 + 7X^6 + 6X^4 + 9X^3 + 8X^2 + 10X + 11
```

图 3-31

范例 3.1.6 请设计一个单向链表的数据结构来表示下面的多项式。

$$P(x,y,z)=x^{10}y^3z^{10}+2x^8y^3z^2+3x^8y^2z^2+x^4y^4z+6x^3y^4z+2yz$$

解答 我们可以建立一个单向链表的数据结构，如图 3-32 所示。

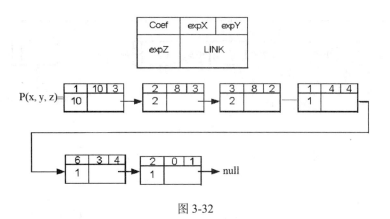

图 3-32

3.3 环形链表

在单向链表中，维持链表头指针是一件非常重要的事情。因为单向链表有方向性，所以如果链表头指针被破坏或遗失，则整个链表就会遗失，并且浪费了整个链表的内存空间。

如果我们把链表的最后一个节点指针指向链表头部，而不是指向 null，那么整个链表就成为一个单方向的环形结构。如此一来便不用担心链表头指针遗失的问题了，因为每一个节点都可以是链表头部，所以可以从任一个节点来遍历其他节点。环形链表通常应用于内存工作区与输入/输出缓冲区，如图 3-33 所示。

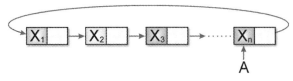

图 3-33

简单来说，环形链表（Circular Linked List）的特点是在链表中的任何一个节点，都可以达到此链表内的各个节点，环形链表建立的过程与单向链表相似，唯一的不同点就是必须要将最后一个节点指向第一个节点。事实上，环形链表的优点是可以从任何一个节点开始都可以遍历所有链表上的其他节点，而且遍历整个链表所需的时间是固定的，与链表长度的无关；缺点是需要多一个链接空间，而且插入一个节点需要改变两个链接。

3.3.1 环形链表新节点的插入

环形链表插入节点时，通常会出现以下两种情况。

（1）直接将新节点插入到第一个节点前成为链表头部，如图 3-34 所示。

步骤：

① 将新节点的指针指向原链表头。

② 找到原链表的最后一个节点，并将指针指向新节点。

③ 将链表头指向新节点。

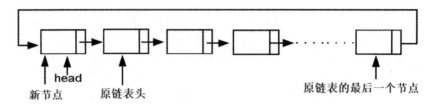

图 3-34

（2）将新节点 I 插在任意节点 X 之后，如图 3-35 所示。

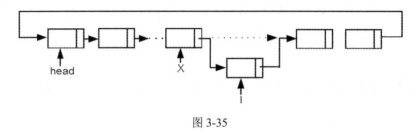

图 3-35

步骤：

① 将新节点 I 的指针指向 X 节点的下一个节点。

② 将 X 节点的指针指向 I 节点。

3.3.2 环形链表中节点的删除

对于环状链表中节点的删除，也有以下两种情况。

（1）删除环形链表的第一个节点，如图 3-36 所示。

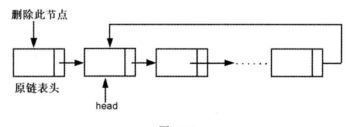

图 3-36

步骤：

① 将链表头 head 移到下一个节点。

② 将最后一个节点的指针移到新的链表头。

（2）删除环形链表的中间节点，如图 3-37 所示。

步骤：

① 请先找到所要删除节点 X 的前一个节点。

② 将 X 节点的前一个节点的指针指向节点 X 的下一个节点。

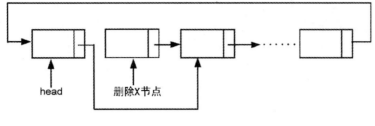

图 3-37

以下是环形链表的插入与删除算法。

```
class Node
{
    public int data;
    public Node next;
    public Node(int data)
    {
        this.data = data;
        this.next = null;
    }
}
public class CircleLink
{
    Node first;
    Node last;
    public bool IsEmpty()
    {
        return first == null;
    }
    public void Print()
    {
        Node current = first;
        while (current != last)
        {
            Write("[" + current.data + "]");
            current = current.next;

        }
        Write("[" + current.data + "]");
        WriteLine();
    }

    /*插入节点*/
    void Insert(Node trp)
```

```
{
    Node tmp;
    Node newNode;
    if (this.IsEmpty())
    {
        first = trp;
        last = trp;
        last.next = first;
    }
    else if (trp.next == null)
    {
        last.next = trp;
        last = trp;
        last.next = first;
    }
    else
    {
        newNode = first;
        tmp = first;
        while (newNode.next != trp.next)
        {
            if (tmp.next == first)
                break;
            tmp = newNode;
            newNode = newNode.next;
        }
        tmp.next = trp;
        trp.next = newNode;
    }
}

/*删除节点*/
void Delete(Node delNode)
{
    Node newNode;
    Node tmp;
    if (this.IsEmpty())
    {
        Write("[环形链表已经空了]\n");
        return;
    }
    if (first.data == delNode.data)        //要删除的节点是链表头部
    {
```

```
            first = first.next;
            if (first == null) Write("[环形链表已经空了]\n");
            return;
        }
        else if (last.data == delNode.data)        //要删除的节点是链表尾部
        {
            newNode = first;
            while (newNode.next != last) newNode = newNode.next;
            newNode.next = last.next;
            last = newNode;
            last.next = first;
        }
        else
        {
            newNode = first;
            tmp = first;
            while (newNode.data != delNode.data)
            {
                tmp = newNode;
                newNode = newNode.next;
            }
            tmp.next = delNode.next;
        }
    }
}
```

3.3.3　环形链表的串接

相信大家对于单向链表的串联（或连接）功能已经很清楚，单向链表的串联只要改变一个指针就可以了，如图 3-38 所示。

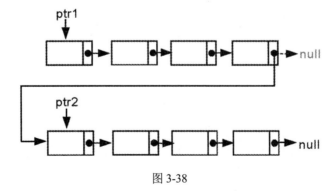

图 3-38

如果是两个环形链表要串联在一起，该怎么做呢？其实并没有想象中那么复杂。因为环形链表没有头尾之分，所以无法直接把环形链表 1 的尾部指向环形链表 2 的头部。就因为不分头尾，所以不需要遍历链表去寻找链表尾部，直接改变两个指针就可以把两个环形链表串联在一起了，如图 3-39 所示。

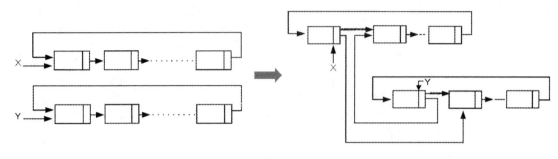

图 3-39

下面我们仍然以两位学生成绩处理的环形链表为例，来说明如何把环形链表串联成的新链表，最后打印出新链表中学生的成绩与学号。

范例程序：CH03_06.sln

```csharp
1    using System;
2    using System.Collections.Generic;
3    using System.Linq;
4    using System.Text;
5    using System.Threading.Tasks;
6    using System.IO;
7    using static System.Console;//导入静态类
8
9    namespace ch03_06
10   {
11       public class Node
12       {
13           public int data;
14           public int np;
15           public String names;
16           public Node next;
17
18           public Node(int data, String names, int np)
19           {
20               this.np = np;
21               this.names = names;
22               this.data = data;
23               this.next = null;
24           }
25       }
26       public class StuLinkedList
27       {
```

```
28        public Node first;
29        public Node last;
30        public bool IsEmpty()
31        {
32            return first == null;
33        }
34
35        public void Print()
36        {
37            Node current = first;
38            while (current != null)
39            {
40                WriteLine("[" + current.data + " " + current.names + " " +
                            current.np + "]");
41                current = current.next;
42            }
43            WriteLine();
44        }
45
46        public void Insert(int data, String names, int np)
47        {
48            Node newNode = new Node(data, names, np);
49            if (this.IsEmpty())
50            {
51                first = newNode;
52                last = newNode;
53            }
54            else
55            {
56                last.next = newNode;
57                last = newNode;
58            }
59        }
60
61        public void Delete(Node delNode)
62        {
63            Node newNode;
64            Node tmp;
65            if (first.data == delNode.data)
66            {
67                first = first.next;
68            }
69            else if (last.data == delNode.data)
```

```
70              {
71                  newNode = first;
72                  while (newNode.next != last) newNode = newNode.next;
73                  newNode.next = last.next;
74                  last = newNode;
75              }
76          else
77              {
78                  newNode = first;
79                  tmp = first;
80                  while (newNode.data != delNode.data)
81                  {
82                      tmp = newNode;
83                      newNode = newNode.next;
84                  }
85                  tmp.next = delNode.next;
86              }
87          }
88      }
89      class ConcatStuLinkedList:StuLinkedList
90      {
91
92          public StuLinkedList Concat(StuLinkedList stulist)
93          {
94              this.last.next = stulist.first;
95              this.last = stulist.last;
96              return this;
97          }
98      }
99
100  class Program
101      {
102          static void Main(string[] args)
103          {
104              Random rand = new Random();
105              ConcatStuLinkedList list1 = new ConcatStuLinkedList();
106              StuLinkedList list2 = new StuLinkedList();
107              int i, j;
108              int[,] data=new int[12,10];
109
110          String[] name1 = new String[] { "Allen", "Scott", "Marry", "Jon",
                        "Mark", "Ricky", "Michael", "Tom" };
```

```
111          String[] name2 = new String[] { "Lisa", "Jasica", "Hanson",
                  "Amy", "Bob", "Jack", "John", "Andy" };
112          WriteLine("学号 成绩 学号 成绩  学号  成绩  学号  成绩\n ");
113       for (i=0;i<8;i++)
114          {
115          data[i,0]=i+1;
116     data[i,1]=(Math.Abs(rand.Next(50)))+50;
117     list1.Insert(data[i,0], name1[i], data[i,1]);
118          }
119       for (i=0;i<2;i++)
120       {
121          for(j=0;j<4;j++)
122              Write("["+data[j + i * 4,0]+"] ["+data[j + i * 4,1]+"]");
123          WriteLine();
124          }
125
126       for (i=0;i<8;i++)
127       {
128          data[i,0]=i+9;
129     data[i,1]=(Math.Abs(rand.Next(50)))+50;
130     list2.Insert(data[i,0], name2[i], data[i,1]);
131       }
132
133       for (i=0;i<2;i++)
134       {
135          for(j=0;j<4;j++)
136              Write("["+data[j + i * 4,0]+"] ["+data[j + i * 4,1]+"]");
137          WriteLine();
138       }
139
140     list1.Concat(list2);
141     list1.Print();
142        ReadKey();
143       }
144    }
145  }
```

范例程序的执行结果如图 3-40 所示。

```
学号 成绩 学号 成绩 学号 成绩 学号 成绩
[1]  [81]  [2]  [68]  [3]  [88]  [4]  [74]
[5]  [57]  [6]  [74]  [7]  [93]  [8]  [64]
[9]  [55]  [10] [52]  [11] [58]  [12] [72]
[13] [70]  [14] [76]  [15] [93]  [16] [87]
[1 Allen 81]
[2 Scott 68]
[3 Marry 88]
[4 Jon 74]
[5 Mark 57]
[6 Ricky 74]
[7 Michael 93]
[8 Tom 64]
[9 Lisa 55]
[10 Jasica 52]
[11 Hanson 58]
[12 Amy 72]
[13 Bob 70]
[14 Jack 76]
[15 John 93]
[16 Andy 87]

-
```

图 3-40

3.3.4 疏矩阵链表表示法

在第 2 章中，我们曾经使用 3-tuple<row, col, value>的数组结构来表示稀疏矩阵（Sparse Matrix），虽然节省了时间，但是当非零项要增删时，会造成数组内大量数据的移动，而且程序代码的编写也不容易。以图 3-41 所示的稀疏矩阵为例。

如果用 3-tuple 数组来表示，则如图 3-42 所示。

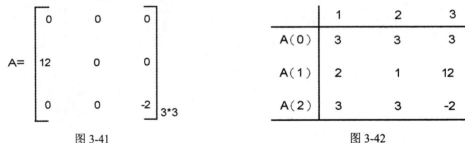

图 3-41   图 3-42

其实，环形链表也可以用来表现稀疏矩阵，其最大的优点是在变更矩阵内的数据时，无须大量移动数据。主要的技巧是用节点来表示非零项，由于矩阵是二维的，因此每个节点除了必须有三个数据字段：Row（行）、Col（列）和 Value（值或数据）外，还必须有两个指针变量：Right、Down。其中 Right 指针可用来链接同一行的节点，而 down 指针则用来链接同一列的节点，如图 3-43 所示。

Down	Row (i)	Col (j)	Right
Value(a_{ij})			

图 3-43

- Value: 表示此非零项的值。
- Row: 以 i 表示非零项元素所在行数。
- Col: 以 j 表示非零项元素所在列数。
- Down: 为指向同一列中下一个非零项元素的指针。
- Right: 为指向同一行中下一个非零项元素的指针。

下面以环形链表来表示如图 3-41 所示的稀疏矩阵，可参考图 3-44。

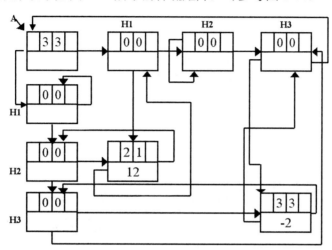

图 3-44

大家会发现，在此稀疏矩阵的数据结构中，每一行与每一列必须用一个环形链表附加一个链表头指针 A 来表示，这个链表的第一个节点内是存放此稀疏矩阵的行与列。最上方的 H1、H2、H3 为列首节点，最左边的 H1、H2、H3 为行首节点，其他的两个节点分别对应到数组中的非零项。此外，为了模拟二维的稀疏矩阵，每一个非零节点会指回行或列的首节点，从而形成环形链表。

范例▶ 3.2.1 如图 3-45 所示的 4*4 稀疏矩阵 A。

$$\begin{bmatrix} 0 & 0 & 21 & 0 \\ -25 & 0 & 0 & 0 \\ 0 & -43 & 0 & 0 \\ 0 & 0 & 0 & 35 \end{bmatrix} 4 \times 4$$

图 3-45

请以环形链表来表示它。

解答▶ 参考如图 3-46 所示的答案。

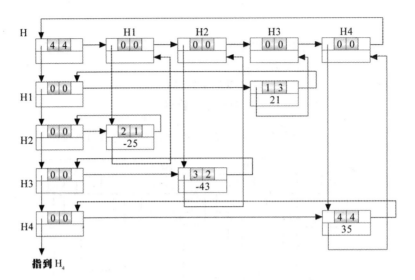

图 3-46

3.4 双向链表

单向链表和环形链表都是属于拥有方向性的链表，只能单向遍历，万一不幸其中有一个链接断裂，那么后面的链表数据便会遗失而无法复原了。因此，我们可以将两个方向不同的链表结合起来，除了存放数据的字段外，它还有两个指针变量，其中一个指针指向后面的节点，另一个则指向前面的节点，这样的链表被称为双向链表（Double Linked List）。

由于每个节点都有两个指针，可以双向通行，因此能够轻松地找到前后节点，同时从链表中任意的节点也可以找到其他节点，而不需经过反转或对比节点等处理，执行速度较快。另外，如果任一节点的链接断裂，可通过反方向链表进行遍历，从而快速地重建完整的链表。

双向链表的最大优点是有两个指针分别指向节点前后两个节点，所以能够轻松地找到前后节点，同时从双向链表中任一节点也可以找到其他节点，而不需经过反转或对比节点等处理，执行速度较快。缺点是由于双向链表有两个链接，所以在加入或删除节点时都得花更多时间来调整指针，另外因为每个节点含有两个指针变量，所以较浪费空间。

双向链表的缺点是：由于双向链表有两个链接，所以在加入或删除节点时都得花更多时间来移动指针，较为浪费空间。

3.4.1 双向链表的定义

下面来介绍双向链表的数据结构。对每个节点而言，具有三个字段，中间为数据字段，左右两边各有两个链表字段，分别为 LLink 和 RLink，其中 RLink 指向下一个节点，LLink 指向上一个节点，如图 3-47 所示。

图 3-47

（1）在双向链表中，通常加上一个链表头，此链表节点不存放任何数据，其左链接字段指向链表表的最后一个节点，而右链接指向第一个节点。

（2）假设 ptr 为一个指向一个双向链表上任一节点，则有：

$$ptr=RLink(LLink(ptr)) = LLink(RLink(ptr))$$

如果使用 C# 语言来声明双向链表节点的数据结构，那么其声明的程序代码如下：

```csharp
class Node
{
    public int data;
    public Node rnext;
    Node lnext;
    public Node(int data)
    {
        this.data=data;
        this.rnext=null;
        this.lnext=null;
    }
}
```

3.4.2　双向链表节点的插入

双向链表节点的插入有以下三种可能的情况。

（1）将新节点插入到此链表的第一个节点前，如图 3-48 所示。

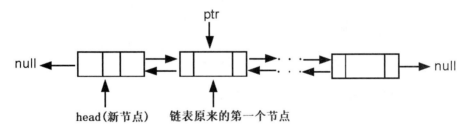

图 3-48

步骤01 将新节点的右链接（RLINK）指向原链表的第一个节点。

步骤02 将原链表第一个节点的左链接（LLINK）指向新节点。

步骤03 将原链表的表头指针 head 指向新节点，且新节点的左链接指向 null。

（2）将新节点插入此链表的末尾，如图 3-49 所示。

步骤01 将原链表的最后一个节点的右链接指向新节点。

步骤02 将新节点的左链接指向原链表的最后一个节点，并将新节点的右链接指向 null。

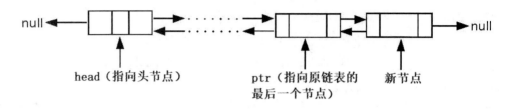

图 3-49

（3）将新节点插入到中间节点（ptr 指向的节点）之后，如图 3-50 所示。

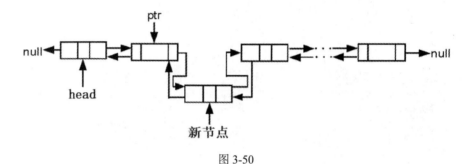

图 3-50

步骤 01 将 ptr 节点的右链接指向新节点。

步骤 02 将新节点的左链接指向 ptr 节点。

步骤 03 将 ptr 节点的下一个节点的左链接指向新节点。

步骤 04 将新节点的右链接指向 ptr 的下一个节点。

3.4.3 双向链表节点的删除

对于双向链表的节点删除，同样有以下三种情况。

（1）删除双向链表的第一个节点，如图 3-51 所示。

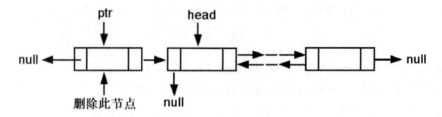

图 3-51

步骤 01 将链表头指针 head 指向原链表的第二个节点。

步骤 02 将新的链表头指针指向 null。

（2）删除此链表的最后一个节点，如图 3-52 所示。

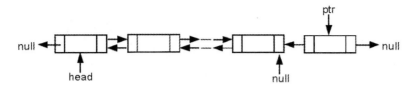

图 3-52

步骤 01 将原链表最后一个节点之前一个节点的右链接指向 null 即可。

（3）删除 ptr 指向的链表中间的节点，如图 3-53 所示。

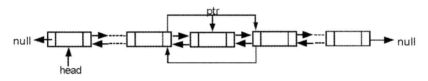

图 3-53

步骤 01 将 ptr 节点的前一个节点右链接指向 ptr 节点的下一个节点。

步骤 02 将 ptr 节点的下一个节点左链接指向 ptr 节点的上一个节点。

有关双向链表声明的数据结构、建立节点、插入节点及删除节点的 C# 程序的算法如下：

```
class Node
{
    public int data;
    public Node rnext;
    public  Node lnext;
    public Node(int data)
    {
        this.data = data;
        this.rnext = null;
        this.lnext = null;
    }
}

public class Doubly
{
    Node first;
    Node last;
    public bool IsEmpty()
    {
        return first == null;
    }
    public void Print()
    {
```

```
        Node current = first;
        while (current != null)
        {
            Write("[" + current.data + "]");
            current = current.rnext;


        }
        WriteLine();
    }

    //插入节点
    void Insert(Node newN)
    {
        Node tmp;
        Node newNode;
        if (this.IsEmpty())
        {
            first = newN;
            first.rnext = last;
            last = newN;
            last.lnext = first;
        }
        else
        {
            if (newN.lnext == null) //插入链表头部的位置
            {
                first.lnext = newN;
                newN.rnext = first;
                first = newN;
            }
            else
            {
                if (newN.rnext == null) //插入链表尾部的位置
                {
                    last.rnext = newN;
                    newN.lnext = last;
                    last = newN;
                }
                else  //插入链表中间节点的位置
                {
                    newNode = first;
                    tmp = first;
                    while (newN.rnext != newNode.rnext)
```

```
                {
                    tmp = newNode;
                    newNode = newNode.rnext;
                }
                tmp.rnext = newN;
                newN.rnext = newNode;
                newNode.lnext = newN;
                newN.lnext = tmp;
            }
        }
    }
}


//删除节点
void Delete(Node delNode)
{
    Node newNode;
    Node tmp;
    if (first == null)
    {
        Write("[链表是空的]\n");
        return;
    }
    if (delNode == null)
    {
        Write("[错误:del 不是链表中的节点]\n");
        return;
    }
    if (first.data == delNode.data)  //要删除的节点是链表头部
    {
        first = first.rnext;
        first.lnext = null;
    }
    else if (last.data == delNode.data)  //要删除的节点是链表尾部
    {
        newNode = first;
        while (newNode.rnext != last)
            newNode = newNode.rnext;
        newNode.rnext = null;
        last = newNode;
    }
    else
    {
```

```
            newNode = first;
            tmp = first;
            while (newNode.data != delNode.data)
            {
                tmp = newNode;
                newNode = newNode.rnext;
            }
            tmp.rnext = delNode.rnext;
            tmp.lnext = delNode.lnext;
        }
    }
}
```

课 后 习 题

1. 在 C# 语言中要模拟链表中的节点，该如何声明？

2. 如果链表中的节点不只记录单一数值，例如每一个节点除了有指向下一个节点的指针字段外，还包括记录一位学生的姓名（name）、学号（no）、成绩（score），请问在 C# 语言中要模拟链表中的此类节点，该如何声明？

3. 请用 C# 程序代码及图示来说明如何删除链表内的中间节点？

4. 请用 C# 语言实现单向链表插入节点的算法。

5. 稀疏矩阵（Sparse Matrix）可以链表（Linked List）来表示，请用链表表示下列矩阵。

$$\begin{bmatrix} 0 & 0 & 11 & 0 \\ -12 & 0 & 0 & 0 \\ 0 & -4 & 0 & 0 \\ 0 & 0 & 0 & -5 \end{bmatrix} \quad 4X4$$

6. 以链接方式（Linked Representation）表示一串数据有哪些好处？

7. 试说明使用循环链表（Circular List）的优缺点。

8. 在 n 个数据的链表（Linked List）中查找一个数据，若以平均所需要用的时间来考虑，其时间复杂度为何？

9. 要删除环形链表的中间节点，该如何进行？

10. 假设一个链表的节点结构如下：

Cofficient				
±	A	B	C	LINK

用来表示多项式 $X^A Y^B Z^C$ 的各项。

（a）请绘出多项式 $X^6 - 6XY^5 + 5Y^6$ 的链表图。

（b）请绘出多项式"0"的链表图。

（c）请绘出多项式 $X^6 - 3X^5 - 4X^4 + 2X^3 + 3X + 5$ 的链表图。

11. 用数组法和链表法表示稀疏矩阵有何优缺点，当用链表表示时，回收到 AVL 列表（可用内存空间列表），时间复杂度为多少？

12. 试比较双向链表与单向链表的优缺点。

第 4 章
堆 栈

堆栈（Stack）是一组相同数据类型的组合，所有的操作均在堆栈顶端进行，具"后进先出"（Last In First Out，LIFO）的特性。堆栈结构在计算机中的应用相当广泛，时常被用来解决计算机的问题，例如前面所谈到的递归调用、子程序的调用等。在日常生活中也随处可以看到堆栈的应用，如大楼电梯、货架上的货品等，类似于堆栈的数据结构原理，如图 4-1 所示。

图 4-1

4.1 堆栈简介

谈到所谓后进先出（Last In，Frist Out）的概念，其实就如同自助餐中餐盘由桌面往上一个一个叠放，且取用时由最上面先拿，这就是典型堆栈概念的应用。由于堆栈是一种抽象数据结构（Abstract Data Type，ADT），它有以下特性。

（1）只能从堆栈的顶端存取数据。
（2）数据的存取符合"后进先出"（LIFO，Last In First Out）的原则。

可参考图 4-2 的堆栈操作示意图。

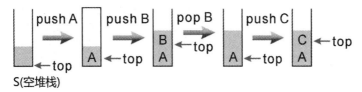

图 4-2

堆栈的基本运算如表 4-1 所示。

表 4-1　堆栈的基本运算

create	创建一个空堆栈
push	把数据存压入堆栈顶端，并返回新堆栈
pop	从堆栈顶端弹出数据，并返回新堆栈
isEmpty	判断堆栈是否为空堆栈，是则返回 true，不是则返回 false
full	判断堆栈是否已满，是则返回 true，不是则返回 false

堆栈 push 和 pop 操作示意图如图 4-3 所示。

堆栈在程序设计领域中，包含数组结构与列表结构两种设计方式，下面分别介绍。

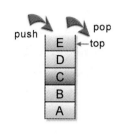

图 4-3

4.1.1 用数组来实现堆栈

以数组结构来实现堆栈的好处是设计的算法都相当简单，但是如果堆栈本身的大小是变动的，而数组大小只能事先规划和声明好，那么数组规划太大了又浪费空间，规划太小了则又不够用。

用 C#语言的相关算法如下：

```csharp
//类方法：Empty
//判断堆栈是否为空堆栈，如果是，则返回 true；如果不是，则返回 false。
public bool Empty()
{
if (top == -1) return true;
    else return false;
}

//类方法：Push
//将指定的数据压入堆栈的顶端
public bool Push(int data)
{
    if (top >= stack.Length)
    { //判断堆栈顶端的索引是否大于数组大小
        WriteLine("堆栈已满，无法再加入");
        return false;
    }
    else
    {
        stack[++top] = data; //将数据压入堆栈
        return true;
    }
}

//类方法：Pop
//从堆栈弹出数据
public int Pop()
{
    if (Empty()) //判断堆栈是否为空的，如果是，则返回-1 值
        return -1;
    else
        return stack[top--]; //先将数据弹出后，再将堆栈指针往下移
}
```

范例▶ **4.1.1**　请使用数组结构来设计一个 C# 程序，并使用循环来控制准备压入或弹出的元素，仿真堆栈的各种操作，其中必须包括压入（push）与弹出（pop）函数，最后还要输出堆栈内所有的元素。

范例程序：ch04_01.sln

```csharp
1    using System;
2    using System.Collections.Generic;
3    using System.Linq;
4    using System.Text;
5    using System.Threading.Tasks;
6    using System.IO;
7    using static System.Console;//导入静态类
8
9    namespace ch04_01
10   {
11       class StackByArray
12       { //用数组模拟堆栈的类声明
13           private int[] stack; //在类中声明数组
14           private int top;        //指向堆栈顶端的索引
15           //StackByArray 类的构造函数
16           public StackByArray(int stack_size)
17           {
18               stack = new int[stack_size]; //建立数组
19               top = -1;
20           }
21           //类方法：Push
22           //把指定的数据压入堆栈顶端
23           public bool Push(int data)
24           {
25               if (top >= stack.Length)
26               { //判断堆栈顶端的索引是否大于数组大小
27                   WriteLine("堆栈已满，无法再加入");
28                   return false;
29               }
30               else
31               {
32                   stack[++top] = data; //将数据压入堆栈
33                   return true;
34               }
35           }
36           //类方法：Empty
37           //判断堆栈是否为空堆栈，如果是，则返回 true；如果不是，则返回 false。
```

```
38          public bool Empty()
39          {
40              if (top == -1) return true;
41              else return false;
42          }
43      //类方法：Pop
44      //从堆栈弹出数据
45      public int Pop()
46      {
47          if (Empty())  //判断堆栈是否为空的，如果是，则返回-1值
48              return -1;
49          else
50              return stack[top--];  //先将数据弹出后，再将堆栈指针往下移
51      }
52  }
53
54  class Program
55  {
56      static void Main(string[] args)
57      {
58          int value;
59          StackByArray stack = new StackByArray(10);
60          WriteLine("请按序输入 10 个数据：");
61          for (int i = 0; i < 10; i++)
62          {
63              value = int.Parse(Console.ReadLine());
64              stack.Push(value);
65          }
66          WriteLine("=============================");
67          while (!stack.Empty())  //将堆栈数据陆续从顶端弹出
68              WriteLine("堆栈弹出的顺序为:" + stack.Pop());
69          ReadKey();
70      }
71  }
72  }
```

范例程序的执行结果如图 4-4 所示。

```
请按序输入10个数据:
1
3
5
7
9
11
13
15
17
19
==============================
堆栈弹出的顺序为:19
堆栈弹出的顺序为:17
堆栈弹出的顺序为:15
堆栈弹出的顺序为:13
堆栈弹出的顺序为:11
堆栈弹出的顺序为:9
堆栈弹出的顺序为:7
堆栈弹出的顺序为:5
堆栈弹出的顺序为:3
堆栈弹出的顺序为:1
```

图 4-4

范例 4.1.2　请设计一个 C# 程序，用数组仿真扑克牌洗牌及发牌的过程。请用随机数生成扑克牌后压入堆栈，放满 52 张牌并开始发牌，使用堆栈的弹出功能来给 4 个人发牌。

范例程序：ch04_02.sln

```csharp
1    using System;
2    using System.Collections.Generic;
3    using System.Linq;
4    using System.Text;
5    using System.Threading.Tasks;
6    using System.IO;
7    using static System.Console;//导入静态类
8
9    namespace ch04_02
10   {
11       class Program
12       {
13           static int top = -1;
14
15           static void Main(string[] args)
16           {
17               int[] card= new int[52];
18               int[] stack = new int[52];
19               int i, j, k = 0, test;
20               char ascVal = 'H';
21               int style;
22               Random intRnd=new Random();
23               for (i = 0; i < 52; i++)
24                   card[i] = i;
25               WriteLine("[正在洗牌...请稍后!]");
```

```
26          while (k < 30)
27          {
28              for (i = 0; i < 51; i++)
29              {
30                  for (j = i + 1; j < 52; j++)
31                  {
32                      if ((intRnd.Next(10000) % 52) == 2)
33                      {
34                          test = card[i];//洗牌
35                          card[i] = card[j];
36                          card[j] = test;
37                      }
38                  }
39
40              }
41              k++;
42          }
43          i = 0;
44          while (i != 52)
45          {
46              Push(stack, 52, card[i]);  //将52张牌压入堆栈
47              i++;
48          }
49          WriteLine("[逆时针发牌]");
50          WriteLine("[显示各家的牌]\n 东家    北家    西家    南家");
51          WriteLine("===============================");
52          while (top >= 0)
53          {
54              style = stack[top] / 13;   //计算牌的花色
55              switch (style)             //牌的花色对应的字母
56              {
57                  case 0:                //梅花
58                      ascVal = 'C';
59                      break;
60                  case 1:                //方块
61                      ascVal = 'D';
62                      break;
63                  case 2:                //红心
64                      ascVal = 'H';
65                      break;
66                  case 3:                //黑桃
67                      ascVal = 'S';
68                      break;
```

```
69                    }
70                    Write("[" + ascVal + (stack[top] % 13 + 1) + "]");
71                    Write('\t');
72                    if (top % 4 == 0)
73                        WriteLine();
74                    top--;
75                }
76                ReadKey();
77            }
78            public static void Push(int[] stack, int MAX, int val)
79            {
80                if (top >= MAX - 1)
81                    WriteLine("[堆栈已经满了]");
82                else
83                {
84                    top++;
85                    stack[top] = val;
86                }
87            }
88
89            public static int Pop(int[] stack)
90            {
91                if (top < 0)
92                    WriteLine("[堆栈已经空了]");
93                else
94                    top--;
95                return stack[top];
96            }
97        }
98    }
```

范例程序的执行结果如 4-5 所示。

```
[正在洗牌...请稍后!]
[逆时针发牌]
[显示各家的牌]
东家    北家    西家    南家
================================
[H9]    [D12]   [C9]    [H6]
[S11]   [H13]   [S5]    [S1]
[H12]   [H3]    [H7]    [C5]
[D13]   [D6]    [D7]    [C11]
[C6]    [H5]    [C10]   [S9]
[D1]    [H1]    [S12]   [H11]
[C8]    [S4]    [S7]    [D9]
[S2]    [S13]   [S3]    [D10]
[C12]   [S6]    [C7]    [H8]
[D8]    [D5]    [H2]    [S10]
[D3]    [D4]    [D11]   [C1]
[C13]   [H10]   [C2]    [C4]
[S8]    [D2]    [C3]    [H4]
```

图 4-5

4.1.2　用链表来实现堆栈

虽然以数组结构来制作堆栈的好处是制作与设计的算法都相当简单，但是如果堆栈本身是变动的话，数组大小就无法事先规划声明。此时往往会考虑使用最大可能性的数组空间，但是这样将造成内存空间的浪费。而用链表来制作堆栈的优点是随时可以动态改变链表的长度，不过缺点是设计时算法较为复杂。下面我们将用链表来实现堆栈的操作。

用 C# 语言编写的相关算法如下：

```csharp
class Node //链表节点的声明
{
    public int data;
    public Node next;
    public Node(int data)
    {
        this.data = data;
        this.next = null;
    }
}


//类方法：IsEmpty()
//判断堆栈如果为空堆栈,则 front==null;
    public bool IsEmpty()
    {
        return front == null;
    }


//类方法：Insert()
//在堆栈顶端加入数据
    public void Insert(int data)
    {
        Node newNode = new Node(data);
        if (this.IsEmpty())
        {
            front = newNode;
            rear = newNode;
        }
        else
        {
            rear.next = newNode;
            rear = newNode;
        }
    }
```

```
//类方法：Pop()
//从堆栈顶端弹出数据
    public void Pop()
    {
        Node newNode;
        if (this.IsEmpty())
        {
            Write("===当前为空堆栈===\n");
            return;
        }
        newNode = front;
        if (newNode == rear)
        {
            front = null;
            rear = null;
            Write("===当前为空堆栈===\n");
        }
        else
        {
            while (newNode.next != rear)
                newNode = newNode.next;
            newNode.next = rear.next;
            rear = newNode;
        }
    }
```

范例 4.1.3　请设计一个 C# 程序，以链表来实现堆栈的操作，并使用循环来控制元素的压入堆栈或弹出堆栈，其中必须包括压入（push）与弹出（pop）函数，最后输出堆栈内的所有元素。

范例程序：ch04_03.sln

```
1    using System;
2    using System.Collections.Generic;
3    using System.Linq;
4    using System.Text;
5    using System.Threading.Tasks;
6    using System.IO;
7    using static System.Console;//导入静态类
8
9    namespace ch04_03
10   {
11       class Node //链表节点的声明
12       {
```

```
13          public int data;
14          public Node next;
15          public Node(int data)
16          {
17              this.data = data;
18              this.next = null;
19          }
20      }
21      class StackByLink
22      {
23          public Node front; //指向堆栈底端的指针
24          public Node rear;  //指向堆栈顶端的指针
25          //类方法: isEmpty()
26          //判断堆栈如果为空堆栈, 则 front==null;
27          public bool IsEmpty()
28          {
29              return front == null;
30          }
31          //类方法: Output_of_Stack()
32          //打印输出堆栈的内容
33          public void Output_of_Stack()
34          {
35              Node current = front;
36              while (current != null)
37              {
38                  Write("[" + current.data + "]");
39                  current = current.next;
40              }
41              WriteLine();
42          }
43          //类方法: Insert()
44          //在堆栈顶端加入数据
45          public void Insert(int data)
46          {
47              Node newNode = new Node(data);
48              if (this.IsEmpty())
49              {
50                  front = newNode;
51                  rear = newNode;
52              }
53              else
54              {
55                  rear.next = newNode;
```

```
56              rear = newNode;
57          }
58      }
59      //类方法：Pop()
60      //从堆栈顶端弹出数据
61      public void Pop()
62      {
63          Node newNode;
64          if (this.IsEmpty())
65          {
66              Write("===当前为空堆栈===\n");
67              return;
68          }
69          newNode = front;
70          if (newNode == rear)
71          {
72              front = null;
73              rear = null;
74              Write("===当前为空堆栈===\n");
75          }
76          else
77          {
78              while (newNode.next != rear)
79                  newNode = newNode.next;
80              newNode.next = rear.next;
81              rear = newNode;
82          }
83
84      }
85  }
86  class Program
87  {
88      static void Main(string[] args)
89      {
90          StackByLink stack_by_linkedlist = new StackByLink();
91          int choice = 0;
92          while (true)
93          {
94              Write("(0)结束 (1)把数据加入堆栈 (2)从堆栈弹出数据：");
95              choice = int.Parse(ReadLine());
96              if (choice == 2)
97              {
98                  stack_by_linkedlist.Pop();
```

```
99                  WriteLine("数据弹出后堆栈中的内容：");
100                 stack_by_linkedlist.Output_of_Stack();
101             }
102             else if (choice == 1)
103             {
104                 Write("请输入要加入堆栈的数据：");
105                 choice = int.Parse(ReadLine());
106                 stack_by_linkedlist.Insert(choice);
107                 WriteLine("数据加入后堆栈中的内容：");
108                 stack_by_linkedlist.Output_of_Stack();
109             }
110             else if (choice == 0)
111                 break;
112             else
113             {
114                 WriteLine("输入错误！");
115             }
116         }
117         ReadKey();
118     }
119   }
120 }
```

范例程序的执行结果如图 4-6 所示。

```
(0)结束 (1) 将数据加入堆栈 (2) 从堆栈弹出数据：1
请输入要加入堆栈的数据：23
数据加入后堆栈中的内容：
[23]
(0)结束 (1) 将数据加入堆栈 (2) 从堆栈弹出数据：1
请输入要加入堆栈的数据：35
数据加入后堆栈中的内容：
[23][35]
(0)结束 (1) 将数据加入堆栈 (2) 从堆栈弹出数据：1
请输入要加入堆栈的数据：64
数据加入后堆栈中的内容：
[23][35][64]
(0)结束 (1) 将数据加入堆栈 (2) 从堆栈弹出数据：2
数据弹出后堆栈中的内容：
[23][35]
(0)结束 (1) 将数据加入堆栈 (2) 从堆栈弹出数据：2
数据弹出后堆栈中的内容：
[23]
(0)结束 (1) 将数据加入堆栈 (2) 从堆栈弹出数据：0
```

图 4-6

4.2 堆栈的应用

堆栈在计算机领域的应用相当广泛，主要特性是限制了数据插入与删除的位置和方法，属于有序表的应用。堆栈的各种应用列举如下：

（1）二叉树和森林的遍历，如中序遍历（Inorder）、前序遍历（Preorder）等。

（2）计算机中央处理单元（CPU）的中断处理（Interrupt Handling）。

（3）图形的深度优先（DFS）查找法（或称为深度优先搜索法）。

（4）某些所谓堆栈计算机（Stack Computer），是一种采用空地址（Zero-address）指令，其指令没有操作数，大部分操作都通过弹出（Pop）和压入（Push）两个指令来处理程序的计算机。

（5）当从递归返回（Return）时，就按序从堆栈顶端取出这些相关值，回到原来执行递归前的状态，再往下继续执行。

（6）算术表达式的转换和求值，如中序法转换成后序法。

（7）调用子程序和返回处理，例如在执行调用的子程序之前，必须先将返回地址（即下一条指令的地址）压入堆栈中，然后才开始执行调用子程序的操作，等到子程序执行完毕后，再从堆栈中弹出返回地址。

（8）编译错误处理（Compiler Syntax Processing）：当编辑程序发生错误或警告信息时，会将所在的地址压入堆栈中之后，才会显示出错误相关的信息对照表。

范例▶ **4.2.1**　考虑如图 4-7 所示的铁路调度网络。

在图 4-7 右边为编号 1，2，3，…，n 的车厢，每一车厢被拖入堆栈，并可以在任何时候将其拖出。假设 n = 3，我们可以分别拖入 1，2，3，然后将车厢拖出，此时可产生新的车厢顺序 3，2，1。请问：

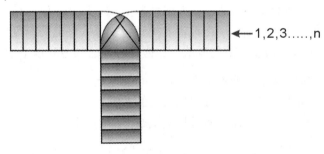

← 1,2,3……,n

图 4-7

（1）当 n = 3 时，分别有哪几种排列方式？而哪几种排序方式不可能发生？

（2）当 n = 6 时，　3，2，5，6，4，1 这样的排列是否可能发生？或者 1，5，4，2，3，6？或者 1，5，4，6。2。3？又当 n = 5 时，3，2，1，5，4 这样的排列是否可能发生？

（3）找出一个公式 Sn，当有 n 节车厢时，共有几种排方式？

解答▶

（1）当 n = 3 时，可能的排列方式有五种，分别是 123，132，213，231，321。不可能的排列方式有 312。

（2）因为根据堆栈后进先出的原则，所以 3，2，5，6，4，1 的车厢号码的排列顺序是可以实现的。至于 1，5，4，2，6，3 与 1，5，4，6，2，3 都不可能发生。当 n = 5 时，可以产生 3，2，1，5，4 的排列。

（3）Sn = $\dfrac{1}{n+1}\dbinom{2n}{n}$ = $\dfrac{1}{n+1}*\dfrac{(2n)!}{n!*n!}$

4.2.1 汉诺塔问题

法国数学家 Lucas 在 1883 年介绍了一个十分经典的汉诺塔（Tower of Hanoi）智力游戏，就是使用递归法与堆栈概念来解决问题的典型范例，如图 4-8 所示。

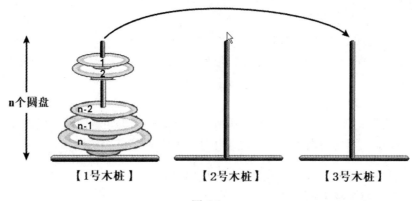

图 4-8

从更精确的角度来说，汉诺塔问题可以这样描述：假设有 1 号、2 号、3 号共三个木桩和 n 个大小均不相同的圆盘（Disc），从小到大编号为 1，2，3…n，编号越大直径越大。开始的时候，n 个圆盘都套在 1 号木桩上，现在希望能找到将 1 号木桩上的圆盘借助 2 号木桩当中间桥梁，全部移到 3 号木桩上最少次数的方法。在搬动时还必须遵守以下规则：

（1）直径较小的圆盘永远只能置于直径较大的圆盘上。

（2）圆盘可任意地从任何一个木桩移到其他的木桩上。

（3）每一次只能移动一个圆盘，而且只能从最上面的 开始移动。

现在我们考虑 n=1~3 的情况，以图示方式示范求解汉诺塔问题的步骤。

■ n = 1 个圆盘（图 4-9）

直接把圆盘从 1 号木桩移动到 3 号木桩。

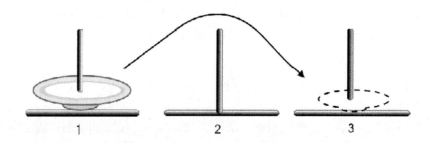

图 4-9

■ n = 2 个圆盘（见图 4-10~图 4-13）

（1）将圆盘从 1 号木桩移动到 2 号木桩。

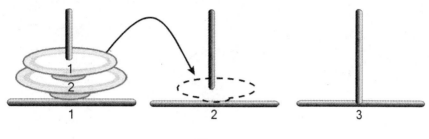

图 4-10

（2）将圆盘从 1 号木桩移动到 3 号木桩。

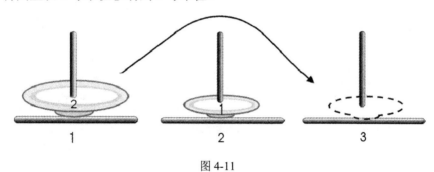

图 4-11

（3）将圆盘从 2 号木桩移动到 3 号木桩。

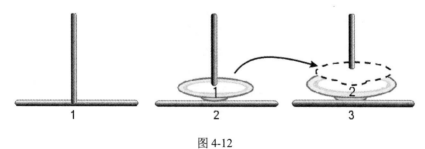

图 4-12

（4）完成。

图 4-13

结论：移动了 $2^2-1=3$ 次，圆盘移动的次序为 1，2，1（此处为圆盘次序）。
步骤为：$1\to2$，$1\to3$，$2\to3$（此处为木桩次序）。

■ n = 3 个圆盘（见图 4-14～图 4-21）

（1）将圆盘从 1 号木桩移动到 3 号木桩。

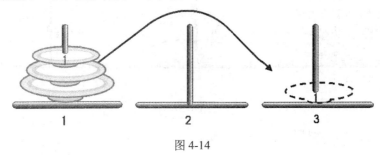

图 4-14

（2）将圆盘从 1 号木桩移动到 2 号木桩。

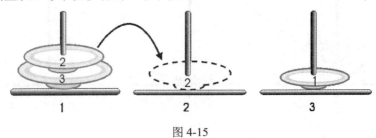

图 4-15

（3）将圆盘从 3 号木桩移动到 2 号木桩。

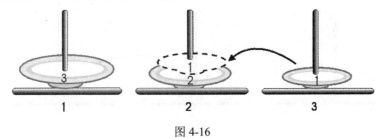

图 4-16

（4）将圆盘从 1 号木桩移动到 3 号木桩。

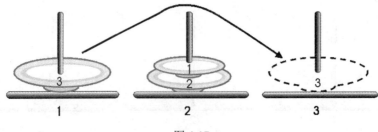

图 4-17

（5）将圆盘从 2 号木桩移动到 1 号木桩。

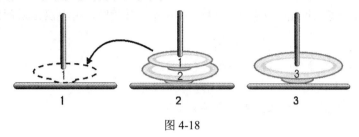

图 4-18

（6）将圆盘从 2 号木桩移动到 3 号木桩。

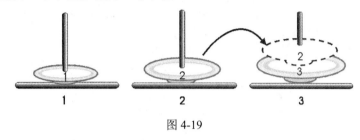

图 4-19

（7）将圆盘从 1 号木桩移动到 3 号木桩。

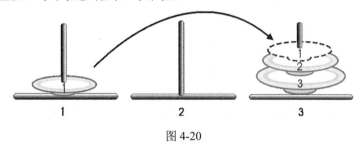

图 4-20

（8）完成。

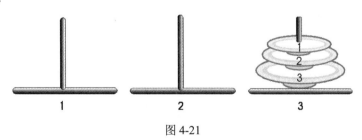

图 4-21

结论：移动了 $2^3-1=7$ 次，圆盘移动的次序为 1，2，1，3，1，2，1（圆盘的次序）。

步骤为：$1\to3$，$1\to2$，$3\to2$，$1\to3$，$2\to1$，$2\to3$，$1\to3$（木桩次序）

当有 4 个圆盘时，我们实际操作后（在此不用插图说明），圆盘移动的次序为 121312141213121，而移动木桩的顺序为 $1\to2$，$1\to3$，$2\to3$，$1\to2$，$3\to1$，$3\to2$，$1\to2$，$1\to3$，$2\to3$，$2\to1$，$3\to1$，$2\to3$，$1\to2$，$1\to3$，$2\to3$，而移动次数为 $2^4-1=15$。

当 n 的值不大时，大家可以逐步用图解办法解决问题，但 n 的值较大时，那可就十分伤脑筋了。事实上，我们可以得出一个结论，例如当有 n 个圆盘时，可将汉诺塔问题归纳成三个步骤（参考图 4-22）。

步骤 01 将 n-1 个圆盘，从木桩 1 移动到木桩 2。

步骤 02 将第 n 个最大圆盘，从木桩 1 移动到木桩 3。

步骤 03 将 n-1 个圆盘，从木桩 2 移动到木桩 3。

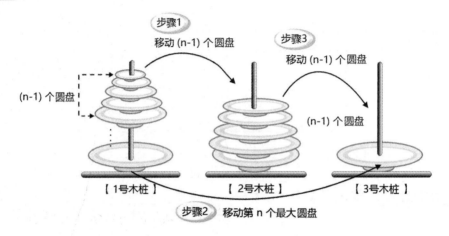

图 4-22

根据上面的分析和图解，相信大家应该可以发现汉诺塔问题非常适合用递归方式与堆栈数据结构来求解。因为汉诺塔问题满足了递归的两大特性：① 有反复执行的过程；②有退出递归的出口。以下是求解汉诺塔问题的范例程序，其中包含了递归函数（算法）。

范例程序：ch04_04.sln

```
1    using System;
2    using System.Collections.Generic;
3    using System.Linq;
4    using System.Text;
5    using System.Threading.Tasks;
6    using System.IO;
7    using static System.Console;//导入静态类
8
9    namespace ch04_04
10   {
11       class Program
12       {
13           static void Main(string[] args)
14           {
15               int j;
16               String str;
```

```
17              Write("请输入圆盘数量：");
18              str = ReadLine();
19              j =int.Parse(str);
20              Hanoi(j, 1, 2, 3);
21              ReadKey();
22          }
23      public static void Hanoi(int n, int p1, int p2, int p3)
24      {
25          if (n == 1)
26              WriteLine("圆盘从 " + p1 + " 移到 " + p3);
27          else
28          {
29              Hanoi(n - 1, p1, p3, p2);
30              WriteLine("圆盘从 " + p1 + " 移到 " + p3);
31              Hanoi(n - 1, p2, p1, p3);
32          }
33      }
34  }
35  }
```

范例程序的执行结果如图 4-23 所示。

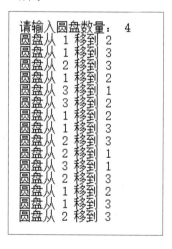

图 4-23

范例▶ **4.2.1**　请问汉诺塔问题中，移动 n 个圆盘所需的最小移动次数？试说明之。

解答▶ 在书的前文中提过当有 n 个圆盘时，可将汉诺塔问题归纳成三个步骤，其中 a_n 为移动 n 个圆盘所需的最少移动次数，a_{n-1} 为移动 n-1 个圆盘所需的最少移动次数，$a_1 = 1$ 为只剩一个圆盘时的移动次数，因此可得如下公式。

$$a_n = a_{n-1}+1+a_{n-1}$$
$$= 2a_{n-1}+1$$
$$= 2(2a_{n-2}+1)+1$$
$$= 4a_{n-2}+2+1$$
$$= 4(2a_{n-3}+1)+2+1$$
$$= 8a_{n-3}+4+2+1$$
$$= 8(2a_{n-4}+1)+4+2+1$$
$$= 16a_{n-4}+8+4+2+1$$
$$=...$$
$$=...$$
$$= 2^{n-1}a_1+\sum_{k=0}^{n-2} 2^k \text{ 因此，} a_n=2^{n-1}*1+\sum_{k=0}^{n-2} 2^k$$
$$= 2^{n-1}+2^{n-1}-1 = 2^n-1$$

由此可知，要移动 n 个圆盘所需的最小移动次数为 2^n-1 次。

4.2.2 老鼠走迷宫

堆栈的应用有一个相当有趣的问题，就是实验心理学中有名的"老鼠走迷宫"问题。老鼠走迷宫问题的陈述是：假设把一只大老鼠放在一个没有盖子的大迷宫盒的入口处，盒中有许多墙使得大部分的路径都被挡住而无法前进。老鼠可以按照尝试错误的方法找到出口。不过，这只老鼠必须具备走错路时就会退回来并把走过的路记下来，避免下次走重复的路，就这样直到找到出口为止。简单来说，老鼠行进时，必须遵守以下三个原则。

（1）一次只能走一格。
（2）遇到墙无法往前走时，则退回一步找找看是否有其他的路可以走。
（3）走过的路不会再走第二次。

我们之所以对这个问题感兴趣，是因为它可以提供一种典型堆栈应用的思考方法。有许多大学曾举办所谓"计算机老鼠走迷宫"的比赛，就是要设计这种利用堆栈技巧走迷宫的程序。在编写走迷宫程序之前，先来了解如何在计算机中表现一个仿真迷宫的方式。这时可以利用二维数组 MAZE[row][col]，并符合以下规则。

MAZE[i][j] = 1 　　表示[i][j]处有墙，无法通过
　　　　　 = 0 　　表示[i][j]处无墙，可通行
MAZE[1][1]是入口，MAZE[m][n]是出口

如图 4-24 就是一个使用 10x12 二维数组的仿真迷宫地图。

假设老鼠从左上角的 MAZE[1][1]进入，从右下角的 MAZE[8][10]出来，老鼠当前位置以 MAZE[x][y]表示，那么我们可以将老鼠可能移动的方向表示成如图 4-25 所示。

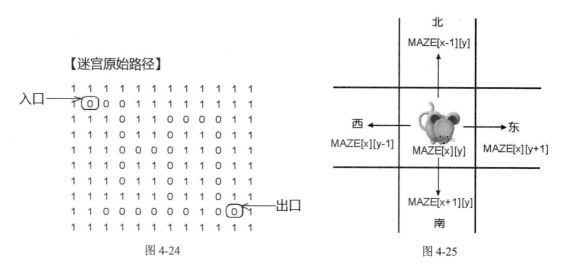

【迷宫原始路径】

入口 →
```
1 1 1 1 1 1 1 1 1 1 1 1
1 0 0 1 1 1 1 1 1 1 1 1
1 1 1 0 1 1 0 0 0 0 1 1
1 1 1 0 1 1 0 1 1 0 1 1
1 1 1 0 0 0 0 1 1 0 1 1
1 1 1 0 1 1 0 1 1 0 1 1
1 1 1 1 1 1 0 1 1 0 1 1
1 1 1 1 1 1 0 1 1 0 1 1
1 1 0 0 0 0 0 1 0 0 1 1
1 1 1 1 1 1 1 1 1 1 1 1
```
→ 出口

图 4-24　　　　　　　　　　　　　　图 4-25

如图 4-25 所示,老鼠可以选择的方向共有 4 个,分别为东、西、南、北。但并非每个位置都有 4 个方向可以选择,必须看情况来决定,如 T 字型的路口,就只有东、西、南三个方向可以选择。

我们可以使用链表来记录走过的位置,并且将走过的位置对应的数组元素内容标记为 2,然后将这个位置放入堆栈再进行下一次的选择。如果走到死胡同并且还没有抵达终点,那么就退出上一个位置,并退回去直到回到上一个岔路后再选择其他的路。由于每次新加入的位置必定会在堆栈的顶端,因此堆栈顶端指针所指的方格编号便是当前搜索迷宫出口的老鼠所在的位置。如此重复这些动作直到走到出口为止。如图 4-26 和图 4-27 是以小球来代表迷宫中的老鼠。

图 4-26

图 4-27

上面这样一个迷宫搜索的过程,可以用下面的算法来加以描述。

```
if(上一格可走)
{
    把方格编号压入到堆栈中;
    往上走;
```

```
        判断是否为出口;
    }
    else if(下一格可走)
    {
        把方格编号压入到堆栈中;
        往下走;
        判断是否为出口;
    }
    else if(左一格可走)
    {
        把方格编号压入到堆栈中;
        往左走;
        判断是否为出口;
    }
    else if(右一格可走)
    {
        把方格编号压入到堆栈中;
        往右走;
        判断是否为出口;
    }
    else
    {
        从堆栈删除一方格编号;
        从堆栈中弹出一方格编号;
        往回走;
    }
```

上面的算法是每次进行移动时所执行的操作，其主要是判断当前所在位置的上、下、左、右是否有可以前进的方格，若找到可前进的方格，则将该方格的编号压入到记录移动路径的堆栈中并往该方格移动；若四周没有可走的方格（第 25 行），也就是当前所在的方格无法走出迷宫，则必须退回到前一格重新检查是否有其他可走的路径。所以在上面算法中的第 27 行会将当前所在位置的方格编号从堆栈中删除，之后第 28 行再弹出的就是前一次所走过的方格编号。

以下是迷宫问题 C# 程序的具体实现。

范例程序：ch04_05.sln

```
1   using System;
2   using System.Collections.Generic;
3   using System.Linq;
4   using System.Text;
5   using System.Threading.Tasks;
6   using System.IO;
```

```
7    using static System.Console;//导入静态类
8
9    namespace ch04_05
10   {
11       public class Node
12       {
13           public int x;
14           public int y;
15           public Node next;
16           public Node(int x, int y)
17           {
18               this.x = x;
19               this.y = y;
20               this.next = null;
21           }
22       }
23       public class TraceRecord
24       {
25           public Node first;
26           public Node last;
27           public bool IsEmpty()
28           {
29               return first == null;
30           }
31           public void Insert(int x, int y)
32           {
33               Node newNode = new Node(x, y);
34               if (this.IsEmpty())
35               {
36                   first = newNode;
37                   last = newNode;
38               }
39               else
40               {
41                   last.next = newNode;
42                   last = newNode;
43               }
44           }
45
46           public void Delete()
47           {
48               Node newNode;
49               if (this.IsEmpty())
```

```
50              {
51                  Write("[队列已经空了]\n");
52                  return;
53              }
54          newNode = first;
55          while (newNode.next != last)
56              newNode = newNode.next;
57          newNode.next = last.next;
58          last = newNode;
59
60      }
61  }
62  class Program
63  {
64      public static int ExitX = 8; //定义出口的 X 坐标在第 8 行
65      public static int ExitY = 10;  //定义出口的 Y 坐标在第 10 列
66      public static int[,] MAZE = {{1,1,1,1,1,1,1,1,1,1,1,1},
67      //声明迷宫数组
68      {1,0,0,0,1,1,1,1,1,1,1,1},
69              {1,1,1,0,1,1,0,0,0,0,1,1},
70              {1,1,1,0,1,1,0,1,1,0,1,1},
71              {1,1,1,0,0,0,0,1,1,0,1,1},
72              {1,1,1,0,1,1,0,1,1,0,1,1},
73              {1,1,1,0,1,1,0,1,1,0,1,1},
74              {1,1,1,1,1,1,0,1,1,0,1,1},
75              {1,1,0,0,0,0,0,0,1,0,0,1},
76              {1,1,1,1,1,1,1,1,1,1,1,1}};
77      static void Main(string[] args)
78      {
79          int i, j, x, y;
80          TraceRecord path = new TraceRecord();
81          x = 1;
82          y = 1;
83          Write("[迷宫的路径(0 标记的部分)]\n");
84          for (i = 0; i < 10; i++)
85          {
86              for (j = 0; j < 12; j++)
87                  Write(MAZE[i,j]);
88              Write("\n");
89          }
90          while (x <= ExitX && y <= ExitY)
91          {
92              MAZE[x,y] = 2;
```

```
93              if (MAZE[x - 1,y] == 0)
94              {
95                  x -= 1;
96                  path.Insert(x, y);
97              }
98              else if (MAZE[x + 1,y] == 0)
99              {
100                 x += 1;
101                 path.Insert(x, y);
102             }
103             else if (MAZE[x,y - 1] == 0)
104             {
105                 y -= 1;
106                 path.Insert(x, y);
107             }
108             else if (MAZE[x,y + 1] == 0)
109             {
110                 y += 1;
111                 path.Insert(x, y);
112             }
113             else if (ChkExit(x, y, ExitX, ExitY) == 1)
114                 break;
115             else
116             {
117                 MAZE[x,y] = 2;
118                 path.Delete();
119                 x = path.last.x;
120                 y = path.last.y;
121             }
122         }
123         Write("[老鼠走过的路径(2 标记的部分)]\n");
124         for (i = 0; i < 10; i++)
125         {
126             for (j = 0; j < 12; j++)
127                 Write(MAZE[i,j]);
128             WriteLine();
129         }
130         ReadKey();
131     }
132     public static int ChkExit(int x, int y, int ex, int ey)
133     {
134         if (x == ex && y == ey)
135         {
```

```
136                if (MAZE[x - 1,y] == 1 || MAZE[x + 1,y] == 1 ||
                       MAZE[x,y - 1] == 1 || MAZE[x,y + 1] == 2)
137                    return 1;
138                if (MAZE[x - 1,y] == 1 || MAZE[x + 1,y] == 1 ||
                       MAZE[x,y - 1] == 2 || MAZE[x,y + 1] == 1)
139                    return 1;
140                if (MAZE[x - 1,y] == 1 || MAZE[x + 1,y] == 2 ||
                       MAZE[x,y - 1] == 1 || MAZE[x,y + 1] == 1)
141                    return 1;
142                if (MAZE[x - 1,y] == 2 || MAZE[x + 1,y] == 1 ||
                       MAZE[x,y - 1] == 1 || MAZE[x,y + 1] == 1)
143                    return 1;
144            }
145        return 0;
146        }
147    }
148 }
```

范例程序的执行结果如图 4-28 所示。

```
[迷宫的路径(0标记的部分)]
111111111111
100011111111
111011000011
111011011011
111000011011
111011011011
111011011011
111111011011
110000001001
111111111111
[老鼠走过的路径(2标记的部分)]
111111111111
122211111111
111211222211
111211211211
111222211211
111211011211
111211011211
111111011211
110000001221
111111111111
```

图 4-28

4.2.3 八皇后问题

八皇后问题也是一种常见的堆栈应用实例。在国际象棋中的皇后可以在没有限定一步走几格的前提下，对棋盘中的其他棋子直吃、横吃和对角斜吃（左斜吃或右斜吃都可）。现在要放入多个皇后到棋盘上，相互之间还不能互相吃到对方。后放入的新皇后，放入前必须考虑所放位置的直线方向、横线方向或对角线方向是否已被放置了旧皇后，否则就会被先放入的旧皇后吃掉。

利用这种概念，我们可以将其应用在 4*4 的棋盘，就称为 4-皇后问题；应用在 8*8 的棋盘，就称为 8-皇后问题；应用在 N*N 的棋盘，就称为 N-皇后问题。要解决 N-皇后问题（在此我们以 8-皇后为例），首先在棋盘中放入一个新皇后，且这个位置不会被先前放置的皇后吃掉，就将这个新皇后的位置压入堆栈。

但是，如果当放置新皇后的该行（或该列）的 8 个位置，都没有办法放置新皇后（亦即放入任何一个位置，就会被先前放置的旧皇后给吃掉）。此时，必须从堆栈中弹出前一个皇后的位置，并在该行（或该列）中重新寻找另一个新的位置，再将该位置压入堆栈中，而这种方式就是一种回溯（Backtracking）算法的应用。

N-皇后问题的解答，就是结合堆栈和回溯两种数据结构，以逐行（或逐列）寻找新皇后合适的位置（如果找不到，则回溯到前一行寻找前一个皇后的另一个新位置，以此类推）的方式，来寻找 N-皇后问题的其中一组解答。

下面分别是 4-皇后和 8-皇后在堆栈存放的内容以及对应棋盘的其中一组解，如图 4-29 和图 4-30 所示。

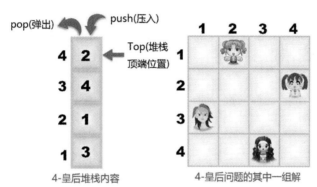

图 4-29

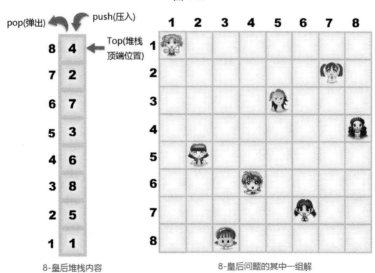

图 4-30

范例 4.2.2 请设计一个 C# 程序，来计算八皇后问题共有几组解。

范例程序：ch04_06.sln

```csharp
1    using System;
2    using System.Collections.Generic;
3    using System.Linq;
4    using System.Text;
5    using System.Threading.Tasks;
6    using System.IO;
7    using static System.Console;//导入静态类
8
9    namespace ch04_06
10   {
11       class Program
12       {
13           static int TRUE = 1, FALSE = 0, EIGHT = 8;
14           static int[] queen = new int[EIGHT]; // 存放 8 个皇后之行位置
15           static int number = 0; //// 计算共有几组解的总数
16
17           //按 Enter 键函数
18           public static void PressEnter()
19           {
20               char tChar;
21               Write("\n\n");
22               WriteLine("...按下 Enter 键继续...");
23               tChar = (char)Read();
24           }
25           //决定皇后存放的位置
26           public static void Decide_position(int value)
27           {
28               int i = 0;
29               while (i < EIGHT)
30               {
31                   // 是否受到攻击的判断
32                   if (Attack(i, value) != 1)
33                   {
34                       queen[value] = i;
35                       if (value == 7)
36                           Print_table();
37                       else
38                           Decide_position(value + 1);
39                   }
40                   i++;
```

```
41                }
42            }
43            // 测试在(row,col)上的皇后是否遭受攻击
44            // 若遭受攻击则返回值为1，否则返回0
45            public static int Attack(int row, int col)
46            {
47                int i = 0, atk = FALSE;
48                int offset_row = 0, offset_col = 0;
49
50                while ((atk != 1) && i < col)
51                {
52                    offset_col = Math.Abs(i - col);
53                    offset_row = Math.Abs(queen[i] - row);
54                    // 判断两皇后是否在同一行或在同一对角在线
55                    if ((queen[i] == row) || (offset_row == offset_col))
56                        atk = TRUE;
57                    i++;
58                }
59                return atk;
60            }
61
62            // 输出所需要的结果
63            public static void Print_table()
64            {
65                int x = 0, y = 0;
66                number += 1;
67                WriteLine();
68                Write("八皇后问题的第" + number + "组解\n\t");
69                for (x = 0; x < EIGHT; x++)
70                {
71                    for (y = 0; y < EIGHT; y++)
72                        if (x == queen[y])
73                            Write("<*>");
74                    else
75                            Write("<->");
76                    Write("\n\t");
77                }
78                PressEnter();
79            }
80            static void Main(string[] args)
81            {
82                number = 0;
83                Decide_position(0);
```

```
84                  ReadKey();
85              }
86          }
87      }
```

范例程序的执行结果如图 4-31 所示。

图 4-31

4.3 算术表达式的求值法（对应于表达式的表示法）

算术表达式由运算符（+、-、*、/..）与操作数（1、2、3...及间隔符号）所组成。下面为一个典型的算术表达式：

$$(6*2+5*9)/3$$

以上表达式的表示法称为中序表示法（Infix Notation），这也是一般人所习惯的写法。运算过程中需注意的是括号内的表达式要先行处理，同时注意运算符的优先级。

不过，由于中序法有优先级与结合性的问题，在计算机编译程序的处理上相当不方便，因此在计算机中是将它换成后序法（常用）或前序法。至于表达式的种类，如果依据运算符在表达式中的位置，可分为以下三种表示法。

（1）中序法（Infix）。

<操作数 1><运算符><操作数 2>

例如，2+3、3*5、8-2 等都是中序表示法。

（2）前序法（Prefix）。

<运算符><操作数 1><操作数 2>

例如，中序表达式 2+3，前序表达式的表示法是+23，而 2*3+4*5 则是+*23*45。

（3）后序法（Postfix）。

<操作数 1><操作数 2><运算符>

例如，后序表达式 2+3，后序表达式的表示法是 23+，而 2*3+4*5 的后序表示法是 23*45*+。

4.3.1　中序表示法求值

由中序表示法求值，可按照以下步骤。

步骤01 建立两个堆栈，分别存放运算符及操作数。

步骤02 读取运算符时，必须先比较堆栈内的运算符优先权，若堆栈内运算符的优先权较高，则先计算堆栈内运算符的值。

步骤03 计算时，取出一个运算符及两个操作数进行运算，运算结果直接存回操作数堆栈中，当成一个独立的操作数。

步骤04 当表达式处理完毕后，一步一步清除运算符堆栈，直到堆栈空了为止。

步骤05 取出操作数堆栈中的值就是计算结果。

现在就以上述步骤，来求取中序表示法 2+3*4+5 的值。

具体步骤如下：

表达式必须使用两个堆栈分别存放运算符及操作数，并按优先级进行运算，如图 4-32 所示。

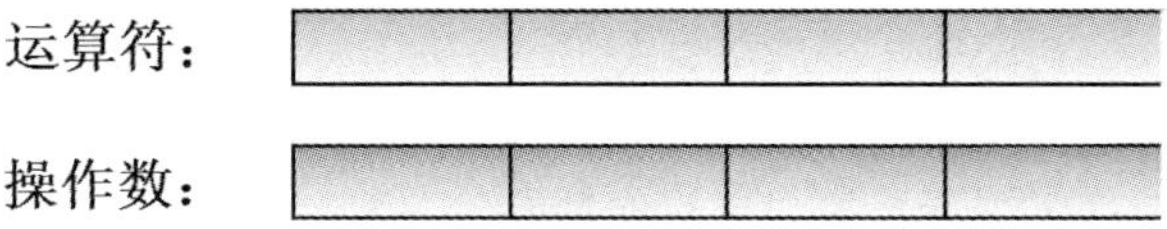

图 4-32

步骤01 按序将表达式压入堆栈，遇到两个运算符时，先比较它们的优先级再决定是否要先行运算，如图 4-33 所示。

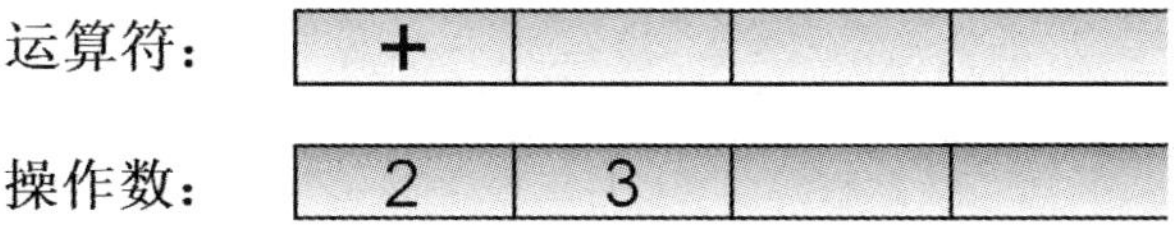

图 4-33

步骤02 遇到运算符"*"，与堆栈中最后一个运算符"+"比较，因前者优先级较高，故而压入堆栈，如图 4-34 所示。

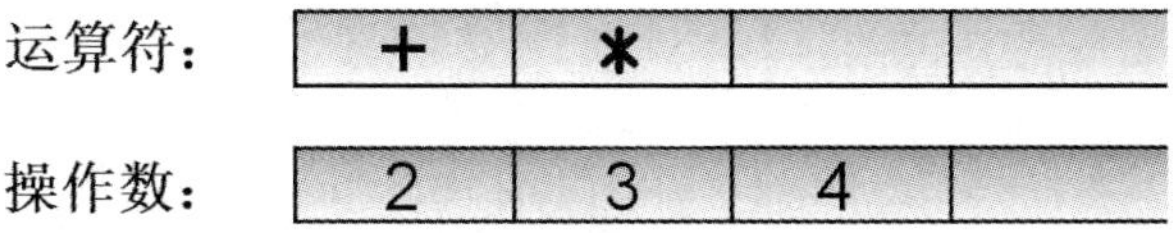

图 4-34

147

步骤 03 遇到运算符"+"，与堆栈顶部一个运算符"*"进行比较，因前者优先级较低，故先计算运算符*的值。取出（即弹出）运算符"*"及两个操作数进行运算，运算完毕后把运算的结果值压回操作数堆栈（如图 4-35 所示，图中保留了"(3*4)"的形式是为了演示的目的，实际存储的值应该为 12）。

运算符：	+			
操作数：	2	(3*4)		

图 4-35

步骤 04 把运算符"+"及操作数 5 压入堆栈，等表达式完全处理后，就开始进行清除堆栈内运算符的操作，等运算符清理完毕后运算结果也就得到了，如图 4-36 所示。

运算符：	+	+		
操作数：	2	(3*4)	5	

图 4-36

步骤 05 取出一个运算符及两个操作数进行运算，运算完毕后把运算结果压入操作数堆栈，如图 4-37 所示。

运算符：	+			
操作数：	2	(3*4)+5		

图 4-37

步骤 06 完成。取出一个运算符及两个操作数进行运算，运算完毕后把运算结果压入操作数堆栈，直到运算符堆栈空了为止。

4.3.2 前序表示法求值

使用前序表示法求值的好处是不需要考虑括号及运算符优先级的问题，直接使用一个堆栈来处理表达式即可，也不需要把操作数和运算符分开处理。下面来演示前序表达式+*23*45 如何使用堆栈来运算，如图 4-38 所示。

前序法表达式堆栈：	+	*	2	3	*	4	5

图 4-38

步骤 01 从堆栈中取出元素，如图 4-39 所示。

前序法表达式堆栈：	+	*	2	3	*		

操作数堆栈：	5	4		

图 4-39

步骤 02 从堆栈中取出元素，若遇到运算符，则进行运算，再把运算结果压回操作数堆栈，如图 4-40 所示。

前序法表达式堆栈：

| + | * | 2 | 3 | | | |

操作数堆栈：

| 5*4 | | | | | |

图 4-40

步骤 03 从堆栈中取出元素，如图 4-41 所示。

前序法表达式堆栈：

| + | * | | | | | |

操作数堆栈：

| 20 | 3 | 2 | | |

图 4-41

步骤 04 从堆栈中取出元素，若遇到运算符，则从操作数堆栈中取出两个操作数进行运算，再把运算结果压回操作数堆栈，如图 4-42 所示。

前序法表达式堆栈：

| + | | | | | | |

操作数堆栈：

| 20 | 3*2 | | | |

图 4-42

步骤 05 完成。把堆栈中最后一个运算符取出，从操作数堆栈中取出两个操作数进行运算，运算结果存回操作数堆栈。最后取出操作数堆栈中的值即为最终的运算结果，图 4-43 所示。

前序法表达式堆栈：

| | | | | | | |

操作数堆栈：

| 20+6 | | | | | |

图 4-43

4.3.3　后序表示法求值

后序表达式具有和前序表达式类似的好处，它没有运算符优先级的问题，可以直接在计算机上进行运算，而且无须先将全部数据放入堆栈后再读回。另外，在后序表达式中，它使用循环直接读取表达式，如果遇到运算符，就从堆栈中取出操作数进行运算。下面来演示后序表示法 23*45*+的求值运算过程。

步骤 01 直接读取表达式，若遇到运算符，则进行运算，如图 4-44 所示。

操作数堆栈：

| 2 | 3 | | | | |

图 4-44

压入 2 和 3 到操作数堆栈后弹出 "*"，这时弹出堆栈内两个操作数进行运算，运算完毕后把结果压回操作数堆栈中。

步骤02 接着放入 4 和 5 遇到运算符 "*"，取回两个操作数进行运算，运算完后把结果压回堆栈中，如图 4-45 所示。

操作数堆栈：

6	20			

图 4-45

步骤03 完成。最后弹出运算符，重复上述步骤，如图 4-46 所示。

操作数堆栈：

26				

图 4-46

4.4　中序法转换为前序法

前面为大家介绍了三种算术表达式表示法的求值，其中我们最熟悉的还是中序法。如何将中序法直接转换成容易让计算机处理的前序与后序表示法呢？其实有三种常用的转换方法，请继续看以下内容。

4.4.1　二叉树法

这个方法是使用树结构进行遍历来求解前序及后序表达式。到目前为止，我们还没有学习过树结构，二叉树法的程序编写及树建立的方法等在第 6 章树结构中进行了详细介绍。简而言之，二叉树法就是把中序表达式按照运算符的优先级顺序建成一棵二叉树，之后按照树结构的特性进行前序、中序和后序的遍历，即可分别得到前序、中序和后序表达式。

4.4.2　括号法

括号法就是先用括号把中序表达式的优先级分出来，然后进行运算符的移动，最后把括号去掉即可完成中序转后序或中序转前序的操作。

1. 中序转前序

（1）将中序表达式根据顺序完全括起来。
（2）移动所有运算符来取代所有的左括号，并以最近者为原则。
（3）将所有右括号去掉。

2. 中序转后序

（1）将中序表达式根据顺序完全括起来。
（2）移动所有运算符来取代所有的右括号，并以最近者为原则。
（3）将所有左括号去掉。

现在我们练习用括号把下列中序表达式转成前序表达式和后序表达式。

$$2*3+4*5$$

（1）中序转前序

步骤01 先把表达式按照顺序以括号括起来。

$$((2*3)+(4*5))$$

步骤02 用括号内的运算符取代所有的左括号，以最近者为优先。

$$+*23)*45))$$

步骤03 将所有右括号去掉。

$$+*23*45$$

（2）中序转后序

步骤01 先把表达式按照顺序用括号括起。

$$((2*3)+(4*5))$$

步骤02 把括号内的运算符取代所有的右括号，以最近者为优先。

$$((23*(45*+$$

步骤03 将所有左括号去掉。

$$23*45*+$$

范例 4.4.1 请将 6+2*9/3+4*2-8 用括号法转成前序法或后序法。

解答

（1）中序转前序

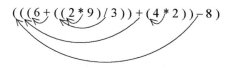

-++6/*293*428（前序表达式）

（2）中序转后序

$$(((6+((2*9)/3))+(4*2))-8)$$

629*3/+42*+8-（后序表达式）

4.4.3 堆栈法

使用堆栈将中序法转换成前序法，其中 ISP（In Stack Priority）是"堆栈内优先级"的意思，ICP（In Coming Priority）是"输入优先级"的意思。

1. 中序转前序

步骤 01 从右到左读进中序表达式的每个字符。

步骤 02 如果输入为操作数，就直接输出。

步骤 03 ")"在堆栈中的优先级最小，但在堆栈外其优先级最大。

步骤 04 若遇到"("，则弹出堆栈内的运算符，直到弹出一个")"为止。

步骤 05 若 ISP>ICP，则直接弹出堆栈的运算符，否则加入到堆栈内。

2. 中序转后序

步骤 01 从左到右每次读入一个字符。

步骤 02 如果输入为操作数，就直接输出。

步骤 03 若 ISP>=ICP，则将堆栈内的运算符直接弹出，否则加入到堆栈内。

步骤 04 "("在堆栈中的优先级最小，但在堆栈外其优先级最大。

步骤 05 若遇到")"，则直接弹出堆栈内的运算符，直到弹出一个"("为止。

了解堆栈法的算法实现过程之后，下面就来以堆栈法求中序式 A-B*(C+D)/E 的后序法与前序法。中序转前序说明如表 4-2 所示，中序转后序说明如表 4-3 所示。

表 4-2　中序转前序（从右到左读入字符）

读入字符	堆栈内容	输出	说明
None	Empty	None	
E	Empty	E	字符是操作数就直接输出
/	/	E	将运算符压入堆栈中
)	)/	E	")"在堆栈中的优先级较小
D	)/	DE	
+	+)/	DE	
C	+)/	CDE	
(	/	+CDE	弹出堆栈内的运算符，直到")"为止
*	*/	+CDE	虽然"*"的 ICP 和"/"的 ISP 相等，但在中序→前序时不必弹出
B	*/	B+CDE	
-	-	/*B+CDE	"-"的 ICP 小于"*"的 ISP，所以弹出堆栈内的运算符
A	-	A/*B+CDE	
None	empty	- A/*B+CDE	读入完毕，将堆栈内的运算符弹出

表 4-3　中序转后序（从左到右读入字符）

读入字符	堆栈内容	输出	说明
None	Empty	None	
A	Empty	A	
-	-	A	将运算符压入堆栈中

（续表）

读入字符	堆栈内容	输出	说明
B	-	AB	
*	*-	AB	因为"*"的 ICP>"-"的 ISP，所以将"*"压入堆栈中
(	(*-	AB	因为"("在堆栈外优先权最大，所以"("的 ICP>"*"的 ISP
C	(*-	ABC	
+	+(*-	ABC	在堆栈内的优先权最小
D	+(*-	ABCD	
)	*-	ABCD+	若遇到")"，则直接弹出堆栈内运算符，直到弹出一个"("为止
/	/-	ABCD+*	因为在中序→后序中，所以只要 ISP>=ICP，就弹出堆栈内的运算符
E	/-	ABCD+*E	
None	Empty	ABCD+*E/-	读入完毕，将堆栈内的运算符弹出

范例 ▶ 4.4.2　请将中序式(A+B)*D+E/(F+A*D)+C 以堆栈法转换成前序式与后序式（参考表 4-4 和表 4-5）。

表 4-4　中序转前序

读入字符	堆栈内容	输出
None	Empty	None
C	Empty	C
+	+	C
)	)+	C
D	)+	DC
*	*)+	DC
A	*)+	ADC
+	+)+	*ADC
F	+)+	F*ADC
(	+	+ F*ADC
/	/+	+ F*ADC
E	/+	E+ F*ADC
+	++	/E+ F*ADC
D	++	D/E+ F*ADC
*	*++	D/E+ F*ADC
)	)*++	D/E+ F*ADC
B	)*++	B D/E+ F*ADC
+	+)*++	B D/E+ F*ADC

（续表）

读入字符	堆栈内容	输出
A	+)*++	A B D/E+ F*ADC
(	*++	+A B D/E+ F*ADC
None	empty	++*+A B D/E+ F*ADC

表 4-5　中序转后序

读入字符	堆栈内容	输出
None	Empty	None
(	(	
A	(	A
+	+(	A
B	+(	AB
)	Empty	AB+
*	*	AB+
D	*	AB+D
+	+	AB+D*
E	+	AB+D*E
/	/+	AB+D*E
(	(/+	AB+D*E
F	(/+	AB+D*EF
+	+(/+	AB+D*EF
A	+(/+	AB+D*EFA
*	*+(/+	AB+D*EFA
D	*+(/+	AB+D*EFAD
)	/+	AB+D*EFAD*+/
+	+	AB+D*EFAD*+/+
C	+	AB+D*EFAD*+/+C
None	Empty	AB+D*EFAD*+/+C+

下面是中序表达式转后序表达式的 C# 程序的具体实现。

范例程序：ch04_07.sln

```
1    using System;
2    using System.Collections.Generic;
3    using System.IO;
4    using System.Linq;
5    using System.Text;
```

```
 6    using System.Threading.Tasks;
 7    using static System.Console;//导入静态类
 8
 9    namespace ch04_07
10    {
11        class Program
12        {
13            static int MAX = 50;
14            static char[] infix_q = new char[MAX];
15
16            // 运算符优先级的比较，若输入运算符的优先级小于堆栈中运算符的优先级，
17            // 则返回 1，否则返回 0
18            public static int compare(char stack_o, char infix_o)
19            {
20                // 在中序表示法队列及暂存堆栈中，运算符的优先级表
21                char[] infix_priority = new char[9];
22                char[] stack_priority = new char[8];
23                int index_s = 0, index_i = 0;
24
25                infix_priority[0] = 'q'; infix_priority[1] = ')';
26                infix_priority[2] = '+'; infix_priority[3] = '-';
27                infix_priority[4] = '*'; infix_priority[5] = '/';
28                infix_priority[6] = '^'; infix_priority[7] = ' ';
29                infix_priority[8] = '(';
30
31                stack_priority[0] = 'q'; stack_priority[1] = '(';
32                stack_priority[2] = '+'; stack_priority[3] = '-';
33                stack_priority[4] = '*'; stack_priority[5] = '/';
34                stack_priority[6] = '^'; stack_priority[7] = ' ';
35
36                while (stack_priority[index_s] != stack_o)
37                    index_s++;
38                while (infix_priority[index_i] != infix_o)
39                    index_i++;
40                return ((int)(index_s / 2) >= (int)(index_i / 2) ? 1 : 0);
41            }
42            //中序转前序的方法
43            public static void Infix_to_postfix()
44            {
45                int rear = 0, top = 0, flag = 0, i = 0;
46                char[] stack_t = new char[MAX];
47
48                for (i = 0; i < MAX; i++)
```

```
49              stack_t[i] = '\0';
50
51          while (infix_q[rear] != '\n')
52          {
53              try
54              {
55                  infix_q[++rear] = (char)Read();
56              }
57              catch (IOException e)
58              {
59                  WriteLine(e);
60              }
61          }
62          infix_q[rear - 1] = 'q';   // 在队列中加入 q 为结束符号
63          Write("\t 后序表示法: ");
64          stack_t[top] = 'q';   // 在堆栈加入 q 为结束符号
65          for (flag = 0; flag <= rear; flag++)
66          {
67              switch (infix_q[flag])
68              {
69                  // 若输入为), 则输出堆栈内运算符, 直到堆栈内为(
70                  case ')':
71                      while (stack_t[top] != '(')
72                          Write(stack_t[top--]);
73                      top--;
74                      break;
75                  // 若输入为 q, 则将堆栈内还未输出的运算符输出
76                  case 'q':
77                      while (stack_t[top] != 'q')
78                          Write(stack_t[top--]);
79                      break;
80                  //输入为运算符, 若小于 TOP 在堆栈中所指向的运算符, 则将堆栈所指向
                        的运算符输出
81                  //若大于等于 TOP 在堆栈中所指向的运算符, 则将输入的运算符压入堆栈
82                  case '(':
83                  case '^':
84                  case '*':
85                  case '/':
86                  case '+':
87                  case '-':
88                      while (compare(stack_t[top], infix_q[flag]) == 1)
89                          Write(stack_t[top--]);
90                      stack_t[++top] = infix_q[flag];
```

```
91                         break;
92                     // 若输入为操作数,则直接输出
93                     default:
94                         Write(infix_q[flag]);
95                         break;
96                 }
97             }
98         }
99
100         static void Main(string[] args)
101         {
102             int i = 0;
103             for (i = 0; i < MAX; i++)
104                 infix_q[i] = '\0';
105
106             Write("\t========================================\n");
107             Write("\t 本程序会将其转成后序表达式\n");
108             Write("\t 请输入中序表达式\n");
109             Write("\t 例如:(9+3)*8+7*6-12/4 \n");
110             Write("\t 可以使用的运算符包括:^,*,+,-,/,(,)等 \n");
111             Write("\t========================================\n");
112             Write("\t 请开始输入中序表达式: ");
113             Infix_to_postfix();
114             Write("\t========================================\n");
115
116             ReadKey();
117         }
118     }
119 }
```

范例程序的执行结果如图 4-47 所示。

```
========================================
本程序会将其转成后序表达式
请输入中序表达式
例如:(9+3)*8+7*6-12/4
可以使用的运算符包括:^,*,+,-,/,(,)等
========================================
请开始输入中序表达式: (5+8)*4+6/2+3*7
后序表示法 : 58+4*62/+37*+
========================================
```

图 4-47

4.5　前序与后序表达式转换成中序表达式

上节介绍的都是有关中序表达式转换成前序或后序表达式的方法,那么如何把前序或后序表达式转换成中序表达式呢? 其实,我们也可以使用括号法及堆栈法来进行转换。

4.5.1 括号法

用括号法来把前序表达式与后序表达式反转为中序表达式。若为前序表达式,则必须以"运算符+操作数"的方式加括号;若为后序表达式,则必须以"操作数+运算符"的方式加括号。另外,还必须遵守以下原则:

1. 前序转中序

依次将每个运算符以最近为原则取代后方的右括号,最后去掉所有左括号,如+*23*45。

方法: 按"运算符+操作数"原则加括号。

⇨ ((2*3+(4*5
⇨ 去掉括号即为所求:2*3+4*5

或者 -++6/*293*458

方法: 按"运算符+操作数"原则加括号。

⇨ (((6+((2*9/3+(4*5-8
⇨ 6+2*9/3+4*5-8

2. 后序转中序

依次将每个运算符以最近为原则取代前方的左括号,最后去掉所有右括号,如ABC↑/DE*+AC*-。

方法: 按"运算符+操作数"原则加括号。

$$A(B(C↑)/)(D(E*)+)(A(C*)-)$$

⇨A/B↑C))+D*E))-A*C))
⇨A/B↑C+D*E-A*C

范例 4.5.1 下列哪个算术表示法不符合前表示法的语法规则?

(A)+++ab*cde (B)-+ab+cd*e (C)+-**abcde (D)+a*-+bcde

解答 可由以上前序表达式是否能成功转换为中序式来判断,我们根据本节所述的括号法检验出(B)并非完整的前序式,所以答案为(B)。

4.5.2　堆栈法

以堆栈法把前序表达式与后序表达式反转为中序表达式，必须遵守以下原则。

（1）若要转换为前序，则由右至左读进表达式的每个字符；若要转换成后序，则将读取方向改为由左至右。

（2）辨别读入的字符，若为操作数，则放入堆栈中。

（3）辨别读入的字符，若为运算符，则从堆栈中取出两个字符，结合成一个基本的中序表达式（<操作数><运算符><操作数>）后，再把结果放入堆栈。

（4）在转换过程中，前序和后序的结合方式是不同的，前序是<操作数 2><运算符><操作数 1>，而后序是<操作数 1><运算符><操作数 2>，如图 4-48 所示。

图 4-48

前序转中序：<OP_2><运算符><OP_1>

后序转中序：<OP_1><运算符><OP_2>

将下列前序表达式和后序表达式转换为中序表达式。

（1）前序：+-*/ABCD//EF+GH

（2）后序：AB+C*DE-FG+*-

方法：

（1）　+-*/ABCD//EF+GH

从右到左读取字符，若为操作数，则放入堆栈，具体步骤如下（见图 4-49～图 4-51）所示。

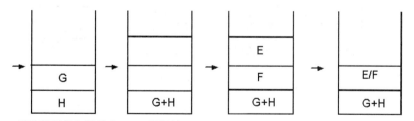

操作数则放入堆栈中<OP2>运算符<OP1>

图 4-49

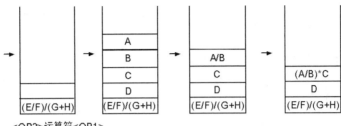

<OP2>运算符<OP1>

图 4-50

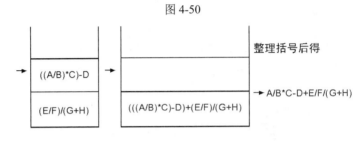

整理括号后得

→ A/B*C-D+E/F/(G+H)

图 4-51

（2）AB+C*DE-FG+*-

从左到右读取表达式，若为操作数，则放入堆栈，具体步骤如图 4-52~图 4-54 所示。

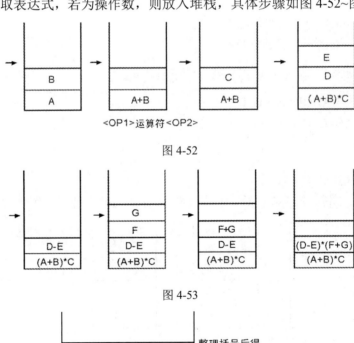

图 4-54

至此，相信大家已经非常清楚地知道前序、中序、后序表达式的特色及相互之间的转换关系。

课 后 习 题

1. 常见堆栈的基本运算有哪几种？

2. 请比较以数组结构来制作堆栈和以链表来制作堆栈两者之间的优缺点。

3. 请举出至少三种常见的堆栈应用。

4. 下式为一般的数学表达式，其中"*"表示乘法，"/"表示除法。

$$A*B+(C/D)$$

请回答下列问题：

（1）写出上式的前置式（Prefix Form）。

（2）若改变各运算符号的计算优先次序为：

　　a. 优先次序完全一样，且为左结合运算。

　　b. 括号"()"内的符号最先计算。

则上式的前置式是什么？

（3）要写一程序完成（2）的转换，下列数据结构哪个比较合适？

　　① 队列（Queue）　　② 堆栈（Stack）

　　③ 表（List）　　　　④ 环（Ring）

5. 试写出利用两个堆栈（Stack）执行下列算术式的每一个步骤。

$$a+b*(c-1)+5$$

6. 将下列中序式改为后序法。

（a）A**-B+C

（b）¬(A&¬(B<C or C>D)) or C<E

7. 解释下列名词：

（1）堆栈（Stack）。

（2）TOP(PUSH(i,s))的结果为何？

（3）POP(PUSH(i,s))的结果为何？

8. 试将中序（Infix）算术式 X=((A+B)CD+E-F)/G 转换为前序（Prefix）及后序（Postfix）算术式。（"$"代表乘号）

9. 若 A=1,B=2,C=3，求出下面后序式之值。

$$ABC+*CBA-+*$$

$$AB+C-AB+*$$

10. 求 A-B*(C+D)/E 的前序式和后序式。

11. 将下列中序算术式转换为前序与后序算术式。

（1）A/B↑C+D*E-A*C。

（2）(A+B)*D+E/(F+A*D)+C。

（3）A↑B↑C。

（4）A↑-B+C。

12. 将下列中序算术式转换为前序与后序算术式。

（1）(A/B*C-D)+E/F/(G+H)。

（2）(A+B)*C-(D-E)*(F+G)。

13. 求中序式(A+B)*D-E/(F+C)+G 的后序式。

14. 将下面的中序法转成前序与后序算术式（以下都用堆栈法）。

$$A/B↑C+D*E-A*C$$

15. 请以堆栈法将下列两种表示法转为中序法。

① -+/A**BC*DE*AC。

② AB*CD+-A/。

16. 请计算后序式 abc-d+/ea-*c*的值（a=2，b=3，c=4，d=5，e=6）。

第 5 章

队　　列

队列（Queue）和堆栈都是有序列表，也属于抽象型数据类型（ADT），所有加入与删除的动作都发生在不同的两端，并且符合 First In First Out（先进先出）的特性。队列的概念就好比乘坐火车时买票的队伍，先到的人自然可以优先买票，买完票后就从前端离去准备乘坐火车，而队伍的后端又陆续有新的乘客加入，如图 5-1 所示。

图 5-1

5.1 认识队列

我们同样可以使用数组或链表建立一个队列。堆栈数据结构只需一个 top 指针指向堆栈顶端即可，而队列则必须使用 front 和 rear 两个指针（游标）分别指向队列的前端和末尾，如图 5-2 所示。

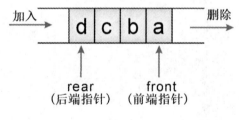

图 5-2

队列在计算机领域的应用也相当广泛，如计算机的模拟（Simulation）、CPU 的作业调度（Job Scheduling）、外围设备联机并发处理系统（Spooling）的应用与图遍历的广度优先搜索法（BFS）。

5.1.1 队列的基本操作

队列是一种抽象数据结构（Abstract Data Type，ADT），它有下列特性。

（1）具有先进先出（FIFO）的特性。

（2）拥有两种基本操作：加入与删除，而且使用 front 与 rear 两个指针分别指向队列的前端与末尾。

队列的基本运算如表 5-1 所示。

表 5-1　队列的基本运算

Create	建立空队列
Add	将新数据加入队列的尾端，返回新队列
Delete	删除队列前端的数据，返回新队列
Front	返回队列前端的值
Empty	若队列为空集合，则返回真，否则返回假

5.1.2　用数组实现队列

下面我们就简单地来实现队列的工作运算，其中队列声明为 queue[20]，且一开始 front 和 rear 均预设为-1（因为 C# 语言数组的索引从 0 开始），表示空队列。加入数据时输入"1"，取出数据时输入"2"，将直接打印队列前端的值，结束时输入"3"。

范例程序：ch05_01.sln

```
1   using System;
2   using System.Collections.Generic;
3   using System.Linq;
4   using System.Text;
5   using System.Threading.Tasks;
6   using System.IO;
7   using static System.Console;//导入静态类
8
9   namespace ch05_01
10  {
11      class Program
12      {
13          public static int front = -1, rear = -1, max = 20;
14          public static int val;
15          public static char ch;
16          public static int[] queue = new int[max];
17
18          static void Main(string[] args)
19          {
20              String strM;
21              int M = 0;
22              while (rear < max - 1 && M != 3)
23              {
24                  Write("[1]存入一个数值 [2]取出一个数值 [3]结束: ");
25                  strM = ReadLine();
26                  M = int.Parse(strM);
```

```
27                    switch (M)
28                    {
29                        case 1:
30                            Write("\n[请输入数值]: ");
31                            strM = ReadLine();
32                            val = int.Parse(strM);
33                            rear++;
34                            queue[rear] = val;
35                            break;
36                        case 2:
37                            if (rear > front)
38                            {
39                                front++;
40                                Write("\n[取出数值为]: [" + queue[front] + "]" +
                                        "\n");
41                                queue[front] = 0;
42                            }
43                            else
44                            {
45                                Write("\n[队列已经空了]\n");
46                                break;
47                            }
48                            break;
49                        default:
50                            WriteLine();
51                            break;
52                    }
53                }
54                if (rear == max - 1) Write("[队列已经满了]\n");
55                Write("\n[目前队列中的数据]:");
56                if (front >= rear)
57                {
58                    Write("没有\n");
59                    Write("[队列已经空了]\n");
60                }
61                else
62                {
63                    while (rear > front)
64                    {
65                        front++;
66                        Write("[" + queue[front] + "]");
67                    }
68                    Write("\n");
```

```
69                  }
70              ReadKey();
71          }
72      }
73  }
```

范例程序的执行结果如图 5-3 所示。

```
[1]存入一个数值 [2]取出一个数值 [3]结束：1

[请输入数值]：5
[1]存入一个数值 [2]取出一个数值 [3]结束：1

[请输入数值]：6
[1]存入一个数值 [2]取出一个数值 [3]结束：2

[取出数值为]：[5]
[1]存入一个数值 [2]取出一个数值 [3]结束：3


[当前队列中的数据]：[6]
```

图 5-3

经过以上有关队列数组的实现与说明过程，可以发现在队列中加入与删除数据时，因为队列需要两个指针（front 和 rear）来指向它的底部和顶端，所以若 rear=n（0 队列容量），则会产生一个小问题，可参考表 5-2。

表 5-2　事件说明

事件说明	front	rear	Q(1)	Q(2)	Q(3)	Q(4)
空队列 Q	0	0				
data1 进入	0	1	data1			
data2 进入	0	2	data1	data2		
data3 进入	0	3	data1	data2	data3	
data1 离开	1	3		data2	data3	
data4 进入	1	4		data2	data3	data4
data2 离开	2	4			data3	data4
data5 进入					data3	data4

data5 无法进入

从表 5-2 中可以发现，在队列中还有 Q(1)与 Q(2)两个空间，因为 rear=n(n=4)，所以会认为队列已满（Queue-Full），新的数据 data5 不能加入。这时候，我们可以将队列中的数据往前移，移出空间让新数据加入，如图 5-4 所示。

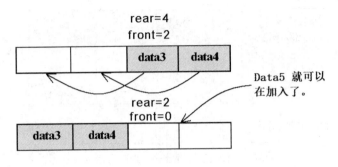

图 5-4

这种在队列中移动数据的做法虽然可以解决队列空间浪费的问题，但是如果队列中的数据过多，就会造成时间的浪费，即增加了时间成本，如图 5-5 和图 5-6 所示。

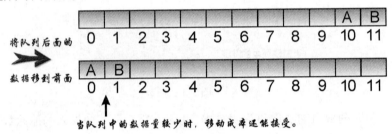

图 5-5

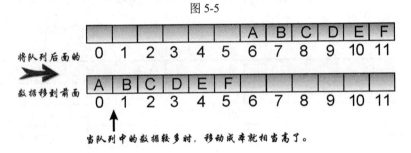

图 5-6

范例▶ 5.1.1

（1）下列哪项不是队列（Queue）概念的应用？

（A）操作系统的任务调度 （B）输出的工作缓冲
（C）汉诺塔的解决方法 （D）中山高速公路的收费站收费

解答▶ （C）

（2）下列哪一种数据结构是线性表？

（A）堆栈 （B）队列 （C）双向队列 （D）数组 （E）树

解答▶ （A）、（B）、（C）、（D）

5.1.3　用链表实现队列

队列除了能以数组的方式来实现外，还可以用链表来实现。在声明队列类中，除了和队列类中相关的方法外，还必须有指向队列前端和队列尾端的指针，即 front 和 rear。

范例程序：ch05_02.sln

```
1    using System;
2    using System.Collections.Generic;
3    using System.Linq;
4    using System.Text;
5    using System.Threading.Tasks;
6    using System.IO;
7    using static System.Console;//导入静态类
8
9    namespace ch05_02
10   {
11       class QueueNode     // 队列节点类
12       {
13           public int data;  // 节点数据
14           public QueueNode next; // 指向下一个节点
15           //构造函数
16           public QueueNode(int data)
17           {
18               this.data = data;
19               next = null;
20           }
21       };
22       class Linked_List_Queue
23       { //队列类
24           public QueueNode front; //队列的前端指针
25           public QueueNode rear;  //队列的尾端指针
26
27           //构造函数
28           public Linked_List_Queue() { front = null; rear = null; }
29
30           //方法 enqueue:队列数据的存入
31           public bool Enqueue(int value)
32           {
33               QueueNode node = new QueueNode(value); //建立节点
34                                           //检查是否为空队列
35               if (rear == null)
36                   front = node; //新建立的节点成为第 1 个节点
37               else
```

```
38              rear.next = node; //将节点加入到队列的尾端
39          rear = node; //将队列的尾端指针指向新加入的节点
40          return true;
41      }
42
43      //方法 dequeue:队列数据的取出
44      public int Dequeue()
45      {
46          int value;
47          //检查队列是否为空队列
48          if (!(front == null))
49          {
50              if (front == rear) rear = null;
51              value = front.data; //将队列数据取出
52              front = front.next; //将队列的前端指针指向下一个
53              return value;
54          }
55          else return -1;
56      }
57  } //队列类声明结束
58
59  class Program
60  {
61      static void Main(string[] args)
62      {
63          Linked_List_Queue queue = new Linked_List_Queue();
                                                //创建队列对象
64          int temp;
65          WriteLine("用链表来实现队列");
66          WriteLine("====================================");
67          WriteLine("在队列前端加入第 1 个数据, 此数据值为 1");
68          queue.Enqueue(1);
69          WriteLine("在队列前端加入第 2 个数据, 此数据值为 3");
70          queue.Enqueue(3);
71          WriteLine("在队列前端加入第 3 个数据, 此数据值为 5");
72          queue.Enqueue(5);
73          WriteLine("在队列前端加入第 4 个数据, 此数据值为 7");
74          queue.Enqueue(7);
75          WriteLine("在队列前端加入第 5 个数据, 此数据值为 9");
76          queue.Enqueue(9);
77          WriteLine("====================================");
78          while (true)
79          {
```

```
80              if (!(queue.front == null))
81              {
82                  temp = queue.Dequeue();
83                  WriteLine("从队列前端按序取出的元素数据值为: " + temp);
84              }
85              else
86                  break;
87          }
88          WriteLine();
89          ReadKey();
90      }
91  }
92 }
```

范例程序的执行结果如图 5-7 所示。

图 5-7

5.2 队列的应用

队列在计算机领域的应用也相当广泛。例如:

(1) 图形遍历的广度优先查找法 (BFS) , 就是使用队列。

(2) 可用于计算机的模拟 (Simulation) 。在模拟过程中, 由于各种事件 (Event) 的输入时间不一定, 因此可以使用队列来反应真实情况。

(3) 可作为 CPU 的作业调度 (Job Scheduling) 。使用队列来处理, 可实现先到先执行的要求。

(4) "外围设备联机并发处理系统" (Spooling) 的应用, 也就是让输入/输出的数据先在高速磁盘驱动器中完成, 把磁盘当成一个大型的工作缓冲区 (Buffer) , 如此可让输入/输出操作快速完成, 也缩短了系统响应的时间。接下来将磁盘数据输出到打印机是由系统软件来负责的, 这其中就应用了队列的工作原理。

5.2.1 环形队列

在前面的 5.1.2 节中，线性队列存在空间浪费的问题，当执行到步骤 6 之后，此队列的状态如图 5-8 所示。

取出 dataB	1	3			dataC	dataD

图 5-8

现在的问题是该队列上还有空间，即 Q(0)与 Q(1)两个空间，不过因为 rear = MAX_SIZE – 1 = 3，所以使得新数据无法加入队列。有以下两种解决方法。

（1）当队列已满时，便将所有的元素向前（左）移到 Q(0) 为止。如果队列中的数据过多，移动时就会比较耗时，如图 5-9 所示。

移动 dataB、C		1	1	dataB	dataC	

图 5-9

（2）利用环形队列（Circular Queue）让 rear 与 front 两个指针能够永远介于 0 与 n-1 之间，也就是当 rear = MAXSIZE-1，无法存入数据时，如果仍要存入数据，就可将 rear 重新指向索引值为 0 处。

所谓环形队列（Circular Queue），其实就是一种环形结构的队列，它仍是 Q(0:n-1)的一维数组，同时 Q(0)为 Q(n-1)的下一个元素，这就可以解决无法判断队列是否溢出的问题。指针 front 永远以逆时钟方向指向队列中第一个元素的前一个位置，rear 则指向队列当前的最后位置，如图 5-10 所示。一开始 front 和 rear 均预设为-1，表示为空队列，也就是说若 front = rear，则为空队列。另外有：

```
rear←(rear+1) mod n
front←(front+1) mod n
```

之所以将 front 指向队列中第一个元素的前一个位置，是因为环形队列为空队列和满队列时，front 和 rear 都会指向同一个地方。如此一来，我们便无法利用 front 是否等于 rear 这个判别式来判断到底当前是空队列还是满队列。

为了解决此问题，除了上述方式仅允许队列最多只能存放 n-1 项数据外，当 rear 指针的下一个是 front 的位置时，将认定队列已满，无法再加入数据。如图 5-11 便是填满的环形队列的示意图。

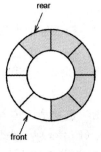

图 5-10

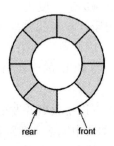

图 5-11

下面将队列的整个操作过程以图 5-12 为大家进行说明。

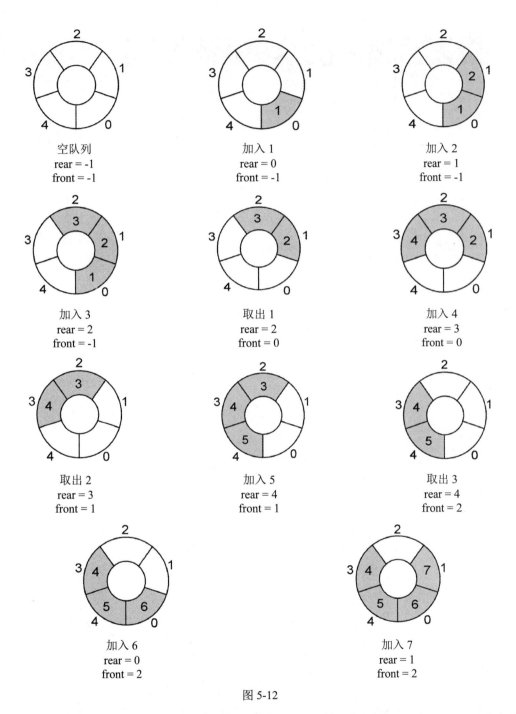

图 5-12

　　下面我们用 C# 语言来实现一个环形队列的运算。当要取出数据时可输入 0，要结束时可输入-1。

范例程序：ch05_03.sln

```csharp
1    using System;
2    using System.Collections.Generic;
3    using System.Linq;
4    using System.Text;
5    using System.Threading.Tasks;
6    using System.IO;
7    using static System.Console;//导入静态类
8
9    namespace ch05_03
10   {
11       class Program
12       {
13           public static int front = -1, rear = -1, val;
14           public static int[] queue = new int[5];
15           static void Main(string[] args)
16           {
17               String strM;
18               while (rear < 5 && val != -1)
19               {
20                   Write("请输入一个值以存入队列，要取出值请输入 0。(结束输入-1)：");
21                   strM = ReadLine();
22                   val = int.Parse(strM);
23                   if (val == 0)
24                   {
25                       if (front == rear)
26                       {
27                           Write("[队列已经空了]\n");
28                           break;
29                       }
30                       front++;
31                       if (front == 5)
32                           front = 0;
33                       Write("取出队列值 [" + queue[front] + "]\n");
34                       queue[front] = 0;
35                   }
36                   else if (val != -1 && rear < 5)
37                   {
38                       if (rear + 1 == front || rear == 4 && front <= 0)
39                       {
40                           Write("[队列已经满了]\n");
41                           break;
```

```
42                    }
43                    rear++;
44                    if (rear == 5)
45                        rear = 0;
46                    queue[rear] = val;
47                }
48            }
49        Write("\n 队列剩余数据：\n");
50        if (front == rear)
51            Write("队列已空!!\n");
52    else
53    {
54            while (front != rear)
55            {
56                front++;
57                if (front == 5)
58                    front = 0;
59                Write("[" + queue[front] + "]");
60                queue[front] = 0;
61            }
62        }
63        WriteLine();
64        ReadKey();
65    }
66    }
67 }
```

范例程序的执行结果如图 5-13 所示。

```
请输入一个值以存入队列，要取出值请输入0。(结束输入-1)：1
请输入一个值以存入队列，要取出值请输入0。(结束输入-1)：2
请输入一个值以存入队列，要取出值请输入0。(结束输入-1)：3
请输入一个值以存入队列，要取出值请输入0。(结束输入-1)：0
取出队列值 [1]
请输入一个值以存入队列，要取出值请输入0。(结束输入-1)：4
请输入一个值以存入队列，要取出值请输入0。(结束输入-1)：0
取出队列值 [2]
请输入一个值以存入队列，要取出值请输入0。(结束输入-1)：5
请输入一个值以存入队列，要取出值请输入0。(结束输入-1)：0
取出队列值 [3]
请输入一个值以存入队列，要取出值请输入0。(结束输入-1)：6
请输入一个值以存入队列，要取出值请输入0。(结束输入-1)：7
请输入一个值以存入队列，要取出值请输入0。(结束输入-1)：-1

队列剩余数据：
[4][5][6][7]
```

图 5-13

5.2.2　双向队列

双向队列是 Double-ends Queues 的缩写。双向队列就是一种前后两端都可输入或取出数据的有序表，如图 5-14 所示。

图 5-14

在双向队列中，我们仍然使用两个指针分别指向加入及取回端，只是加入和取回数据时，各指针所扮演的角色不再是固定的加入或取回，而且两边的指针都向队列中央移动，其他部分则与一般队列无异。

假设我们尝试利用双向队列依次输入 1、2、3、4、5、6、7 共 7 个数字，试问是否能够得到 5174236 的输出排列？因为依次输入 1、2、3、4、5、6、7 且要输出 5174236，所以可得如图 5-15 所示的队列。

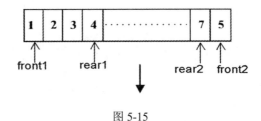

图 5-15

因为要输出 5174236，6 为最后一位，所以可得如图 5-16 所示的队列.

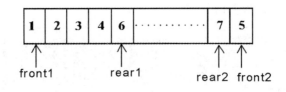

图 5-16

由图 5-15 和图 5-16 可知，无法输出 5174236 的排列。

范例程序：ch05_04.sln

```
1   using System;
2   using System.Collections.Generic;
3   using System.Linq;
4   using System.Text;
5   using System.Threading.Tasks;
6   using System.IO;
```

```
7   using static System.Console;//导入静态类
8
9   namespace ch05_04
10  {
11      class QueueNode    // 队列节点类
12      {
13          public int data;        // 节点数据
14          public QueueNode next;  // 指向下一个节点
15                              //构造函数
16          public QueueNode(int data)
17          {
18              this.data = data;
19              next = null;
20          }
21      };
22      class Linked_List_Queue
23      { //队列类
24          public QueueNode front; //队列的前端指针
25          public QueueNode rear;  //队列的尾端指针
26
27          //构造函数
28          public Linked_List_Queue() { front = null; rear = null; }
29
30          //方法 enqueue:队列数据的存入
31          public bool Enqueue(int value)
32          {
33              QueueNode node = new QueueNode(value); //建立节点
34                                          //检查是否为空队列
35              if (rear == null)
36                  front = node; //新建立的节点成为第 1 个节点
37              else
38                  rear.next = node; //将节点加入到队列的尾端
39              rear = node; //将队列的尾端指针指向新加入的节点
40              return true;
41          }
42
43          //方法 dequeue:队列数据的取出
44          public int Dequeue(int action)
45          {
46              int value;
47              QueueNode tempNode, startNode;
48              //从前端取出数据
49              if (!(front == null) && action == 1)
```

```
50                  {
51                      if (front == rear) rear = null;
52                      value = front.data; //将队列数据从前端取出
53                      front = front.next; //将队列的前端指针指向下一个
54                      return value;
55                  }
56              //从尾端取出数据
57              else if (!(rear == null) && action == 2)
58                  {
59                      startNode = front; //先记下前端的指针值
60                      value = rear.data;  //取出当前尾端的数据
61                                          //寻找尾端节点的前一个节点
62                      tempNode = front;
63                      while (front.next != rear && front.next != null) { front =
                            front.next; tempNode = front; }
64                      front = startNode; //记录从尾端取出数据后的队列前端指针
65                      rear = tempNode;    //记录从尾端取出数据后的队列尾端指针
66  //下一行程序是指当队列中仅剩下最后一个节点时,取出数据后便将 front 和 rear 指向 null
67                      if ((front.next == null) || (rear.next == null)) {
                            front = null; rear = null; }
68                      return value;
69                  }
70              else return -1;
71          }
72      } //队列类声明结束
73      class Program
74      {
75          static void Main(string[] args)
76          {
77              Linked_List_Queue queue = new Linked_List_Queue();
                                                              //创建队列对象
78              int temp;
79              WriteLine("用链表来实现双向队列");
80              WriteLine("==================================");
81              WriteLine("在双向队列前端加入第 1 个数据, 此数据值为 1");
82              queue.Enqueue(1);
83              WriteLine("在双向队列前端加入第 2 个数据, 此数据值为 3");
84              queue.Enqueue(3);
85              WriteLine("在双向队列前端加入第 3 个数据, 此数据值为 5");
86              queue.Enqueue(5);
87              WriteLine("在双向队列前端加入第 4 个数据, 此数据值为 7");
88              queue.Enqueue(7);
89              WriteLine("在双向队列前端加入第 5 个数据, 此数据值为 9");
```

```
 90                 queue.Enqueue(9);
 91                 WriteLine("=====================================");
 92                 temp = queue.Dequeue(1);
 93                 WriteLine("从双向队列前端按序取出的元素数据值为: " + temp);
 94                 temp = queue.Dequeue(2);
 95                 WriteLine("从双向队列尾端按序取出的元素数据值为: " + temp);
 96                 temp = queue.Dequeue(1);
 97                 WriteLine("从双向队列前端按序取出的元素数据值为: " + temp);
 98                 temp = queue.Dequeue(2);
 99                 WriteLine("从双向队列尾端按序取出的元素数据值为: " + temp);
100                 temp = queue.Dequeue(1);
101                 WriteLine("从双向队列前端按序取出的元素数据值为: " + temp);
102                 WriteLine();
103                 ReadKey();
104             }
105         }
106     }
```

范例程序的执行结果如图 5-17 所示。

```
用链表来实现双向队列
=================================
在双向队列前端加入第1个数据，此数据值为1
在双向队列前端加入第2个数据，此数据值为3
在双向队列前端加入第3个数据，此数据值为5
在双向队列前端加入第4个数据，此数据值为7
在双向队列前端加入第5个数据，此数据值为9
=================================
从双向队列前端按序取出的元素数据值为：1
从双向队列尾端按序取出的元素数据值为：9
从双向队列前端按序取出的元素数据值为：3
从双向队列尾端按序取出的元素数据值为：7
从双向队列前端按序取出的元素数据值为：5
```

图 5-17

5.2.3　优先队列

优先队列（Priority Queue）为一种不必遵守队列特性 FIFO（先进先出）的有序线性表，其中的每一个元素都赋予一个优先级（Priority），加入元素时可任意加入，但若有最高优先级（Highest Priority Out First，HPOF），则最先输出。

例如，一般医院中的急诊室，当然以最严重的病患优先诊治，与进入医院挂号的顺序无关。或者在计算机中 CPU 的作业调度，优先级调度（Priority Scheduling，PS）就是一种按进程优先级"调度算法"（Scheduling Algorithm）进行的调度，这种调度就会使用到优先队列，好比优先级高的用户就会比一般用户拥有较高的权利。

假设有 4 个进程：P1，P2，P3 和 P4，在很短的时间内先后到达等待队列，每个进程所运行时间如表 5-5 所示。

表 5-5　每个行程所运行的时间

任务名称	各任务所需的运行时间
P1	30
P2	40
P3	20
P4	10

在此设置每个进程（P1、P2、P3、P4）的优先次序值分别为 2，8，6，4（此处假设数值越小其优先级越低；数值越大其优先级越高）。以下就是以甘特图（Gantt Chart）绘出的优先级调度（Priority Scheduling，PS）情况。

以 PS 方法调度所绘出的甘特图，如图 5-18 所示。

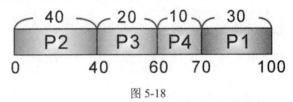

图 5-18

在此特别提醒大家，当各个元素按输入先后次序为优先级时，就是一般的队列。假如是以输入先后次序的倒序作为优先级，那么此优先队列即为一个堆栈。

课 后 习 题

1. 设计一个队列（Queue）存储于全长为 N 的密集表（Dense List）Q 内，HEAD、TAIL 分别为其开始和结尾指针，均以 nil 表其为空。现欲加入一项新数据（New Entry），其处理为以下步骤，请按序回答空格部分。

（1）按序按条件做下列选择。

① 若_____，则表是 Q 已存满，无法进行插入操作。

② 若 HEAD 为 nil，则表示 Q 内为空，可取 HEAD = 1，TAIL = _____。

③ 若 TAIL = N，则表示_____，须将 Q 内从 HEAD 到 TAIL 位置的数据，从 1 移到____的位置，并取 TAIL = _____ ，HEAD = 1。

（2）TAIL = TAIL+1。

（3）New Entry 移入 Q 内的 TAIL 处。

（4）结束插入操作。

2. 何谓多重队列（Multiqueue）？请说明定其义与目的。

3. 请列出队列常见的基本运算。

4. 请说明队列应具备的基本特性。

5. 如果用链表来实现队列，那么用 C# 程序设计语言的类声明如何编写？

6. 请举出至少三种队列常见的应用。

7. 说明环形队列的基本概念。

8. 何谓优先队列？请说明之。

第6章　树

树结构（树形结构）是一种日常生活中应用相当广泛的非线性结构，包括企业内的组织结构、家族的族谱、篮球赛程等。另外，在计算机领域中的操作系统与数据库管理系统都是树结构，如 Windows、Unix 操作系统和文件系统，均是一种树结构的应用。如图 6-1 所示就是 Windows 的文件资源管理器，它是以树结构来存储各种文件的。

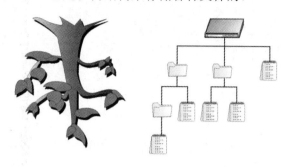

图 6-1

例如，在年轻人喜爱的大型网络游戏中，需要获取某些物体所在的地形信息，如果程序是依次从构成地形的模型三角面寻找，往往就会耗费许多运行时间，非常低效。因此，程序员一般会使用树结构中的二叉空间分割树（BSP tree）、四叉树（Quadtree）、八叉树（Octree）等来代表分割场景的数据，如图 6-2 和图 6-3 所示。

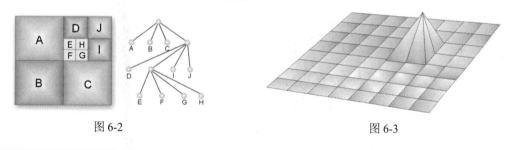

图 6-2   图 6-3

6.1 树的基本概念

"树"（Tree）是由一个或一个以上的节点（Node）组成，存在一个特殊的节点，称为树根（Root）。每个节点是一些数据和指针组合而成的记录。除了树根，其余节点可分为 $n \geq 0$ 个互斥的集合，即 T_1，T_2，T_3…T_n，其中每一个子集合本身也是一种树形结构，即此根节点的子树。树形结构的示意图如图 6-4 所示，A 为根节点，B、C、D、E 均为 A 的子节点。

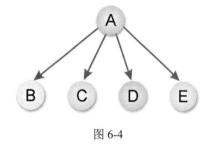

图 6-4

一棵合法的树，节点间虽可以互相连接，但不能形成无出口的回路。如图 6-5 就是一棵不合法的树。

树还可组成森林（Forest），也就是说森林是由 n 个互斥树的集合(n≥0)，移去树根即为森林。如图 6-6 所示就是包含了三棵树的森林。

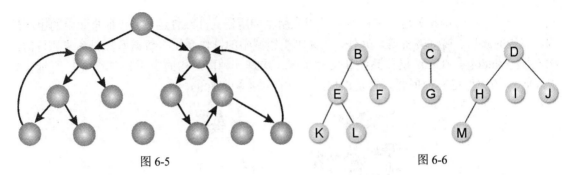

图 6-5

图 6-6

在树结构中，有许多常用的专有名词，本小节将以图 6-7 中这棵合法的树来为大家详细介绍。

- 度数（Degree）：每个节点所有子树的个数。例如图 6-7 中节点 B 的度数为 2，D 的度数为 3，F、K、I、J 等的度数为 0。
- 层数（Level）：树的层数，假设树根 A 为第一层，那么 B、C、D 节点的层数为 2，E、F、G、H、I、J 的层数为 3。
- 高度（Height）：树的最大层数。
- 树叶或称终端节点（Terminal Node）：度数为零的节点就是树叶，如图 6-7 中的 K、L、F、G、M、I、J 就是树叶，图 6-8 则有 4 个树叶节点，如 E，C，H，I。

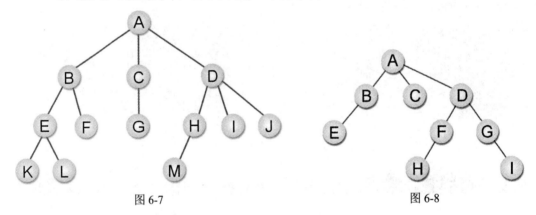

图 6-7

图 6-8

- 父节点（Parent）：每一个节点有连接的上一层节点（即为父节点），如图 6-7 所示，F 的父节点为 B，而 B 的父节点为 A。通常我们在绘制树形图时，会将父节点画在子节点的上方。
- 子节点（Children）：每一个节点有连接的下一层节点为子节点，还是看图 6-7，A 的子节点为 B、C、D，而 B 的子节点为 E、F。
- 祖先（Ancestor）和子孙（Descendent）：所谓祖先，是指从树根到该节点路径上所包含的节点，而子孙则是在该节点往下追溯子树中的任一节点。在图 6-7 中，K 的祖先为 A、B、E 节点，H 的祖先为 A、D 节点，节点 B 的子孙为 E、F、K、L。
- 兄弟节点（Sibling）：有共同父节点的节点为兄弟节点，在图 6-7 中，B、C、D 为兄弟节点，H、I、J 也为兄弟节点。

- 非终端节点（Nonterminal Node）：树叶以外的节点，如图 6-7 中的 A、B、C、D、E、H 等。
- 同代（Generation）：在同一棵树中具有相同层数的节点，如图 6-9 中的 E、F、G、H、I、J，或是 B、C、D。

范例▶ 6.1.1　在图 6-10 中树（tree）有几个树叶节点（leaf node）？

（A）4　（B）5　（C）9　（D）11

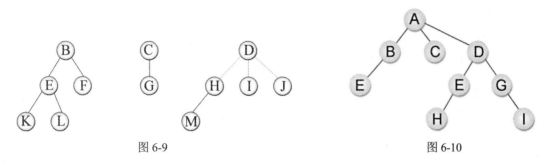

图 6-9　　　　　　　　　　　　　　　　图 6-10

解答▶ 度数为零的节点称为树叶节点，从图 6-10 中可看出答案为（A），即共有 E、C、H、I 4 个树叶节点。

6.2　二叉树简介

一般树形结构在计算机内存中的存储方式是以链表（Linked List）为主。对于 n 叉树（n-way 树）来说，因为每个节点的度数都不相同，所以我们必须为每个节点都预留存放 n 个链接字段的最大存储空间。每个节点的数据结构如下：

data	link$_1$	link$_2$		link$_n$

请大家特别注意，这种 n 叉树十分浪费链接存储空间。假设此 n 叉树有 m 个节点，那么此树共有 n*m 个链接字段。另外，因为除了树根外，每一个非空链接都指向一个节点，所以得知空链接个数为 n*m − (m-1) = m*(n-1) + 1，而 n 叉树的链接浪费率为 $\dfrac{m*(n-1)+1}{m*n}$。因此，我们可以得出以下结论：

- n=2 时，2 叉树的链接浪费率约为 1/2；
- n=3 时，3 叉树的链接浪费率约为 2/3；
- n=4 时，4 叉树的链接浪费率约为 3/4；

…………

因为当 n = 2 时，它的链接浪费率最低，所以为了改进存储空间浪费的缺点，我们经常使用二叉树（Binary Tree）结构来取代其他树形结构。

6.2.1　二叉树的定义

二叉树（又称为 Knuth 树）是一个由有限节点所组成的集合，此集合可以为空集合，或者由一个树根及其左右两个子树所组成。简单地说，二叉树最多只能有两个子节点，就是度数小于或等于 2。其计算机中的数据结构如下：

$$\boxed{\text{LLINK}\mid\text{Data}\mid\text{RLINK}}$$

二叉树和一般树的不同之处整理如下：

（1）树不可为空集合，但是二叉树可以。

（2）树的度数为 d≥0，但二叉树的节点度数为 0≤d≤2。

（3）树的子树间没有次序关系，二叉树则有。

下面我们来看一棵实际的二叉树，如图 6-11 所示。

图 6-11 是以 A 为根节点的二叉树，且包含了以 B、D 为根节点的两棵互斥的左子树和右子树，如图 6-12 所示。

图 6-11   图 6-12

以上这两个左右子树都属于同一种树形结构，不过却是两棵不同的二叉树结构，原因就是二叉树必须考虑前后次序的关系，这点大家要特别注意。

范例 ▶ 6.2.1   试证明高度为 k 的二叉树的总节点数是 2^k-1。

解答 ▶ 其节点总数为第 1 层到第 k 层中各层中最大节点的总和。即

$$\sum_{i=1}^{k}2^{i-1}=2^0+2^1+\cdots\cdots+2^{k-1}=\frac{2^k-1}{2-1}=2^k-1$$

范例 ▶ 6.2.2   对于任何非空二叉树 T，如果 n_0 为树叶节点数，且度数为 2 的节点数是 n_2，试证明 $n_0=n_2+1$。

解答 ▶ 可先行假设 n 是节点总数，n_1 是度数等于 1 的节点数，可得 n= $n_0+n_1+n_2$，再进行证明。

范例 ▶ 6.2.3   在二叉树中，层数（Level）为 i 的节点数最多是 2^{i-1}(i≥0)，试证明之。

解答 ▶ 我们可利用数学归纳法证明：

（1）当 i＝1 时，因为只有树根一个节点，所以 $2^{i-1}=2^0=1$ 成立。

（2）假设对于 j，且 1≤j≤i，层数为 j 的最多节点数为 2^{j-1} 个成立，则在 j＝i 层上的节点最多为 2^{i-1} 个。

当 j = i + 1 时，因为二叉树中每一个节点的度数都不大于 2，所以在层数 j = i + 1 时的最多节点数 $\leq 2*2^{i-1} = 2^i$，由此得证。

6.2.2　特殊二叉树简介

由于二叉树的应用相当广泛，因此衍生了许多特殊的二叉树结构。

▇ 满二叉树（Fully Binary Tree）

如果二叉树的高度为 h，树的节点数为 2^h-1，h≥0，则我们称此树为"满二叉树"（Full Binary Tree），如图 6-13 所示。

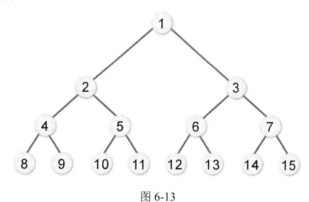

图 6-13

▇ 完全二叉树（Complete Binary Tree）

如果二叉树的高度为 h，所含的节点数小于 2^h-1，那么其节点的编号方式如同高度为 h 的满二叉树一样，从左到右，从上到下的顺序一一对应，如图 6-14 所示。

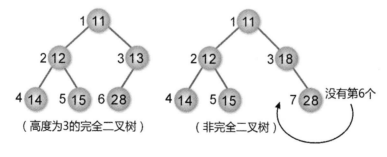

图 6-14

对于完全二叉树而言，假设有 N 个节点，那么此二叉树的层数 h 为 $\left\lfloor \log_2(N+1) \right\rfloor$。

▇ 斜二叉树（Skewed Binary Tree）

当一个二叉树完全没有右节点或左节点时，我们就把它称为左斜二叉树或右斜二叉树，如图 6-15 所示。

▇ 严格二叉树（Strictly Binary Tree）

二叉树中的每一个非终端节点均有非空的左右子树，如图 6-16 所示。

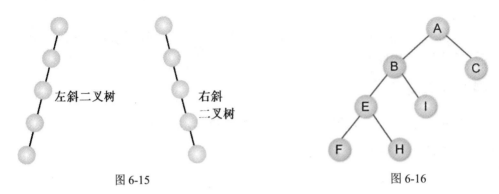

图 6-15   图 6-16

范例 ▶ 6.2.4   假如有一个非空树，其度为 5，已知度为 i 的节点数有 i 个，其中 1≤i≤5，请问终端节点数总数是多少？

解答 ▶ 41 个。

6.3   二叉树存储方式

二叉树的存储方式有很多，在数据结构中，我们习惯用链表来表示二叉树，这样在删除或增加节点时，会非常方便且具有弹性。当然，也可以使用一维数组这样的连续存储空间来表示二叉树，不过在对树中的中间节点进行插入与删除操作时，可能要大量移动数组中节点的存储位置来反应树节点的变动。下面我们将分别介绍数组和链表这两种存储方法。

6.3.1   一维数组表示法

使用有序的一维数组来表示二叉树，可将此二叉树假想成一棵满二叉树（Full Binary Tree），而且第 k 层具有 2^{k-1} 个节点，它们按序存放在这个一维数组中。首先来看看使用一维数组建立二叉树的表示方法及数组索引值的设置，如表 6-1 所示。

表 6-1   使用一维数组建立二叉树的表示方法及数组索引值的设置

索引值	1	2	3	4	5	6	7
内容值	A	B			C		D

从图 6-17 中，我们可以看到此一维数组中的索引值有以下关系。

（1）左子树索引值是父节点索引值*2。

（2）右子树索引值是父节点索引值*2+1。

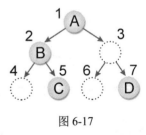

图 6-17

接着来看如何以一维数组建立二叉树，事实上就是建立一个二叉查找树。这是一种很好的排序应用模式，因为在建立二叉树的同时，数据就经过初步的比较与判断，并按照二叉树的建立规则来存放数据。二叉查找树具有以下特点。

（1）可以是空集合，但若不是空集合，则节点上一定要有一个键值。

（2）每一个树根的值须大于左子树的值。

（3）每一个树根的值须小于右子树的值。

（4）左右子树也是二叉查找树。

（5）树的每个节点值都不相同。

现在我们示范用一组数据 32、25、16、35、27，来建立一棵二叉查找树，具体过程如图 6-18 所示。

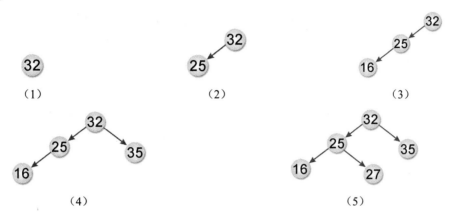

图 6-18

在下面的程序中，我们先建立一个一维数组，并将数组中的值按照上述规则建立一个满二叉树。

范例程序：ch06_01.sln

```
1    using System;
2    using System.Collections.Generic;
3    using System.Linq;
4    using System.Text;
5    using System.Threading.Tasks;
6    using System.IO;
7    using static System.Console;//导入静态类
8
9    namespace ch06_01
10   {
11       class Program
12       {
13           static void Main(string[] args)
14           {
15               int i, level;
16               int[] data = { 6, 3, 5, 9, 7, 8, 4, 2 }; /*原始数组*/
17               int[] btree = new int[16];
18               for (i = 0; i < 16; i++) btree[i] = 0;
```

```
19              Write("原始数组的内容：\n");
20              for (i = 0; i < 8; i++)
21                  Write("[" + data[i] + "] ");
22              WriteLine();
23              for (i = 0; i < 8; i++)        /*把原始数组中的值逐一对比*/
24              {
25                  for (level = 1; btree[level] != 0;)  /*比较树根和数组内的值*/
26                  {
27                      if (data[i] > btree[level])  /*如果数组内的值大于树根，
                                                        则往右子树比较*/
28                          level = level * 2 + 1;
29                      else       /*如果数组内的值小于或等于树根，则往左子树比较*/
30                          level = level * 2;
31                  }                 /*如果子树节点的值不为 0，则再与数组内的值比较一次*/
32                  btree[level] = data[i];   /*把数组值放入二叉树*/
33              }
34              Write("二叉树的内容：\n");
35              for (i = 1; i < 16; i++)
36                  Write("[" + btree[i] + "] ");
37              WriteLine();
38              ReadKey();
39          }
40      }
41  }
```

范例程序的执行结果如图 6-19 所示。

```
原始数组的内容：
[6] [3] [5] [9] [7] [8] [4] [2]
二元树的内容：
[6] [3] [9] [2] [5] [7] [0] [0] [0] [4] [0] [0] [8] [0] [0]
```

图 6-19

通常以数组表示法来存储二叉树，如果越接近满二叉树，则越节省空间；如果是歪斜树，则最浪费空间。另外，要增删数据比较麻烦，必须重新建立二叉树。

图 6-20 是此数组值在二叉树中存放的情形。

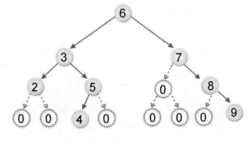

图 6-20

6.3.2 链表表示法

所谓二叉树的链表表示法，就是利用链表来存储二叉树。例如，在 C# 语言中，我们可以定义 TreeNode 类和 BinaryTree 类，其中 TreeNode 就代表二叉树中的一个节点。定义如下：

```
class TreeNode
{
    public int value;
    public TreeNode left_Node;
    public TreeNode right_Node;
    // TreeNode 构造函数
    public TreeNode(int value)
    {
        this.value = value;
        this.left_Node = null;
        this.right_Node = null;
    }
}
```

范例程序：ch06_02.sln

```
1    using System;
2    using System.Collections.Generic;
3    using System.Linq;
4    using System.Text;
5    using System.Threading.Tasks;
6    using System.IO;
7    using static System.Console;//导入静态类
8
9    namespace ch06_02
10   {
11       class TreeNode
12       {
13           public int value;
14           public TreeNode left_Node;
15           public TreeNode right_Node;
16           // TreeNode 构造函数
17           public TreeNode(int value)
18           {
19               this.value = value;
20               this.left_Node = null;
21               this.right_Node = null;
22           }
```

```
23        }
24        //二叉树类声明
25        class BinaryTree
26        {
27            public TreeNode rootNode; //二叉树的根节点
28                                    //构造函数:利用传入一个数组的参数来建立二叉树
29            public BinaryTree(int[] data)
30            {
31                for (int i = 0; i < data.Length; i++)
32                    Add_Node_To_Tree(data[i]);
33            }
34            //将指定的值加入到二叉树中适当的节点
35            void Add_Node_To_Tree(int value)
36            {
37                TreeNode currentNode = rootNode;
38                if (rootNode == null)
39                { //建立树根
40                    rootNode = new TreeNode(value);
41                    return;
42                }
43                //建立二叉树
44                while (true)
45                {
46                    if (value < currentNode.value)
47                    { //在左子树
48                        if (currentNode.left_Node == null)
49                        {
50                            currentNode.left_Node = new TreeNode(value);
51                            return;
52                        }
53                        else currentNode = currentNode.left_Node;
54                    }
55                    else
56                    { //在右子树
57                        if (currentNode.right_Node == null)
58                        {
59                            currentNode.right_Node = new TreeNode(value);
60                            return;
61                        }
62                        else currentNode = currentNode.right_Node;
63                    }
64                }
65            }
```

```
66        }
67    class Program
68    {
69        static void Main(string[] args)
70        {
71            int ArraySize = 10;
72            int tempdata;
73            int[] content = new int[ArraySize];
74            WriteLine("请连续输入" + ArraySize + "个数据");
75            for (int i = 0; i < ArraySize; i++)
76            {
77                Write("请输入第" + (i + 1) + "个数据: ");
78                tempdata = int.Parse(ReadLine());
79                content[i] = tempdata;
80            }
81            new BinaryTree(content);
82            WriteLine("===用链表方式建立二叉树,成功!!!===");
83            ReadKey();
84        }
85    }
86 }
```

范例程序的执行结果如图 6-21 所示。

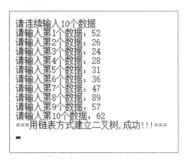

图 6-21

使用链表来表示二叉树的好处是对节点的增加与删除相当容易，缺点是很难找到父节点，除非在每一节点多增加一个父字段。

6.4　二叉树遍历

我们知道线性数组或链表，都只能单向从头至尾遍历或反向遍历。所谓二叉树的遍历（Binary Tree Traversal），最简单的说法就是"访问树中所有的节点各一次"，并且在遍历后，将树中的数据转化为线性关系。以图 6-22 所示的一个简单的二叉树节点来说，每个节点都可分为左右两个分支。

所以可以有 ABC、ACB、BAC、BCA、CAB 和 CBA 等 6 种遍历方法。如果是按照二叉树特性，一律从左向右，就只剩下三种遍历方式，分别是 BAC、ABC、BCA。这三种方式的命名与规则如下：

图 6-22

（1）中序遍历（BAC，Inorder）：左子树→树根→右子树。
（2）前序遍历（ABC，Preorder）：树根→左子树→右子树。
（3）后序遍历（BCA，Postorder）：左子树→右子树→树根。

对于这三种遍历方式，大家只需要记住树根的位置，就不会把前序、中序和后序搞混了。例如，中序法即树根在中间，前序法是树根在前面，后序法则是树根在后面。而遍历方式也一定是先左子树，后右子树。下面针对这三种方式，做更加详尽的介绍。

6.4.1　中序遍历

中序遍历（Inorder Traversal）是"左中右"的遍历顺序，也就是从树的左侧逐步向下方移动，直到无法移动，再访问此节点，并向右移动一节点。如果无法再向右移动，则可以返回上层的父节点，并重复左、中、右的步骤进行。

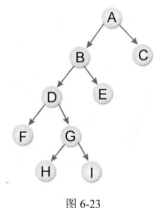

（1）遍历左子树。
（2）遍历（或访问）树根。
（3）遍历右子树。

如图 6-23 所示的遍历为 FDHGIBEAC。

中序遍历的 C# 算法如下：

图 6-23

```csharp
public void InOrder(TreeNode node)
{
    if (node != null)
    {
        InOrder(node.left_Node);
        Write("[" + node.value + "] ");
        InOrder(node.right_Node);
    }
}
```

6.4.2　后序遍历

后序遍历（Postorder Traversal）是"左右中"的遍历顺序，即先遍历左子树，再遍历右子树，最后遍历（或访问）根节点，反复执行此步骤。

（1）遍历左子树。
（2）遍历右子树。
（3）遍历树根。

如图 6-24 所示的后序遍历为 FHIGDEBCA。

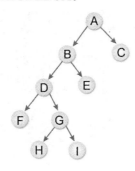

图 6-24

后序遍历的 C# 算法如下：

```csharp
public void PostOrder(TreeNode node)
{
if (node != null)
 {
    PostOrder(node.left_Node);
    PostOrder(node.right_Node);
    Write("[" + node.value + "] ");
 }
}
```

6.4.3　前序遍历

前序遍历（Preorder Traversal）是"中左右"的遍历顺序，也就是先从根节点遍历，再往左方移动，当无法继续时，继续向右方移动，接着重复执行此步骤。

（1）遍历（或访问）树根。

（2）遍历左子树。

（3）遍历右子树。

如图 6-25 所示的前序遍历为 ABDFGHIEC。

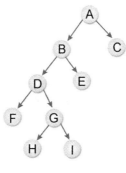

图 6-25

前序遍历的 C#算法如下：

```csharp
public void PreOrder(TreeNode node)
{
    if (node != null)
    {
        Write("[" + node.value + "] ");
        PreOrder(node.left_Node);
        PreOrder(node.right_Node);
    }
}
```

范例 6.4.1　请问如图 6-26 所示的二叉树的中序、前序及后序表示法是什么？

解答 中序遍历为 DBEACF；
　　　前序遍历为 ABDECF；
　　　后序遍历为 DEBFCA。

范例 6.4.2　请问如图 6-27 所示的二叉树的中序、前序及后序遍历的结果是什么？

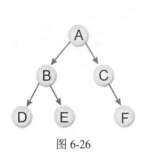

图 6-26

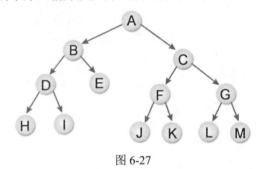

图 6-27

解答
（1）前序为 ABDHIECFJKGLM；
（2）中序为 HDIBEAJFKCLGM；
（3）后序为 HIDEBJKFLMGCA。

6.4.4　二叉树遍历的实现

接着我们开始建立二叉树，并实现中序、前序与后序遍历。在程序中会预先指定二叉树的内容，并在遍历二叉树后把树的前、中、后序打印出来，让读者比较三种遍历方式的不同之处。

【范例程序：ch06_03.sln】

```
1    using System;
2    using System.Collections.Generic;
3    using System.Linq;
4    using System.Text;
```

```
5     using System.Threading.Tasks;
6     using System.IO;
7     using static System.Console;//导入静态类
8
9     namespace ch06_03
10    {
11        class TreeNode
12        {
13            public int value;
14            public TreeNode left_Node;
15            public TreeNode right_Node;
16
17            public TreeNode(int value)
18            {
19                this.value = value;
20                this.left_Node = null;
21                this.right_Node = null;
22            }
23        }
24        class BinaryTree
25        {
26            public TreeNode rootNode;
27
28            public void Add_Node_To_Tree(int value)
29            {
30                if (rootNode == null)
31                {
32                    rootNode = new TreeNode(value);
33                    return;
34                }
35                TreeNode currentNode = rootNode;
36                while (true)
37                {
38                    if (value < currentNode.value)
39                    {
40                        if (currentNode.left_Node == null)
41                        {
42                            currentNode.left_Node = new TreeNode(value);
43                            return;
44                        }
45                        else
46                            currentNode = currentNode.left_Node;
47                    }
```

```
48              else
49              {
50                  if (currentNode.right_Node == null)
51                  {
52                      currentNode.right_Node = new TreeNode(value);
53                      return;
54                  }
55                  else
56                      currentNode = currentNode.right_Node;
57              }
58          }
59      }
60      public void InOrder(TreeNode node)
61      {
62          if (node != null)
63          {
64              InOrder(node.left_Node);
65              Write("[" + node.value + "] ");
66              InOrder(node.right_Node);
67          }
68      }
69
70      public void PreOrder(TreeNode node)
71      {
72          if (node != null)
73          {
74              Write("[" + node.value + "] ");
75              PreOrder(node.left_Node);
76              PreOrder(node.right_Node);
77          }
78      }
79
80      public void PostOrder(TreeNode node)
81      {
82          if (node != null)
83          {
84              PostOrder(node.left_Node);
85              PostOrder(node.right_Node);
86              Write("[" + node.value + "] ");
87          }
88      }
89  }
90  class Program
```

```
 91     {
 92        static void Main(string[] args)
 93        {
 94            int i;
 95            int[] arr = { 7, 4, 1, 5, 16, 8, 11, 12, 15, 9, 2 };
                                                    /*原始的数组*/
 96            BinaryTree tree = new BinaryTree();
 97            Write("原始数组的内容：\n");
 98            for (i = 0; i < 11; i++)
 99                Write("[" + arr[i] + "] ");
100            WriteLine();
101            for (i = 0; i < arr.Length; i++) tree.Add_Node_To_Tree(arr[i]);
102            Write("[二叉树的内容]\n");
103            Write("前序遍历的结果：\n");  /*打印前、中、后序遍历的结果*/
104            tree.PreOrder(tree.rootNode);
105            WriteLine();
106            Write("中序遍历的结果：\n");
107            tree.InOrder(tree.rootNode);
108            WriteLine();
109            Write("后序遍历的结果：\n");
110            tree.PostOrder(tree.rootNode);
111            ReadKey();
112        }
113    }
114  }
```

范例程序的执行结果如图 6-28 所示。

此程序所建立的二叉树结构如图 6-29 所示。

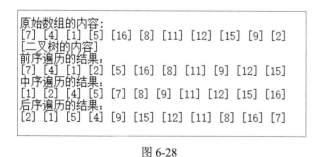

图 6-28

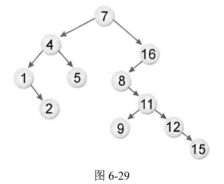

图 6-29

范例▶ 6.4.3 请利用后序遍历将如图 6-30 所示的二叉树的遍历结果按节点中的文字打印出来。

解答▶ 把握左子树→右子树→树根的原则，可得 DBHEGIFCA。

范例 ▶ 6.4.4　请问如图 6-31 所示的二叉树的中序、前序及后序表示法是什么？

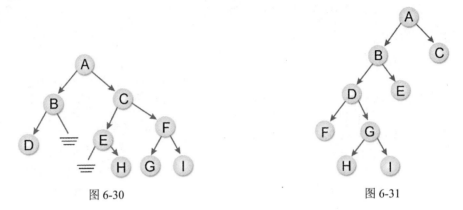

图 6-30　　　　　　　　　　　　　　　图 6-31

解答 ▶

（1）中序为 FDHGIBEAC；

（2）后序为 FHIGDEBCA；

（3）前序为 ABDFGHIEC。

范例 ▶ 6.4.5　一棵二叉树被表示为 A(B(CD)E(F(G)H(I(JK)L(MNO))))，请画出二叉树的结构及后序与前序遍历的结果（图 6-32）。

解答 ▶

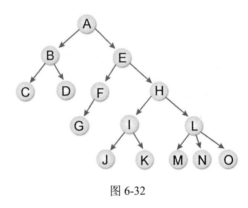

图 6-32

解答 ▶　后序遍历为 CDBGFJKIMNOLHEA；

　　　　前序遍历为 ABCDEFGHIJKLMNO。

6.4.5　二叉运算树

一般的算术式也可以转换成二叉运算树（Binary Expression Tree）的方式，如图 6-33 所示。建立的方法可遵循以下两种规则：

（1）考虑算术式中运算符的结合性与优先权，再适当地加上括号。

（2）由最内层的括号逐步向外，利用运算符当树根，左边操作数当左子树，右边操作数当右子树，其中优先权最低的运算符作为此二叉运算树的树根。

现在我们尝试将 A-B*(-C+-3.5)表达式转为二叉运算树，并求出此算术式的前序（Prefix）与后序（Postfix）表示法。

→A-B*(-C+-3.5)
→(A-(B*((-C)+(-3.5))))
→

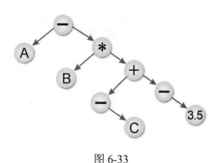

图6-33

接着将二叉运算树进行前序与后序遍历，即可得出此算术式的前序法与后序法。

前序表示法为-A*B+-C-3.5。

后序表示法为ABC-3.5-+*-。

范例▶ 6.4.6 请将 A/B**C+D*E-A*C 转化为二叉运算树。

解答▶ 加括号成为→(((A/B**C))+(D*E))-(A*C))，如图6-34所示。

范例▶ 6.4.7 请问如图6-35所示的二叉运算树的中序、后序与前序的表示法是什么？

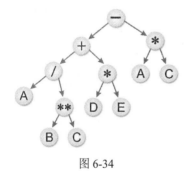

图6-34

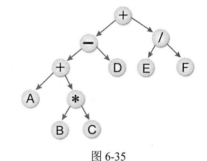

图6-35

解答▶

（1）中序为 A+B*C-D+E/F；

（2）前序为+-+A*BCD/EF；

（3）后序为 ABC*+D-EF/+。

范例程序：ch06_04.sln

```
1    using System;
2    using System.Collections.Generic;
3    using System.Linq;
4    using System.Text;
5    using System.Threading.Tasks;
6    using System.IO;
7    using static System.Console;//导入静态类
8
9    namespace ch06_04
```

```
10    {
11        // 用链表实现二叉运算树
12
13        // 节点类的声明
14        class TreeNode
15        {
16            public int value;
17            public TreeNode left_Node;
18            public TreeNode right_Node;
19            // TreeNode 构造函数
20            public TreeNode(int value)
21            {
22                this.value = value;
23                this.left_Node = null;
24                this.right_Node = null;
25            }
26        }
27        //二叉查找树类声明
28        class Binary_Search_Tree
29        {
30            public TreeNode rootNode; //二叉树的根节点
31            //构造函数：建立空的二叉查找树
32            public Binary_Search_Tree() { rootNode = null; }
33            //构造函数:利用传入一个数组的参数来建立二叉树
34            public Binary_Search_Tree(int[] data)
35            {
36                for (int i = 0; i < data.Length; i++)
37                    Add_Node_To_Tree(data[i]);
38            }
39            //将指定的值加入到二叉树中适当的节点
40            void Add_Node_To_Tree(int value)
41            {
42                TreeNode currentNode = rootNode;
43                if (rootNode == null)
44                { //建立树根
45                    rootNode = new TreeNode(value);
46                    return;
47                }
48                //建立二叉树
49                while (true)
50                {
51                    if (value < currentNode.value)
52                    { //符合这个判断表示此节点在左子树
```

```
53                    if (currentNode.left_Node == null)
54                    {
55                        currentNode.left_Node = new TreeNode(value);
56                        return;
57                    }
58                    else currentNode = currentNode.left_Node;
59                }
60            else
61            { //符合这个判断表示此节点在右子树
62                    if (currentNode.right_Node == null)
63                    {
64                        currentNode.right_Node = new TreeNode(value);
65                        return;
66                    }
67                    else currentNode = currentNode.right_Node;
68                }
69            }
70        }
71    }
72
73    class Expression_Tree:Binary_Search_Tree
74    {
75    // 构造函数
76    public Expression_Tree(char[] information, int index)
77    {
78        // Create 方法可以将二叉树的数组表示法转换成链表表示法
79        rootNode = Create(information, index);
80    }
81    // Create 方法的程序内容
82    public TreeNode Create(char[] sequence, int index)
83    {
84        TreeNode tempNode;
85        if (index >= sequence.Length)    // 作为递归调用的出口条件
86            return null;
87        else
88        {
89            tempNode = new TreeNode((int)sequence[index]);
90            // 建立左子树
91            tempNode.left_Node = Create(sequence, 2 * index);
92            // 建立右子树
93            tempNode.right_Node = Create(sequence, 2 * index + 1);
94            return tempNode;
95        }
```

```
96          }
97          // PreOrder(前序遍历)方法的程序内容
98          public void PreOrder(TreeNode node)
99          {
100             if (node != null)
101             {
102                 Write((char)node.value);
103                 PreOrder(node.left_Node);
104                 PreOrder(node.right_Node);
105             }
106         }
107         // InOrder(中序遍历)方法的程序内容
108         public void InOrder(TreeNode node)
109         {
110             if (node != null)
111             {
112                 InOrder(node.left_Node);
113                 Write((char)node.value);
114                 InOrder(node.right_Node);
115             }
116         }
117         // PostOrder(后序遍历)方法的程序内容
118         public void PostOrder(TreeNode node)
119         {
120             if (node != null)
121             {
122                 PostOrder(node.left_Node);
123                 PostOrder(node.right_Node);
124                 Write((char)node.value);
125             }
126         }
127         // 判断表达式如何运算的方法
128         public int Condition(char oprator, int num1, int num2)
129         {
130             switch (oprator)
131             {
132                 case '*': return (num1 * num2); // 乘法请返回 num1 * num2
133                 case '/': return (num1 / num2); // 除法请返回 num1 / num2
134                 case '+': return (num1 + num2); // 加法请返回 num1 + num2
135                 case '-': return (num1 - num2); // 减法请返回 num1 - num2
136                 case '%': return (num1 % num2); // 取余数法请返回 num1 % num2
137             }
138             return -1;
```

```
139          }
140          // 传入根节点，用来计算此二叉运算树的值
141      public int Answer(TreeNode node)
142      {
143          int firstnumber = 0;
144          int secondnumber = 0;
145              // 递归调用的出口条件
146          if (node.left_Node == null && node.right_Node == null)
147                  // 将节点的值转换成数值后返回
148                  return Convert.ToInt32((char)node.value)-48;
149          else
150          {
151                  firstnumber = Answer(node.left_Node);// 计算左子树表达式的值
152                  secondnumber = Answer(node.right_Node);//计算右子树表达式的值
153                  Return Condition((char)node.value, firstnumber,
                                      secondnumber);
154          }
155      }
156  }
157  class Program
158  {
159      static void Main(string[] args)
160      {
161          // 将二叉运算树以数组的方式来声明
162          // 第一个表达式
163          char[] information1 = { ' ', '+', '*', '%', '6', '3', '9', '5' };
164          // 第二个表达式
165          char[] information2 = {' ','+','+','+','*','%','/','*',
166                                  '1','2','3','2','6','3','2','2' };
167          Expression_Tree exp1 = new Expression_Tree(information1, 1);
168          WriteLine("====二叉运算树数值运算范例 1: ====");
169          WriteLine("===============================");
170          Write("===转换成中序表达式===: ");
171          exp1.InOrder(exp1.rootNode);
172          Write("\n===转换成前序表达式===: ");
173          exp1.PreOrder(exp1.rootNode);
174          Write("\n===转换成后序表达式===: ");
175          exp1.PostOrder(exp1.rootNode);
176          // 计算二叉树表达式的运算结果
177          Write("\n 此二叉运算树，经过计算后所得到的结果值为: ");
178          WriteLine(exp1.Answer(exp1.rootNode));
179          // 建立第二棵二叉查找树对象
180          Expression_Tree exp2 = new Expression_Tree(information2, 1);
```

```
181                WriteLine();
182                WriteLine("====二叉运算树数值运算范例 2: ====");
183                WriteLine("===============================");
184                Write("===转换成中序表达式===: ");
185                exp2.InOrder(exp2.rootNode);
186                Write("\n===转换成前序表达式===: ");
187                exp2.PreOrder(exp2.rootNode);
188                Write("\n===转换成后序表达式===: ");
189                exp2.PostOrder(exp2.rootNode);
190                // 计算二叉树表达式的运算结果
191                Write("\n 此二叉运算树, 经过计算后所得到的结果值为: ");
192                WriteLine(exp2.Answer(exp2.rootNode));
193                ReadKey();
194            }
195        }
196    }
```

范例程序的执行结果如图 6-36 所示。

```
====二叉运算树数值运算范例 1: ====
===============================
===转换成中序表达式===: 6*3+9%5
===转换成前序表达式===: +*63%95
===转换成后序表达式===: 63*95%+
此二叉运算树, 经过计算后所得到的结果值为: 22

====二叉运算树数值运算范例 2: ====
===============================
===转换成中序表达式===: 1*2+3%2+6/3+2*2
===转换成前序表达式===: ++*12%32+/63+22
===转换成后序表达式===: 12*32%+63/22*++
此二叉运算树, 经过计算后所得到的结果值为: 9
```

图 6-36

6.5 二叉树的高级研究

除了之前所介绍的二叉树遍历方式外, 二叉树还有许多常见的应用, 如二叉排序树、二叉查找树（二叉搜索树）、线索二叉树等。

6.5.1 二叉排序树

事实上, 二叉树是一种很好的排序应用模式, 因为在建立二叉树的同时, 数据已经经过初步的比较, 并按照二叉树的建立规则来存放数据。其规则如下:

（1）第一个输入数据作为此二叉树的树根。

（2）之后的数据以递归的方式与树根进行比较，小于树根置于左子树，大于树根置于右子树。

从上面的规则我们可以知道，左子树内的值一定小于树根，而右子树的值一定大于树根。因此，只要利用"中序遍历"方式就可以得到从小到大排序好的数据，如果想从大到小排列，则可将最后结果置于堆栈内再依次弹出（POP）即可。

下面我们示范用一组数据 32、25、16、35、27，建立一棵二叉排序树（二叉查找树），如图 6-37 所示。

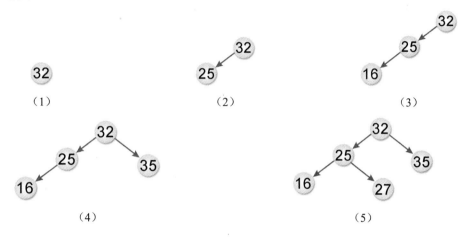

图 6-37

图 6-37 中的最后一个就是建立完成的二叉排序树，通过中序遍历后，可得出 16、25、27、32、35 从小到大的排列。因为在输入数据的同时就开始建立二叉树，所以在完成数据输入并建立二叉排序树后，通过中序遍历就可以轻松得到排序的结果，请看下面的 C# 程序范例。

范例程序：ch06_05.sln

```
1    using System;
2    using System.Collections.Generic;
3    using System.Linq;
4    using System.Text;
5    using System.Threading.Tasks;
6    using System.IO;
7    using static System.Console;//导入静态类
8
9    namespace ch06_05
10   {
11       class TreeNode
12       {
13           public int value;
14           public TreeNode left_Node;
15           public TreeNode right_Node;
```

```
16
17          public TreeNode(int value)
18          {
19              this.value = value;
20              this.left_Node = null;
21              this.right_Node = null;
22          }
23      }
24  class BinaryTree
25  {
26      public TreeNode rootNode;
27
28      public void Add_Node_To_Tree(int value)
29      {
30          if (rootNode == null)
31          {
32              rootNode = new TreeNode(value);
33              return;
34          }
35          TreeNode currentNode = rootNode;
36          while (true)
37          {
38              if (value < currentNode.value)
39              { .
40                  if (currentNode.left_Node == null)
41                  {
42                      currentNode.left_Node = new TreeNode(value);
43                      return;
44                  }
45                  else
46                      currentNode = currentNode.left_Node;
47              }
48              else
49              {
50                  if (currentNode.right_Node == null)
51                  {
52                      currentNode.right_Node = new TreeNode(value);
53                      return;
54                  }
55                  else
56                      currentNode = currentNode.right_Node;
57              }
58          }
```

```
59              }
60          public void InOrder(TreeNode node)
61          {
62              if (node != null)
63              {
64                  InOrder(node.left_Node);
65                  Write("[" + node.value + "] ");
66                  InOrder(node.right_Node);
67              }
68          }
69
70          public void PreOrder(TreeNode node)
71          {
72              if (node != null)
73              {
74                  Write("[" + node.value + "] ");
75                  PreOrder(node.left_Node);
76                  PreOrder(node.right_Node);
77              }
78          }
79
80          public void PostOrder(TreeNode node)
81          {
82              if (node != null)
83              {
84                  PostOrder(node.left_Node);
85                  PostOrder(node.right_Node);
86                  Write("[" + node.value + "] ");
87              }
88          }
89      }
90      class Program
91      {
92          static void Main(string[] args)
93          {
94              int value;
95              BinaryTree tree = new BinaryTree();
96              Write("请输入数据，要结束请输入-1：\n");
97              while (true)
98              {
99                  value = int.Parse(ReadLine());
100                 if (value == -1)
101                     break;
```

```
102                    tree.Add_Node_To_Tree(value);
103              }
104         Write("====================: \n");
105         Write("排序完成的结果：\n");
106         tree.InOrder(tree.rootNode);
107         WriteLine();
108         ReadKey();
109         }
110     }
111 }
```

范例程序的执行结果如图 6-38 所示。

```
请输入数据，要结束请输入-1：
52
26
41
85
97
10
-1
====================:
排序完成的结果：
[10] [26] [41] [52] [85] [97]
```

图 6-38

范例 6.5.1 我们可利用二叉树按照中序方式进行排序，请大家依次回答空格部分。

（1）二叉树的每一节点（Node）至少包含三个字段，其中一个存数据，另外两个分别为____及____，分为____及____之用，设其使用密集表（Dense List）存放，则须另有一根指针（Root）指其开始根部。

（2）试将 32、24、57、28、10、43、72、62 按照中序方式存入可放 10 个节点（Node）的 list 内，试画出其结果，画出方式为何？

（3）若插入数据为 30，试写出其相关操作与位置变化。

（4）若删除数据为 32，试写出其相关操作与位置变化。

解答

（1）左链接、右链接、指向左节点、指向右节点。

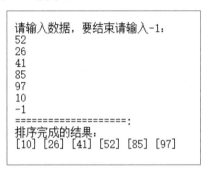

（2）

root=1	left	data	right
1	2	32	3
2	4	24	5
3	6	57	7
4	0	10	0
5	0	28	0
6	0	43	0
7	8	72	0
8	0	62	0
9			
10			

（3）

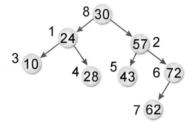

root=1	left	data	right
1	2	32	3
2	4	24	5
3	6	57	7
4	0	10	0
5	0	28	8
6	0	43	0
7	9	72	0
8	0	30	0
9	0	62	0
10			

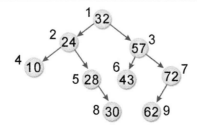

（4）

root=1	left	data	right
1	3	24	4
2	5	57	6
3	0	10	0
4	0	28	0
5	0	43	0
6	7	72	0
7	0	62	0
8	1	30	2
9			
10			

6.5.2　二叉查找树

如果一个二叉树符合"每一个节点的数据大于左子节点且小于右子节点"，那么这棵树便称为二分树。因为二分树便于排序和搜索，所以二叉排序树或二叉查找树都是二分树的一种。当建立一棵二叉排序树之后，我们要清楚如何在一个排序树中查找一个数据。事实上，二叉查找树或二叉排序树可以说是一体两面，没有差别。

二叉查找树具有以下特点：

（1）可以是空集合，但若不是空集合，则节点上一定要有一个键值。

（2）每一个树根的值须大于左子树的值。

（3）每一个树根的值小于右子树的值。

（4）左右子树也是二叉查找树。

（5）树的每个节点值都不相同。

基本上，只要懂二叉树的排序就可以理解二叉树的查找。只需在二叉树中比较树根及要查找的值，再按左子树<树根<右子树的原则遍历二叉树，就可以找到要查找的值。

接着我们来实现一个二叉查找树的查找程序，首先建立一个二叉查找树，并输入要查找的值。如果节点中有相等的值，就会显示出查找的次数；如果找不到这个值，也将会显示信息。

范例程序：ch06_06.sln

```
1    using System;
2    using System.Collections.Generic;
3    using System.Linq;
4    using System.Text;
5    using System.Threading.Tasks;
6    using System.IO;
7    using static System.Console;   //导入静态类
```

```
 8
 9    namespace ch06_06
10    {
11        class TreeNode
12        {
13            public int value;
14            public TreeNode left_Node;
15            public TreeNode right_Node;
16
17            public TreeNode(int value)
18            {
19                this.value = value;
20                this.left_Node = null;
21                this.right_Node = null;
22            }
23        }
24        class BinarySearch
25        {
26            public TreeNode rootNode;
27            public static int count = 1;
28            public void Add_Node_To_Tree(int value)
29            {
30                if (rootNode == null)
31                {
32                    rootNode = new TreeNode(value);
33                    return;
34                }
35                TreeNode currentNode = rootNode;
36                while (true)
37                {
38                    if (value < currentNode.value)
39                    {
40                        if (currentNode.left_Node == null)
41                        {
42                            currentNode.left_Node = new TreeNode(value);
43                            return;
44                        }
45                        else
46                            currentNode = currentNode.left_Node;
47                    }
48                    else
49                    {
50                        if (currentNode.right_Node == null)
```

```
51                        {
52                            currentNode.right_Node = new TreeNode(value);
53                            return;
54                        }
55                    else
56                        currentNode = currentNode.right_Node;
57                }
58            }
59        }
60
61        public bool FindTree(TreeNode node, int value)
62        {
63            if (node == null)
64            {
65                return false;
66            }
67            else if (node.value == value)
68            {
69                Write("共查找" + count + "次\n");
70                return true;
71            }
72            else if (value < node.value)
73            {
74                count += 1;
75                return FindTree(node.left_Node, value);
76            }
77            else
78            {
79                count += 1;
80                return FindTree(node.right_Node, value);
81            }
82        }
83
84    }
85    class Program
86    {
87        static void Main(string[] args)
88        {
89            int i, value;
90            int[] arr = { 7, 4, 1, 5, 13, 8, 11, 12, 15, 9, 2 };
91            Write("原始数组的内容: \n");
92            for (i = 0; i < 11; i++)
93                Write("[" + arr[i] + "] ");
```

```
94              WriteLine();
95              BinarySearch tree = new BinarySearch();
96              for (i = 0; i < 11; i++) tree.Add_Node_To_Tree(arr[i]);
97              Write("请输入要查找值：");
98              value = int.Parse(ReadLine());
99              if (tree.FindTree(tree.rootNode, value))
100                 Write("您要查找的值 [" + value + "] 找到了! \n");
101         else
102                 Write("抱歉，没有找到。\n");
103
104             ReadKey();
105         }
106     }
107 }
```

范例程序的执行结果如图 6-39 所示。

```
原始数组的内容：
[7] [4] [1] [5] [13] [8] [11] [12] [15] [9] [2]
请输入要查找的值：12
共查找5次
您要查找的值 [12] 找到了!
```

图 6-39

以上程序的二叉查找树有如图 6-40 所示的结构。

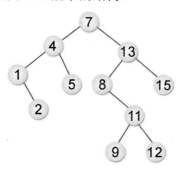

图 6-40

范例 **6.5.2**　关于二叉查找树（Binary Search Tree）的叙述，哪一个是错误的？

（A）二叉查找树是一棵完整二叉树（Complete Binary Tree）。

（B）可以是歪斜树（Skewed Binary Tree）。

（C）一节点最多只有两个子节点（Child Node）。

（D）一节点的左子节点的键值不会大于右节点的键值。

解答▶ （A）

215

6.5.3　线索二叉树

虽然我们把树转换为二叉树可减少空间的浪费——由 2/3 降低到 1/2，但是如果各位读者仔细观察之前我们使用链表建立的 n 节点二叉树，就会发现用来指向左右两节点的指针只有 n-1 个链接，另外的 n+1 个指针都是空链接。

所谓"线索二叉树"（Threaded Binary Tree），就是把这些空的链接加以利用，再指到树的其他节点，而这些链接就称为"线索"（Thread），这棵树就称为线索二叉树（Threaded Binary Tree）。将二叉树转换为线索二叉树的步骤如下：

步骤01 先将二叉树通过中序遍历方式按序排出，并将所有空链接改成线索。

步骤02 如果线索链接指向该节点的左链接，则将该线索指到中序遍历顺序下的前一个节点。

步骤03 如果线索链接指向该节点的右链接，则将该线索指到中序遍历顺序下的后一个节点。

步骤04 指向一个空节点，并将此空节点的右链接指向自己，而空节点的左子树是此线索二叉树。

线索二叉树的基本结构如下：

LBIT	LCHILD	DATA	RCHILD	RBIT

- LBIT: 左控制位。
- LCHILD: 左子树链接。
- DATA: 节点数据。
- RCHILD: 右子树链接。
- RBIT: 右控制位。

与链表所建立的二叉树不同之处在于，为了区别正常指针或线索而加入的两个字段: LBIT 和 RBIT。

- 如果 LCHILD 为正常指针，则 LBIT=1。
- 如果 LCHILD 为线索，则 LBIT=0。
- 如果 RCHILD 为正常指针，则 RBIT=1。
- 如果 RCHILD 为线索，则 RBIT=0。

节点的声明方式如下：

```
class ThreadedNode
{
    int data,lbit,rbit;
    ThreadedNOde lchild;
    ThreadedNode rchild;
    //构造函数
    public ThreadedNode(int data,int lbit,int rbit)
    {
```

```
        初始化程序代码
    }
}
```

接着我们来练习如何将如图 6-41 所示的二叉树转为线索二叉树。

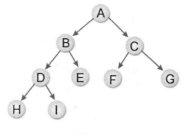

图 6-41

步骤：

步骤 01　以中序遍历二叉树：HDIBEAFCG。

步骤 02　找出相对应的线索二叉树，并按照 HDIBEAFCG 顺序求得如图 6-42 所示的结果。

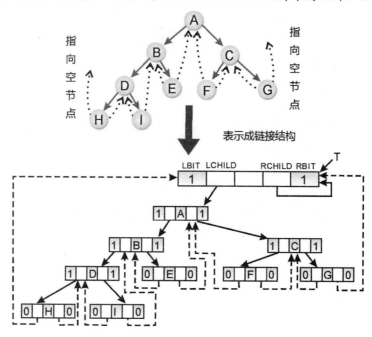

图 6-42

以下是使用线索二叉树的优缺点。

优点：

（1）在二叉树进行中序遍历时，不需要使用堆栈处理，但一般二叉树需要。

（2）由于充分使用空链接，所以避免了链接闲置浪费的情况。另外，中序遍历时的速度也较快，节省了不少时间。

（3）任一个节点都容易找出它的中序先行者与中序后继者，在中序遍历时可以不使用堆栈或递归。

缺点：

（1）在加入或删除节点时的速度比一般二叉树慢。

（2）线索子树间不能共用。

以下 C#程序是利用线索二叉树来遍历某一节点 X 的中序前行者与中序后续者。

范例程序：ch06_07.sln

```
1    using System;
2    using System.Collections.Generic;
3    using System.Linq;
4    using System.Text;
5    using System.Threading.Tasks;
6    using System.IO;
7    using static System.Console;//导入静态类
8
9    namespace ch06_07
10   {
11       //线索二叉树中的节点声明
12       class ThreadNode
13       {
14           public int value;
15           public int left_Thread;
16           public int right_Thread;
17           public ThreadNode left_Node;
18           public ThreadNode right_Node;
19           // TreeNode 构造函数
20           public ThreadNode(int value)
21           {
22               this.value = value;
23               this.left_Thread = 0;
24               this.right_Thread = 0;
25               this.left_Node = null;
26               this.right_Node = null;
27           }
28       }
29       //线索二叉树的类声明
30       class Threaded_Binary_Tree
31       {
32           public ThreadNode rootNode; //线索二叉树的根节点
33
```

```
34        //无传入参数的构造函数
35        public Threaded_Binary_Tree()
36        {
37            rootNode = null;
38        }
39
40        //构造函数:建立线索二叉树,传入参数为一数组
41        //数组中的第一个数据是用来建立线索二叉树的树根节点
42        public Threaded_Binary_Tree(int[] data)
43        {
44            for (int i = 0; i < data.Length; i++)
45                Add_Node_To_Tree(data[i]);
46        }
47        //将指定的值加入到线索二叉树
48        void Add_Node_To_Tree(int value)
49        {
50            ThreadNode newnode = new ThreadNode(value);
51            ThreadNode current;
52            ThreadNode parent;
53            ThreadNode previous = new ThreadNode(value);
54            int pos;
55            //设置线索二叉树的开头节点
56            if (rootNode == null)
57            {
58                rootNode = newnode;
59                rootNode.left_Node = rootNode;
60                rootNode.right_Node = null;
61                rootNode.left_Thread = 0;
62                rootNode.right_Thread = 1;
63                return;
64            }
65            //设置开头节点所指的节点
66            current = rootNode.right_Node;
67            if (current == null)
68            {
69                rootNode.right_Node = newnode;
70                newnode.left_Node = rootNode;
71                newnode.right_Node = rootNode;
72                return;
73            }
74            parent = rootNode; //父节点是开头节点
75            pos = 0; //设置二叉树中的行进方向
76            while (current != null)
```

```
77              {
78                  if (current.value > value)
79                  {
80                      if (pos != -1)
81                      {
82                          pos = -1;
83                          previous = parent;
84                      }
85                      parent = current;
86                      if (current.left_Thread == 1)
87                          current = current.left_Node;
88                      else
89                          current = null;
90                  }
91                  else
92                  {
93                      if (pos != 1)
94                      {
95                          pos = 1;
96                          previous = parent;
97                      }
98                      parent = current;
99                      if (current.right_Thread == 1)
100                         current = current.right_Node;
101                     else
102                         current = null;
103                 }
104             }
105             if (parent.value > value)
106             {
107                 parent.left_Thread = 1;
108                 parent.left_Node = newnode;
109                 newnode.left_Node = previous;
110                 newnode.right_Node = parent;
111             }
112             else
113             {
114                 parent.right_Thread = 1;
115                 parent.right_Node = newnode;
116                 newnode.left_Node = parent;
117                 newnode.right_Node = previous;
118             }
119             return;
```

```
120              }
121          //线索二叉树中序遍历
122          public void Print()
123          {
124              ThreadNode tempNode;
125              tempNode = rootNode;
126              do
127              {
128                  if (tempNode.right_Thread == 0)
129                      tempNode = tempNode.right_Node;
130                  else
131                  {
132                      tempNode = tempNode.right_Node;
133                      while (tempNode.left_Thread != 0)
134                          tempNode = tempNode.left_Node;
135                  }
136                  if (tempNode != rootNode)
137                      WriteLine("[" + tempNode.value + "]");
138              } while (tempNode != rootNode);
139          }
140      }
141      class Program
142      {
143          static void Main(string[] args)
144          {
145              WriteLine("线索二叉树经建立后，以中序遍历有排序的效果");
146              WriteLine("除了第一个数字作为线索二叉树的开头节点外");
147              int[] data1 = { 0, 10, 20, 30, 100, 399, 453, 43, 237, 373, 655 };
148              Threaded_Binary_Tree tree1 = new Threaded_Binary_Tree(data1);
149              WriteLine("=================================");
150              WriteLine("范例 1 ");
151              WriteLine("数字从小到大的排序顺序结果为：");
152              tree1.Print();
153              int[] data2 = { 0, 101, 118, 87, 12, 765, 65 };
154              Threaded_Binary_Tree tree2 = new Threaded_Binary_Tree(data2);
155              WriteLine("=================================");
156              WriteLine("范例 2 ");
157              WriteLine("数字从小到大的排序顺序结果为：");
158              tree2.Print();
159              ReadKey();
160          }
161      }
162  }
```

范例程序的执行结果如图 6-43 所示。

```
线索二叉树经建立后，以中序遍历有排序的效果
除了第一个数字作为线索二叉树的开头节点外
==========================================
范例 1
数字从小到大的排序顺序结果为：
[10]
[20]
[30]
[43]
[100]
[237]
[373]
[399]
[453]
[655]
==========================================
范例 2
数字从小到大的排序顺序结果为：
[12]
[65]
[87]
[101]
[118]
[765]
```

图 6-43

6.6 树的二叉树表示法

在前面的小节中介绍了许多关于二叉树的操作，然而二叉树只是树形结构的特例，广义的树形结构其父节点可拥有多个子节点，我们姑且将这样的树称为多叉树。由于二叉树的链接浪费率最低，因此如果把树转换为二叉树来操作，就会增加许多操作上的便利。

6.6.1 树转化为二叉树

对于将一般树形结构转化为二叉树，使用的方法为"CHILD-SIBLING"（leftmost-child-next-right-sibling）法则。以下是其执行步骤：

步骤 01 将节点的所有兄弟节点用横线连接起来。

步骤 02 删掉所有与子节点间的连接，只保留与最左子节点的连接。

步骤 03 顺时针旋转 45°。

请按照下面的范例过程实际转换一次，就可以有更清楚的认识，步骤如图 6-44~图 6-47所示。

步骤 01 将树的各层兄弟用横线连接起来。

步骤 02 删掉所有子节点间的连接，只保留最左边的父子节点的连接。

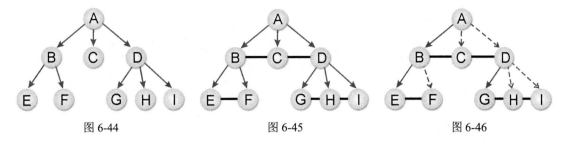

图 6-44　　　　　　　　　图 6-45　　　　　　　　　图 6-46

步骤 03 顺时钟转 45°。

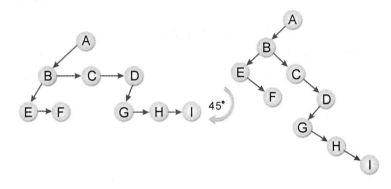

图 6-47

■　二叉树转换为树

既然树可转化为二叉树，当然也可以将二叉树转化为树（即多叉树），如图 6-48 所示。

这其实就是树转化为二叉树的逆向步骤，方法也很简单。首先是逆时针旋转 45°，如图 6-49 所示。

另外，由于(ABE)(DG)左子树代表父子关系，而(BCD)(EF)(GH)右子树代表兄弟关系，按这种父子关系增加连接，同时删除兄弟节点间的连接，结果如图 6-50 所示。

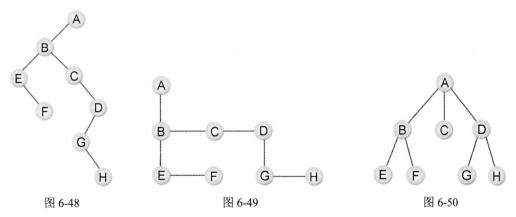

图 6-48　　　　　　　　　图 6-49　　　　　　　　　图 6-50

范例 6.6.1　将如图 6-51 所示的树转化为二叉树。

解答

（1）将树的各阶层兄弟用平行线连接起来，如图 6-52 所示。

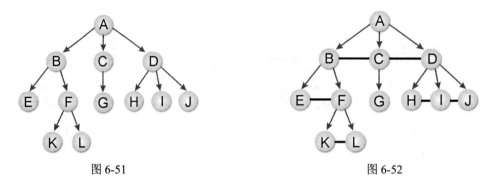

图 6-51　　　　　　　　　　　　图 6-52

（2）删除所有子节点间的串联，只保留最左边的子节点，如图 6-53 所示。

（3）顺时针旋转 45°，如图 6-54 所示。

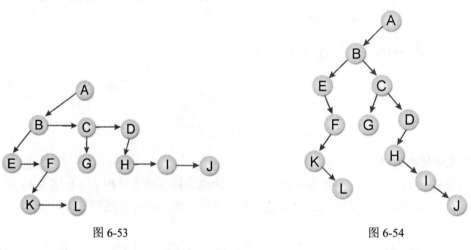

图 6-53　　　　　　　　　　　　图 6-54

6.6.2　树林转化为二叉树

除了一棵树可以转化为二叉树外，其实好几棵树所形成的树林也可以转化成二叉树。

（1）从左到右将每棵树的树根（Root）连接起来。

（2）仍然利用树转化为二叉树的方法操作。

接着以下面的树林（如图 6-55）为范例进行介绍。

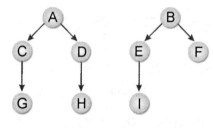

图 6-55

步骤01 将各树的树根从左到右连接，如图 6-56 所示。

步骤02 利用树转换为二叉树的原则，如图 6-57 所示。

步骤 **03** 顺时针旋转 45°，如图 6-58 所示。

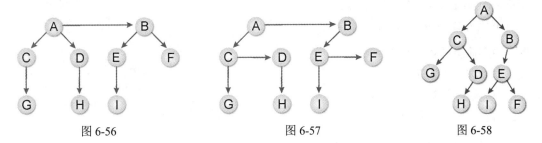

图 6-56　　　　　　　　　　图 6-57　　　　　　　　　　图 6-58

■　**二叉树转换成树林**

二叉树转换成森林的方法则是按照森林转化为二叉树的方法倒推回去，如图 6-59 所示的二叉树。

首先，把原图逆时旋转 45°，如图 6-60 所示。

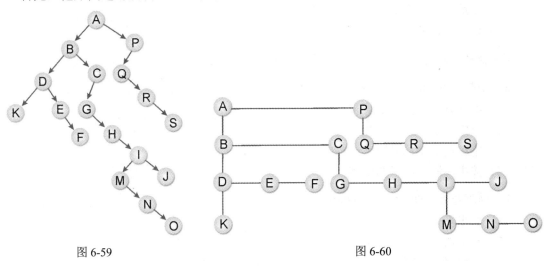

图 6-59　　　　　　　　　　　　　图 6-60

再按照左子树为父子关系，右子树为兄弟关系的原则逐步划分，如图 6-61 所示。

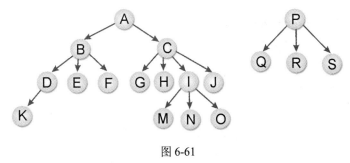

图 6-61

6.6.3　树与森林的遍历

除了二叉树的遍历可以有中序遍历、前序遍历与后序遍历三种方式外，树与森林的遍历也是这三种。但方法略有差异，下面我们以范例来说明。

假设树根为 R，且此树有 n 个节点，并可分成如图 6-62 所示的 m 个子树，分别是 T_1，T_2，T_3...T_m。

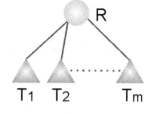

图 6-62

三种遍历方式的步骤如下：

■ **中序遍历**（Inorder Traversal）

（1）以中序法遍历 T_1。

（2）访问树根 R。

（3）再以中序法遍历 T_2，T_3，...T_m。

■ **前序遍历**（Preorder Traversal）

（1）访问树根 R。

（2）再以前序法依次遍历 T_1，T_2，T_3，...T_m。

■ **后序遍历**（Postorder Traversal）

（1）以后序法依次访问 T_1，T_2，T_3，...T_m。

（2）访问树根 R。

至于森林的遍历方式则从树的遍历衍生过来。步骤如下：

■ **中序遍历**（Inorder Traversal）

（1）如果森林为空，则直接返回。

（2）以中序遍历第一棵树的子树群。

（3）中序遍历森林中第一棵树的树根。

（4）按中序法遍历森林中其他的树。

■ **前序遍历**（Preorder Traversal）

（1）如果森林为空，则直接返回。

（2）遍历森林中第一棵树的树根。

（3）按前序遍历第一棵树的子树群。

（4）按前序法遍历森林中其他的树。

■ **后序遍历**（Postorder Traversal）

（1）如果森林为空，则直接返回。

（2）按后序遍历第一棵树的子树。

（3）按后序法遍历森林中其他的树。

（4）遍历森林中第一棵树的树根。

范例 6.6.2 将下列森林（如图 6-63）转化为二叉树，并分别求出转化前森林与转化后二叉树的中序、前序与后序遍历结果。

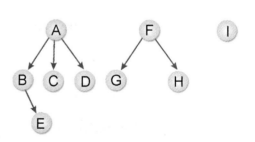

图 6-63

解答 步骤如图 6-64~图 6-66 所示。

（1）　　　　　　　　　　　　　（2）

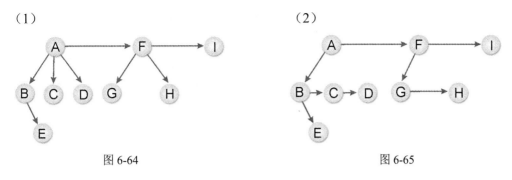

图 6-64　　　　　　　　　　　　　　图 6-65

（3）

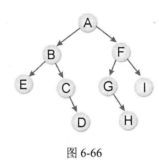

图 6-66

森林遍历：

（1）中序遍历为 EBCDAGHFI；

（2）前序遍历为 ABECDFGHI；

（3）后序遍历为 EBCDGHIFA。

二叉树遍历：

（1）中序遍历为 EBCDAGHFI；

（2）前序遍历为 ABECDFGHI；

（3）后序遍历为 EDCBHGIFA。

（注意，转化前后的后序遍历结果不同）

范例 6.6.3　求图 6-67 所示的森林转化为二叉树前后的中序、前序与后序遍历结果。

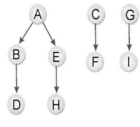

图 6-67

森林的遍历：

（1）中序遍历为 DBHEAFCIG；

（2）前序遍历为 ABDEHCFGI；

（3）后序遍历为 DHEBFIGCA。

转换为二叉树如图 6-68 所示。

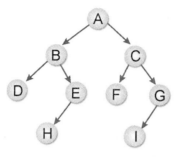

图 6-68

二叉树遍历：

（1）中序遍历为 DBHEAFCIG；

（2）前序遍历为 ABDEHCFGI；

（3）后序遍历为 DHEBFIGCA。

6.6.4 确定唯一二叉树

在二叉树的三种遍历方法中，如果有中序与前序的遍历结果或中序与后序的遍历结果，就可以从这些结果中求得唯一的二叉树。不过，如果只具备前序与后序的遍历结果，则无法确定唯一的二叉树。

现在来看一个范例。例如二叉树的中序遍历为 BAEDGF，前序遍历为 ABDEFG，请画出唯一的二叉树。

解答▶

中序遍历： 左子树 树根 右子树

前序遍历： 树根 左子树 右子树

如图 6-69~图 6-71 所示。

（1）

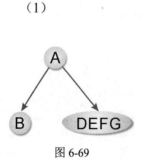

图 6-69

（2）

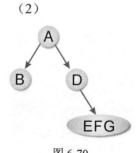

图 6-70

（3）

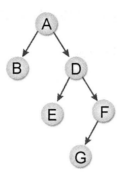

图 6-71

范例▶　6.6.4　某二叉树的中序遍历为 HBJAFDGCE，后序遍历为 HJBFGDECA，请绘出此
二叉树。

解答▶

中序遍历：左子树　树根　右子树
后序遍历：左子树　右子树　树根

如图 6-72~图 6-75 所示。

（1）

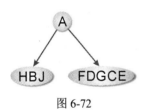

图 6-72

（2）

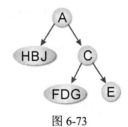

图 6-73

（3）

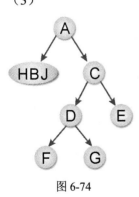

图 6-74

（4）

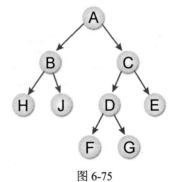

图 6-75

6.7 优化二叉查找树

之前我们讲过，如果一个二叉树符合"每一个节点的数据大于左子节点且小于右子节点"，这棵树便具有二叉查找树的特性。而所谓的优化二叉查找树，简单来说，就是在所有可能的二叉查找树中，有最小查找成本的二叉树。

6.7.1 扩充二叉树

至于什么是最小查找成本呢？就让我们先从扩充二叉树（Extension Binary Tree）谈起。任何一个二叉树中，若具有 n 个节点，则有 n-1 个非空链接和 n+1 个空链接。如果在每一个空链接加上一个特定节点，则称为外节点，其余的节点称为内节点，因而定义此种树为"扩充二叉树"。另外定义：外径长＝所有外节点到树根距离的总和，内径长＝所有内节点到树根距离的总和。我们将以图 6-76 中的图（a）和图（b）来说明它们的扩充二叉树的绘制过程，如图 6-77 和图 6-78 所示。

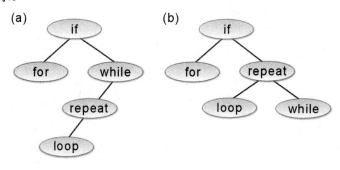

图 6-76

代表外部节点。

（a）

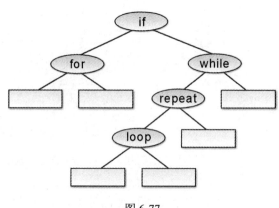

图 6-77

外径长为(2+2+4+4+3+2)=17；内径长为(1+1+2+3)=7。

（b）

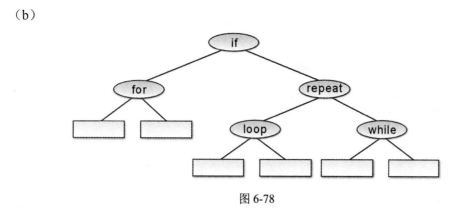

图 6-78

外径长为(2+2+3+3+3+3)=16；内径长为(1+1+2+2)=6。

以图 6-77 和图 6-78 为例，如果每个外部节点都有加权值（如查找概率等），则外径长必须考虑相关加权值，或者称为加权外径长.下面将讨论 6-77 和图 6-78 的加权外径长，如图 6-79 和图 6-80 所示。

对图 6-77 来说，2×3 + 4×3 + 5×2 + 15×1 = 43。

对图 6-78 来说，2×2 + 4×2 + 5×2 + 15×2 = 52。

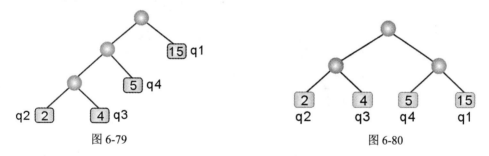

图 6-79　　　　　　　　　　　　　　图 6-80

6.7.2　霍夫曼树

霍夫曼树经常应用于处理数据压缩，可以根据数据出现的频率来构建的二叉树。例如数据的存储和传输是数据处理的两个重要领域，两者都与数据量的大小息息相关，而霍夫曼树正好可以用于数据压缩的算法。

简单来说，如果有 n 个权值（q_1, q_2...q_n），且构成一个有 n 个节点的二叉树，每个节点的外部节点的权值为 qi，则加权外径长度最小的就称为"优化二叉树"或"霍夫曼树"（Huffman Tree）。对上一小节中，图图 6-77 和图图 6-78 的二叉树而言，图图 6-77 就是二者的优化二叉树。接下来我们将说明，对一个含权值的链表，该如何求其优化二叉树。步骤如下：

步骤01 产生两个节点，对数据中出现过的每一元素各自产生一个树叶节点，并赋予树叶节点该元素的出现频率。

步骤02 令 N 为 T_1 和 T_2 的父节点，T_1 和 T_2 是 T 中出现频率最低的两个节点，令 N 节点的出现频率等于 T_1 和 T_2 出现频率的总和。

步骤 03 消去步骤 2 的两个节点，插入 N，再重复步骤 1。

我们将利用以上的步骤来实现求取霍夫曼树的过程，假设现在 5 个字母 BDACE 的出现频率分别为 0.09、0.12、0.19、0.21 和 0.39，请说明霍夫曼树的构建过程。

（1）取出最小的 0.09 和 0.12，合并成另一棵新的二叉树，其根节点的频率为 0.21，如图 6-81 所示。

（2）再取出 0.19 和 0.21 为根的二叉树合并后，得到 0.40 为根的新二叉树，如图 6-82 所示。

图 6-81   图 6-82

（3）取出 0.21 和 0.39 的节点，产生频率为 0.6 的新节点，得到右边的新二叉树，如图 6-83 所示。

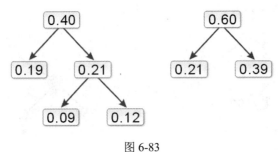

图 6-83

最后取出 0.40 和 0.60 两个二叉树的根节点，将它们合并成频率为 1.0 的节点。至此二叉树就完成了。

6.8 平衡树

二叉查找树的缺点是无法永远保持在最佳状态。在加入的数据部分已排序的情况下，极有可能会产生斜二叉树，因而使树的高度增加，导致查找效率降低。因此，一般的二叉查找树不适用于数据经常变动（加入或删除）的情况。相对地，比较适合不会变动的数据，如程序设计语言中的"保留字"等。

6.8.1 平衡树的定义

所谓平衡树（Balanced Binary Tree），又称为 AVL 树（是由 Adelson-Velskii 和 Landis 两个人发明的），它本身也是一棵二叉查找树。在 AVL 树中，每次在插入数据或删除数据后，必要的时候会对二叉树做一些高度的调整，而这些调整就是要让二叉查找树的高度随时维持平衡。T 是一个非空的二叉树，T_1 及 T_r 分别是它的左右子树，若符合以下两个条件，则称 T 是高度平衡树。

（1）T_1 和 T_r 也是高度平衡树。

（2）$|h_1-h_r| \leq 1$，h_1 和 h_r 分别为 T_1 和 T_r 的高度，也就是所有内部节点的左右子树高度相差必定小于或等于 1。

如图 6-84 所示的平衡树。

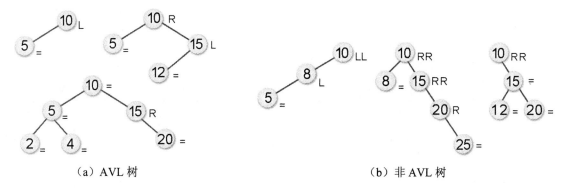

（a）AVL 树　　　　　　　　　　　　（b）非 AVL 树

图 6-84

至于如何调整一棵二叉搜索树成为一棵平衡树，最重要的是找出"不平衡点"，再按照以下 4 种不同的旋转形式重新调整其左右子树的长度。首先，令新插入的节点为 N，且其最近的一个具有 ±2 的平衡因子节点为 A，下一层为 B，再下一层为 C，分述如下。

■　左左型（LL 型，如图 6-85 所示）　　　左右型（LR 型，如图 6-86 所示）

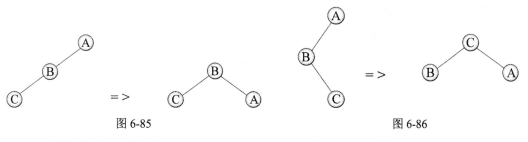

图 6-85　　　　　　　　　　　　　　　　图 6-86

■　右右型（RR 型，如图 6-87 所示）　　　右左（RL 型，如图 6-88 所示）

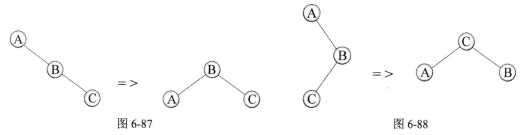

图 6-87　　　　　　　　　　　　　　　　图 6-88

现在我们来实现一个范例，如图 6-89 所示的二叉树原来是平衡的，加入节点 12 后就不平衡了，请重新调整为平衡树，但不可破坏原有的次序结构。

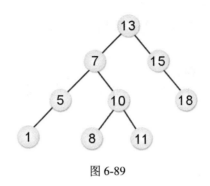

图 6-89

调整结果后如图 6-90 所示。

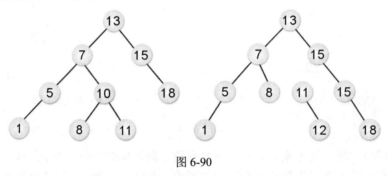

图 6-90

6.8.2 B 树

B 树（B Tree）是一种高度大于等于 1 的 m 阶查找树，也是一种平衡树概念的延伸，由 Bayer 和 Mc Creight 两位专家提出。主要有以下特点：

（1）B 树上每一个节点都是 m 阶节点。

（2）每一个 m 阶节点存放的键值最多为 m-1 个。

（3）每一个 m 阶节点度数均小于等于 m。

（4）除非是空树，否则树根节点至少必须有两个以上的子节点。

（5）除了树根和树叶节点外，每一个节点最多不超过 m 个子节点，但至少包含 $\lceil m/2 \rceil$ 个子节点。

（6）每个树叶节点到树根节点所经过的路径长度都一致，也就是说，所有的树叶节点都必须在同一层（Level）。

（7）当要增加树的高度时，处理方法就是将该树根节点一分为二。

（8）B 树其键值分别为 k_1、k_2、k_3、$k_4 \ldots k_{m-1}$，则 $k_1 < k_2 < k_3 < k_4 \ldots < k_{m-1}$。

（9）B 树的节点表示法为 $P_{0,1}$，k_1，$P_{1,2}$，$k_2 \ldots P_{m-2,m-1}$，k_{m-1}，$P_{m-1,m}$。

其节点结构如下所示。

$P_{0,1}$	k_1	$P_{1,2}$	k_2	$P_{2,3}$	k_3 …………	k_{m-1}	$P_{m-1,m}$

其中，$k_1 < k_2 < k_3 \ldots < k_{m-1}$。

（1）$P_{0,1}$ 指针所指向的子树 T_1 中的所有键值均小于 k_1。

（2）$P_{1,2}$ 指针所指向的子树 T_2 中的所有键值均大于等于 k_1 且小于 k_2。

（3）以此类推，$P_{m-1,m}$ 指针所指向的子树 T_m 中所有键值均大于等于 k_{m-1}。

课 后 习 题

1. 一般树形结构在计算机内存中的存储方式是以链表为主，对于 n 叉树（n-way 树）来说，我们必须取 n 为连接个数的最大固定长度，请说明为了改进存储空间浪费的缺点，为何经常使用二叉树（Binary Tree）结构来取代树形结构。

2. 下列哪一种不是树（Tree）？

（a）一个节点；

（b）环形链表；

（c）一个没有回路的连通图（Connected Graph）；

（d）一个边数比点数少 1 的连通图。

3. 请问以下二叉树的中序法、后序法及前序法表达式分别是什么？

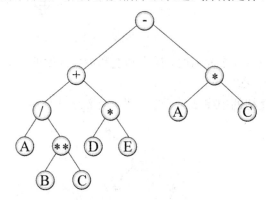

4. 请问以下二叉树的中序法、前序法及后序法表达式分别是什么？

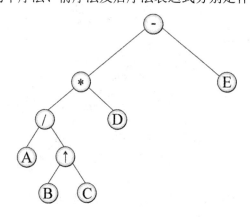

5. 试以链表来描述以下树形结构的数据结构。

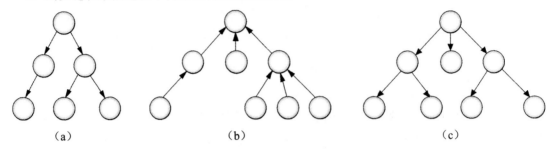

（a）　　　　　　　　（b）　　　　　　　　（c）

6. 假如有一个非空树，其度数为 5，已知度数为 i 的节点数有 i 个，其中 $1 \leq i \leq 5$，请问终端节点数总数是多少？

7. 请问以下二叉树的中序、前序及后序遍历结果分别是什么？

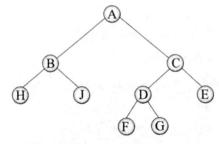

8. 用二叉查找树去表示 n 个元素时，最小高度和最大高度的二叉查找树（Height of Binary Search Tree）其值分别是什么？

9. 请问以下运算二叉树的中序法、后序法及前序法表示法分别是多少？

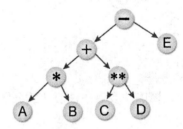

10. 下图为一个二叉树。

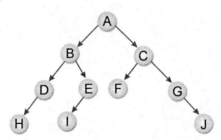

（1）请问此二叉树的前序遍历、中序遍历及后序遍历结果。
（2）空的线索二叉树是什么？
（3）以线索二叉树表示其存储情况。

11. 形成 8 层的平衡树最少需要几个节点？

12. 在下图平衡二叉树中加入节点 11，重新调整后的平衡树是什么？

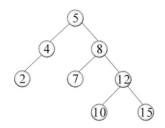

13. 请说明二叉搜索树的特点。

14.试写出一个伪码 SWAPTREE(T) 将二叉树 T 的所有节点的左右子节点对换，并说明之。

15. （1）用一维数组 A[1:10] 来表示下图的两棵树。

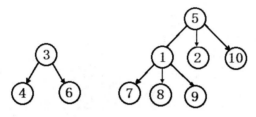

（2）利用数据结构设计一算法，该算法将两棵树合并（Union）成为一棵树。

16. 假设一棵二叉树其中序遍历为 BAEDGF，前序遍历为 ABEDFG，求此二叉树。

17. 试述如何对一个二叉树进行中序遍历不用堆栈或递归？

18. 将下图的树转化为二叉树。

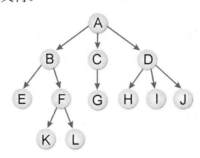

第7章 图

树是描述节点与节点之间"层次"的关系,图却是讨论两个顶点之间"连通与否"的关系,在图中连接两顶点的边若填上加权值(成本),这类图就称为"网络"。图除了被应用在数据结构中最短路径搜索、拓扑排序外,还能应用在系统分析中以时间为评审标准的性能评审技术(Performance Evaluation and Review Technique, PERT),或者像"IC 电路设计""交通网络规划"等关于图的应用。常见的应用如都市运输系统、铁路运输系统、通信网络系统等,如图 7-1 所示。

改编者注:后文"图"和"图形"在数据结构的描述中指同一个概念。本章所讨论的图,是离散数学中图论之图,图的定义有特定的含义。

图 7-1

全球定位系统(Global Positioning System, GPS)就是通过卫星与地面接收器,实现传递地理位置信息、计算路程、语音导航与电子地图等功能。目前有许多汽车与手机都安装了 GPS,用于定位与路况查询。其中路程的计算就是以最短路径的理论作为程序设计的依据,为旅行者提供不同的路径选择方案,提升驾驶者选择行车路线的弹性。

7.1　图论简介

图论起源于 1736 年,是瑞士数学家欧拉(Euler)为了解决"哥尼斯堡"问题所想出来的一种数据结构理论,就是著名的"七桥问题"。简单来说,是有七座横跨 4 个城市的大桥。欧拉所思考的问题是这样的,"是否有人在只经过每一座桥梁一次的情况下,把所有地方都走过一次而且回到原点。"如图 7-2 所示为"七桥问题"的示意图。

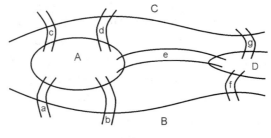

图 7-2

欧拉当时使用的方法就是以图形结构来进行分析的。他以顶点表示城市,以边表示桥梁,并定义连接每个顶点的边数为该顶点的度数。我们将以如图 7-3 所示的简图来表示"哥尼斯堡桥梁"问题。

最后欧拉得出一个结论："当所有顶点的度数都为偶数时，才能从某顶点出发，经过每条边一次，再回到起点。"也就是说，在图 7-3 中每个顶点的度数都是奇数，所以欧拉所思考的问题是不可能发生的，这个就是有名的"欧拉环"（Eulerian Cycle）理论。

但是，如果条件改成从某顶点出发，经过每条边一次，不一定要回到起点，即只允许其中两个顶点的度数是奇数，其余必须为偶数，符合这样的结果就称为欧拉链（Eulerian Chain），如图 7-4 所示。

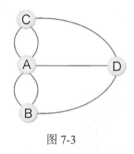

图 7-3 　　　　　　　　　　　　　　图 7-4

7.1.1　图的定义

图是由"顶点"和"边"所组成的集合，通常用 G=(V, E) 来表示，其中 V 是所有顶点组成的集合，而 E 代表所有边组成的集合。图的种类有两种：一种是无向图；另一种是有向图。无向图以(V_1, V_2)表示其边，有向图则以<V_1,V_2>表示其边。

7.1.2　无向图

无向图（Graph）是一种边没有方向的图，即同边的两个顶点没有次序关系，例如 (V_1,V_2)与 (V_2,V_1) 代表的是相同的边，如图 7-5 所示。

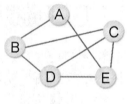

V={A,B,C,D,E}
E={(A,B),(A,E),(B,C),(B,D),(C,D),(C,E),(D,E)}

图 7-5

无向图的重要术语如下。

- 完全图：在"无向图"中，N 个顶点正好有 N(N-1)/2 条边，称为"完全图"，如图 7-6 所示。
- 路径（Path）：对于从顶点 V_i 到顶点 V_j 的一条路径，是指由经过顶点组成的连续数列，如图 7-6 中 A 到 E 的路径有{(A, B)、(B, E)}及{((A, B)、(B, C)、(C, D)、(D, E))}等。
- 简单路径（Simple Path）：除了起点和终点可能相同外，其他经过的顶点都不同，在图 7-6 中，(A, B)、(B, C)、(C, A)、(A, E)不是一条简单路径。
- 路径长度（Path Length）：是指路径上所包含边的数目，在图 7-6 中，(A, B)、(B, C)、(C, D)、(D, E)是一条路径，其长度为 4，且为一条简单路径。
- 回路（Cycle）：是指起始顶点和终止顶点为同一个点的简单路径。如图 7-6 所示，{(A, B)、(B, D)、(D, E)、(E, C)、(C, A)}起点和终点都是 A，所以是一个回路。

- 关联（Incident）：如果 V_i 与 V_j 相邻，则称 (V_i, V_j) 这个边关联于顶点 V_i 及顶点 V_j。如图 7-6 所示，关联于顶点 B 的边有(A, B)、(B, D)、(B, E)、(B, C)。

- 子图（Subgraph）：当我们称 G' 为 G 的子图时，必定存在 V(G')⊆V(G) 与 E(G')⊆E(G)，如图 7-7 所示的图就是图 7-6 的子图。

- 相邻（Adjacent）：如果 (V_i, V_j) 是 E(G) 中的一条边，则称 V_i 与 V_j 相邻。

- 连通分支（Connected Component）：在无向图中，相连在一起的最大子图（Subgraph），如图 7-8 所示有两个连通分支。

- 度数：在无向图中，一个顶点所拥有边的总数为度数。如图 7-6 所示，每个顶点的度数都为 4。

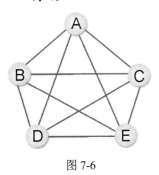

图 7-6

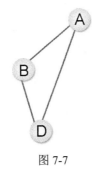

图 7-7

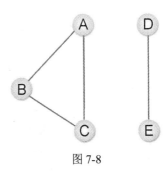

图 7-8

7.1.3 有向图

有向图（Digraph）是一种每一条边都可使用有序对<V_1, V_2>来表示的图，并且<V_1, V_2>与<V_2, V_1>表示两个方向不同的边，而所谓<V_1, V_2>，是指 V_1 为尾端指向为头部的 V_2 ，如图 7-9 所示。

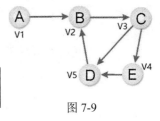

图 7-9

```
V={A,B,C,D,E}
E={<A,B>,<B,C>,<C,D>,<C,E>,<E,D>,<D,B>}
```

有向图的相关定义如下。

- 完全图（Complete Graph）：具有 n 个顶点且恰好有 n*(n-1) 个边的有向图，如图 7-10 所示。

- 路径（Path）：有向图中从顶点 V_p 到顶点 V_q 的路径是指一串从顶点组成的连续有向序列。

- 强连通（Strongly Connected）：有向图中，如果每个成对顶点 V_i，V_j 有直接路径（V_i 和 V_j 不是同一个点），同时有另一条路径从 V_j 到 V_i，则称此图为强连通，如图 7-11 所示。

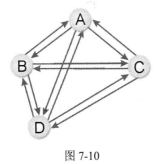

图 7-10

图 7-11

- 强连通分支（Strongly Connected Component）：有向图中构成强连通的最大子图，在图 7-12 中的图（a）是强连通，图（b）不是强连通。

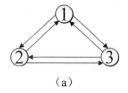

（a）

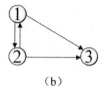

（b）

图 7-12

图 7-12（b）中的强连通分支如图 7-13 所示。

- 出度数（Out-degree）：是指有向图中以顶点 V 为箭尾的边数。
- 入度数（In-degree）：是指有向图中以顶点 V 为箭头的边数。如图 7-14 中 V_4 的入度数为 1，出度数为 0，V_2 的入度数为 4，出度数为 1。

图 7-13

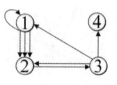

图 7-14

提 示

图（或图结构）中任意两顶点之间只能有一条边，如果两顶点间相同的边有两条以上（含两条），则称其为多重图（multigraph）。以图严格的定义来说，多重图应该不能算图论中的一种图，如图 7-15 所示。

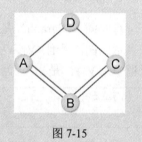

图 7-15

7.2　图的数据表示法

知道图的各种定义与概念后，有关图的数据表示法就益显重要了。常用来表达图的数据结构的方法有很多，本节将介绍 4 种表示法。

7.2.1　邻接矩阵法

图 A 有 n 个顶点，以 n*n 的二维矩阵列来表示。此矩阵的定义如下：

对于一个图 G = (V, E)，假设有 n 个顶点，n≥1，则可以将 n 个顶点的图使用一个 n*n 的二维矩阵来表示。假如 A(i, j) = 1，则表示图中有一条边(V_i, V_j)存在，反之 A(i, j) = 0，则不存在边(V_i, V_j)。

相关特性说明如下：

（1）对无向图而言，邻接矩阵一定是对称的，而且对角线一定为 0。有向图则不一定如此。

（2）在无向图中，任一节点 i 的度数为 $\sum\limits_{j=1}^{n} A(i,j)$，就是第 i 行所有元素之和。在有向图中，节点 i 的出度数为 $\sum\limits_{j=1}^{n} A(i,j)$，就是第 i 行所有元素的和，而入度数为 $\sum\limits_{i=1}^{n} A(i,j)$，就是第 j 列所有元素的和。

（3）用邻接矩阵法表示图共需要 n^2 个单位空间，由于无向图的邻接矩阵一定具有对称关系，所以除对角线全部为零外，只需要存储三角形或下三角形的数据即可，也就是仅需 n(n-1)/2 的单位空间。

下面来看一个范例，请以邻接矩阵表示下列无向图（图 7-16）。

由于图 7-16 中有 5 个顶点，因此使用 5*5 的二维数组存放此图。在该图中，先找和①相邻的顶点有哪些，把和①相邻的顶点坐标填入 1。

与顶点 1 相邻的有顶点 2 和顶点 5，所以完成下表（如图 7-17）。

其他顶点依此类推可以得到邻接矩阵，如图 7-18 所示。

图 7-16

	1	2	3	4	5
1	0	1	0	0	1
2	1	0			
3	0		0		
4	0			0	
5	1				0

图 7-17

	1	2	3	4	5
1	0	1	0	0	1
2	1	0	1	1	0
3	0	1	0	1	1
4	0	1	1	0	1
5	1	0	1	1	0

图 7-18

而对于有向图，邻接矩阵则不一定是对称矩阵。其中节点 i 的出度数为 $\sum\limits_{j=1}^{n} A(i,j)$，就是第 i 行所有元素 1 的和，而入度数为 $\sum\limits_{i=1}^{n} A(i,j)$，就是第 j 列所有元素 1 的和。如图 7-19 所示的有向图及其邻接矩阵。

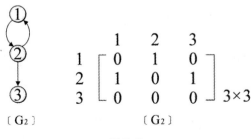

$$\begin{array}{c} \\ 1 \\ 2 \\ 3 \end{array} \begin{array}{ccc} 1 & 2 & 3 \\ \left[\begin{array}{ccc} 0 & 1 & 0 \\ 1 & 0 & 1 \\ 0 & 0 & 0 \end{array}\right] \end{array}_{3\times 3}$$

〔G₂〕　　　　〔G₂〕

图 7-19

用 C#语言描述的无向图/有向图的 6*6 邻接矩阵的算法如下：

```
for (i=0;i<6;i++)  //把矩阵清为 0
for (j=0;j<6;j++)
        arr[i,j]=0;
for (i=0;i<14;i++)  //读取图数据
for (j=0;j<6;j++)  //填入 arr 矩阵
for (k=0;k<6;k++)
        {
            tmpi=data[i,0];  //tmpi 为起始顶点
            tmpj=data[i,1];  //tmpj 为终止顶点
            arr[tmpi,tmpj]=1;  //有边的点填入 1
        }
Write("无向图矩阵：\n")
for (i=1;i<6;i++)
{
for (j=1;j<6;j++)
        Write("["+arr[i,j]+"] ");//打印矩阵内容
    WriteLine();
}
```

范例 ▶ 7.2.1　假设有一无向图各边的起点值和终点值如下数组所示。

```
int[,] data ={{1,2},{2,1},{1,5},{5,1},     //图各边的起点值和终点值
            {2,3},{3,2},{2,4},{4,2},
            {3,4},{4,3},{3,5},{5,3},
            {4,5},{5,4}};
```

范例程序：ch07_01.sln

```
1    using System;
2    using System.Collections.Generic;
3    using System.Linq;
4    using System.Text;
5    using System.Threading.Tasks;
6    using System.IO;
7    using static System.Console;//导入静态类
8
9    namespace ch07_01
10   {
11       class Program
12       {
13           static void Main(string[] args)
14           {
```

```
15              int[,] data ={{1,2},{2,1},{1,5},{5,1},//图各边的起点值和终点值
16                {2,3},{3,2},{2,4},{4,2},
17                          {3,4},{4,3},{3,5},{5,3},
18                          {4,5},{5,4}};
19          //声明矩阵 arr
20          int[,] arr=new int[6,6];
21       int i, j, k, tmpi, tmpj;
22
23       for (i=0;i<6;i++)  //把矩阵清为 0
24          for (j=0;j<6;j++)
25          arr[i,j]=0;
26       for (i=0;i<14;i++) //读取图数据
27          for (j=0;j<6;j++) //填入 arr 矩阵
28          for (k=0;k<6;k++)
29          {
30              tmpi=data[i,0]; //tmpi 为起始顶点
31          tmpj=data[i,1]; //tmpj 为终止顶点
32          arr[tmpi,tmpj]=1;//有边的点填入 1
33          }
34          Write("无向图矩阵: \n");
35       for (i=1;i<6;i++)
36       {
37          for (j=1;j<6;j++)
38                  Write("["+arr[i,j]+"] ");//打印矩阵内容
39          WriteLine();
40          }
41          ReadKey();
42       }
43    }
44  }
```

范例程序的执行结果如图 7-20 所示。

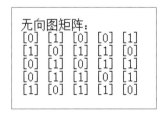

图 7-20

范例▶ 7.2.2　请用邻接矩阵来表示图 7-21 所示的有向图。

解答▶ 与无向图的做法一样，找出相邻的点并把边连接的两个顶点矩阵值填入 1。不同的是横坐标为出发点，纵坐标为终点，如图 7-22 所示的矩阵。

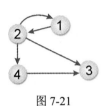

图 7-21

	1	2	3	4
1	0	1	0	0
2	1	0	1	1
3	0	0	0	0
4	0	0	1	0

图 7-22

范例 ▶ 7.2.3 假设有一个有向图，其各边的起点值和终点值如下数组所示。

```
int [,] data={{1,2},{2,1},{2,3},{2,4},{4,3}};
```

试输出此图的邻接矩阵。

范例程序：ch07_02.sln

```
1    using System;
2    using System.Collections.Generic;
3    using System.Linq;
4    using System.Text;
5    using System.Threading.Tasks;
6    using System.IO;
7    using static System.Console;//导入静态类
8
9    namespace ch07_02
10   {
11       class Program
12       {
13           static void Main(string[] args)
14           {
15               int[,] arr=new int[5,5];//声明矩阵 arr
16               int i, j, tmpi, tmpj;
17               int[,] data = { { 1, 2 }, { 2, 1 }, { 2, 3 },
18                               { 2, 4 }, { 4, 3 } }; //图各边的起点值和终点值
19           for (i=0;i<5;i++) //把矩阵清为 0
20             for (j=0;j<5;j++)
21               arr[i,j]=0;
22           for (i=0;i<5;i++)  //读取图数据
23             for (j=0;j<5;j++) //填入 arr 矩阵
24           {
25                   tmpi=data[i,0]; //tmpi 为起始顶点
26               tmpj=data[i,1]; //tmpj 为终止顶点
27               arr[tmpi,tmpj]=1; //有边的点填入 1
28           }
```

```
29              Write("有向图矩阵：\n");
30              for (i = 1; i < 5; i++)
31              {
32                  for (j = 1; j < 5; j++)
33                      Write("[" + arr[i,j] + "] "); //打印矩阵内容
34                  WriteLine();
35              }
36              ReadKey();
37          }
38      }
39  }
```

范例程序的执行结果如图 7-23 所示。

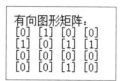

图 7-23

7.2.2 邻接链表法

前面所介绍的邻接矩阵法，优点是借着矩阵的运算，有许多特别的应用。要在图中加入新边时，这个表示法的插入与删除操作相当简易。不过要考虑到稀疏矩阵空间浪费的问题，另外如果要计算所有顶点的度数时，其时间复杂度为 $O(n^2)$。因此，可以考虑更有效的方法，就是邻接链表法（Adjacency List）。

邻接链表法就是将一个 n 行的邻接矩阵表示成 n 个链表。这种做法比邻接矩阵节省空间，如计算所有顶点的度数时，其时间复杂度为 $O(n+e)$。缺点是如有新边加入图中或从图中删除边时，就要修改相关的链接。

首先将图的 n 个顶点作为 n 个链表头，每个链表中的节点表示它们和链表头节点之间有边相连。

用 C#语言编写的节点声明如下：

```
class Node
{
    int x;
    Node next;
    public Node(int x)
    {
        this.x=x;
        this.next=null;
    }
}
```

在无向图中，因为对称的关系，若有 n 个顶点和 m 个边，则形成 n 个链表头及 2m 个节点；若在有向图中，则有 n 个链表头及 m 个顶点。因此，在邻接链表中，求所有顶点度数所需的时间复杂度为 O(n+m)。现在分别讨论图 7-24 中所示的两个范例，看看如何使用邻接链表来表示。

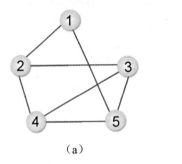　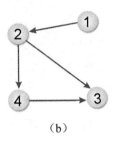

（a）　　　　　　　　　　　　　　　　　　　　　　（b）

图 7-24

首先来看图 7-24 (a)，5 个顶点使用 5 个链表头，V_1 链表代表顶点 1，与顶点 1 相邻的顶点有 2 和 5，依此类推，如图 7-25 所示。

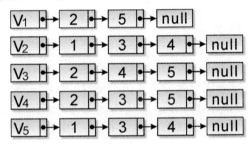

图 7-25

```
范例程序：ch07_03.sln

1    using System;
2    using System.Collections.Generic;
3    using System.Linq;
4    using System.Text;
5    using System.Threading.Tasks;
6    using System.IO;
7    using static System.Console;//导入静态类
8
9    namespace ch07_03
10   {
11       class Node
12       {
13           public int x;
14           public Node next;
15           public Node(int x)
```

```
16              {
17                  this.x = x;
18                  this.next = null;
19              }
20          }
21      class GraphLink
22      {
23          public Node first;
24          public Node last;
25          public bool isEmpty()
26          {
27              return first == null;
28          }
29          public void Print()
30          {
31              Node current = first;
32              while (current != null)
33              {
34                  Write("[" + current.x + "]");
35                  current = current.next;
36
37              }
38              WriteLine();
39          }
40          public void Insert(int x)
41          {
42              Node newNode = new Node(x);
43              if (this.isEmpty())
44              {
45                  first = newNode;
46                  last = newNode;
47              }
48              else
49              {
50                  last.next = newNode;
51                  last = newNode;
52              }
53          }
54      }
55      class Program
56      {
57          static void Main(string[] args)
58          {
```

```
59          int[,] Data = //图数组声明
60          { {1,2},{2,1},{1,5},{5,1},{2,3},{3,2},{2,4},
61            {4,2},{3,4},{4,3},{3,5},{5,3},{4,5},{5,4} };
62        int DataNum;
63          int i, j;
64          WriteLine("图(a)的邻接链表内容: ");
65          GraphLink[] Head = new GraphLink[6];
66        for (i=1 ; i<6 ; i++ )
67        {
68          Head[i]=new GraphLink();
69            Write("顶点"+i+"=>");
70          for(j=0 ; j<14 ;j++)
71          {
72              if(Data[j,0]==i)
73          {
74            DataNum = Data[j,1];
75            Head[i].Insert(DataNum);
76                  }
77              }
78              Head[i].Print();
79        }
80          ReadKey();
81        }
82      }
83    }
```

范例程序的执行结果如图 7-26 所示。

再来看有向图 7-24（b）的情况。如图 7-27 所示，4 个顶点使用 4 个链表头，V^1 链表代表顶点 1，与顶点 1 相邻的顶点有 2，依此类推，如图 7-28 所示。

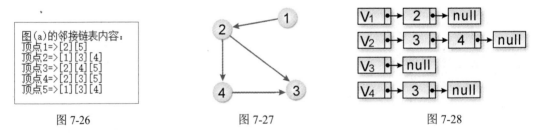

图 7-26   图 7-27   图 7-28

上例为邻接链表有向图和无向图的表示，读者可以清楚地知道邻接矩阵及邻接链表的区别。

表 7-1 是有关邻接矩阵法和邻接链表法来表示图的优缺点。

表 7-1　邻接矩阵法和邻接链表法来表示图的优缺点

优缺点 表示法	优点	缺点
邻接矩阵法	① 实现简单 ② 计算度相当方便 ③ 要在图中加入新边时，这个表示法的插入与删除相当简易	① 如果顶点与顶点间的路径不多时，易造成稀疏矩阵而浪费内存空间 ② 计算所有顶点的度数时，其时间复杂度为 $O(n^2)$
邻接链表法	① 比较节省空间 ② 计算所有顶点的度时，其时间复杂度为 $O(n+e)$，比邻接矩阵法快	① 要求解入度时，必须先求其反转表 ② 图新边的加入或删除则要改动相关的表链接，比较麻烦

7.2.3　邻接复合链表法

上面介绍的两个图的表示法都是从图的顶点出发，如果要处理的是"边"，则必须使用邻接复合链表法（邻接多叉链表法）。邻接复合链表法是处理无向图的另一种方法。邻接复合链表法的节点用于存储边的数据，其结构如下：

M	V_1	V_2	LINK1	LINK2
记录单元	边起点	边终点	起点指针	终点指针

其中相关特性说明如下。

- M: 是记录该边是否被找过的字段，此字段为一个位（比特）。
- V_1 和 V_2: 是所记录的边的起点与终点。
- LINK1: 在尚有其他顶点与 V_1 相连的情况下，此字段会指向下一个与 V_1 相连的边节点。如果已经没有任何顶点与 V_1 相连，则指向 Null。
- LINK2: 在尚有其他顶点与 V_2 相连的情况下，此字段会指向下一个与 V_2 相连的边节点。如果已经没有任何顶点与 V_2 相连，则指向 Null。

假设有三条边(1, 2)(1, 3)(2, 4)，那么边(1, 2)表示法如图 7-29 所示。

我们现在以邻接复合链表法来表示图 7-30 所示的无向图。

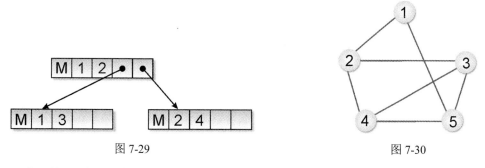

图 7-29　　　　　　　　　　　　　　　　图 7-30

分别找出顶点和边的节点，生成的邻接复合链接表如图 7-31 所示。

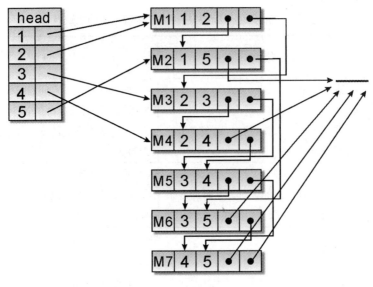

图 7-31

范例 **7.2.4** 试求出图 7-32 所示的邻接复合链表的表示法。

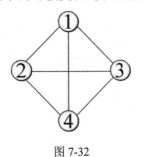

图 7-32

解答 邻接复合链表的表示法如图 7-33 所示。

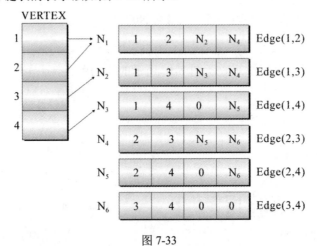

图 7-33

从图 7-33，我们可以得知：

- 顶点 1(V_1): $N_1 \rightarrow N_2 \rightarrow N_3$;
- 顶点 2(V_2): $N_1 \rightarrow N_4 \rightarrow N_5$;
- 顶点 3(V_3): $N_2 \rightarrow N_4 \rightarrow N_6$;
- 顶点 4(V_4): $N_3 \rightarrow N_5 \rightarrow N_6$。

7.2.4 索引表格法

索引表格表示法是一种用一维数组来按序存储与各顶点相邻的所有顶点,并建立索引表格记录各顶点在此一维数组中第一个与该顶点相邻的位置。我们将以图 7-34 来说明索引表格法。

索引表格法的表示形式如图 7-35 所示。

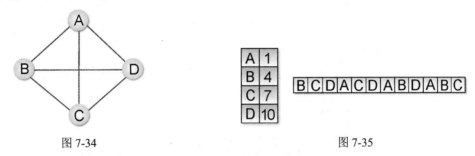

图 7-34 图 7-35

范例 ▶ **7.2.5** 图 7-36 为欧拉七桥问题的示意图,A、B、C、D 为 4 个岛,1、2、3、4、5、6、7 为七座桥,现在以不同的数据结构描述此图,试说明三种不同的表示法。

解答 ▶ 根据多重图的定义,欧拉七桥问题是一种多重图(Multigraph),它并不是图论中定义的图。如果要以不同的表示法来实现图的数据结构,必须先将上述的多重图分解成如图 7-37 所示的两个图。

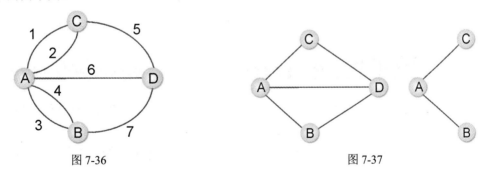

图 7-36 图 7-37

下面我们以邻接矩阵、邻接链表和索引表格法来说明。

❧ 邻接矩阵(Adjacency Matrix)

令图形 G = (V, E)共有 n 个顶点,我们以 n*n 的二维矩阵来表示点与点之间是否相邻,如图 7-38 所示。其中:

- $a_{ij} = 0$ 表示顶点 i 和 j 顶点没有相邻的边;
- $a_{ij} = 1$ 表示顶点 i 和 j 顶点有相邻的边。

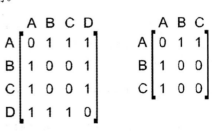

图 7-38

■ 邻接链表法（Adjacency List）

参考图 7-39 和图 7-40。

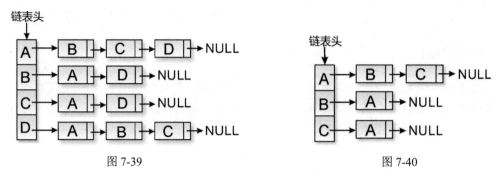

图 7-39   图 7-40

■ 索引表格法（Indexed Table）

以一个一维数组按序存储与各顶点相邻的所有顶点，并建立索引表格来记录各顶点在此一维数组中第一个与该顶点相邻的位置，如图 7-41 所示。

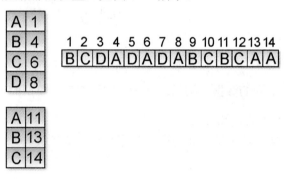

图 7-41

7.3 图的遍历

树的遍历目的是访问树的每一个节点一次，可用的方法有中序法、前序法和后序法三种。对于图的遍历，可以定义如下：

一个图 $G = (V, E)$，存在某一顶点 $v \in V$，我们希望从 v 开始，通过此节点相邻的节点而去访问图 G 中的其他节点，这就被称为"图的遍历"。

也就是从某一个顶点 V_1 开始，遍历可以经过 V_1 到达的顶点，接着遍历下一个顶点直到全部的顶点遍历完毕为止。在遍历的过程中，可能会重复经过某些顶点和边。通过图的遍历可以判断该图是否连通，并找出连通分支和路径。图遍历的方法有两种："深度优先遍历"和"广度优先遍历"，也称为"深度优先搜索"和"广度优先搜索"。

7.3.1 深度优先法

深度优先遍历的方式有点类似于前序遍历，是从图的某一顶点开始遍历，被访问过的顶点就做上已访问的记号，接着遍历此顶点的所有相邻且未访问过的顶点中的任意一个顶点，并做上已访问的记号，再以该点为新的起点继续进行深度优先的搜索。

　　这种图的遍历方法结合了递归和堆栈两种数据结构的技巧，由于此方法会造成无限循环，所以必须加入一个变量，判断该点是否已经遍历完毕。下面我们以图 7-42 为例来看看这个方法的遍历过程。

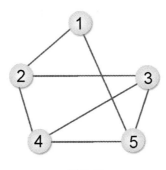

图 7-42

步骤 01　以顶点 1 为起点，将相邻的顶点 2 和顶点 5 压入堆栈。

步骤 02　弹出顶点 2，将与顶点 2 相邻且未访问过的顶点 3 和顶点 4 压入堆栈。

步骤 03　弹出顶点 3，将与顶点 3 相邻且未访问过的顶点 4 和顶点 5 压入堆栈。

步骤 04　弹出顶点 4，将与顶点 4 相邻且未访问过的顶点 5 压入堆栈。

步骤 05　弹出顶点 5，将与顶点 5 相邻且未访问过的顶点压入堆栈，大家可以发现与顶点 5 相邻的顶点全部被访问过了，所以无须再压入堆栈。

步骤 06　将堆栈内的值弹出并判断是否已经遍历过了，直到堆栈内无节点可遍历为止。

深度优先的遍历顺序为顶点 1、顶点 2、顶点 3、顶点 4、顶点 5。

【范例程序：ch07_04.sln】

```csharp
1    using System;
2    using System.Collections.Generic;
3    using System.Linq;
4    using System.Text;
5    using System.Threading.Tasks;
6    using System.IO;
7    using static System.Console;//导入静态类
8
9    namespace ch07_04
10   {
11       class Node
12       {
13           public int x;
14           public Node next;
15           public Node(int x)
16           {
17               this.x = x;
18               this.next = null;
19           }
20       }
21       class GraphLink
22       {
23           public Node first;
24           public Node last;
25           public bool IsEmpty()
26           {
27               return first == null;
28           }
29           public void Print()
30           {
31               Node current = first;
32               while (current != null)
33               {
34                   Write("[" + current.x + "]");
35                   current = current.next;
36
37               }
38               WriteLine();
39           }
40           public void Insert(int x)
41           {
```

```
42              Node newNode = new Node(x);
43              if (this.IsEmpty())
44              {
45                  first = newNode;
46                  last = newNode;
47              }
48              else
49              {
50                  last.next = newNode;
51                  last = newNode;
52              }
53          }
54      }
55      class Program
56      {
57          public static int[] run = new int[9];
58          public static GraphLink[] Head = new GraphLink[9];
59          public static void Dfs(int current)   //深度优先遍历子程序
60          {
61              run[current] = 1;
62              Write("[" + current + "]");
63
64              while ((Head[current].first) != null)
65              {
66                  if (run[Head[current].first.x] == 0)
                //如果顶点尚未遍历，就进行 dfs 的递归调用
67                      Dfs(Head[current].first.x);
68                  Head[current].first = Head[current].first.next;
69              }
70          }
71          static void Main(string[] args)
72          {
73              int[,] Data = //图边线数组声明
74                          { {1,2},{2,1},{1,3},{3,1},{2,4},
75                            {4,2},{2,5},{5,2},{3,6},{6,3},
76                            {3,7},{7,3},{4,5},{5,4},{6,7},
77                            {7,6},{5,8},{8,5},{6,8},{8,6} };
78          int DataNum;
79              int i, j;
80              WriteLine("图的邻接链表内容：");  //打印图的邻接链表内容
81          for (i=1 ; i<9 ; i++ )  //共有 8 个顶点
82          {
83              run[i]=0;  //设置所有顶点为尚未遍历过
```

```
84              Head[i]=new GraphLink();
85                  Write("顶点"+i+"=>");
86          for(j=0 ; j<20 ;j++)   //20 条边线
87          {
88              if(Data[j,0]==i)   //如果起点和链表头相等，就把顶点加入列表
89                  {
90                  DataNum = Data[j,1];
91              Head[i].Insert(DataNum);
92                      }
93                  }
94              Head[i].Print();   //打印图的邻接列表内容
95          }
96          WriteLine("深度优先遍历顶点：");   //打印深度优先遍历的顶点
97          Dfs(1);
98          WriteLine();
99          ReadKey();
100         }
101     }
102 }
```

范例程序的执行结果如图 7-43 所示。

```
图的邻接链表内容：
顶点1=>[2][3]
顶点2=>[1][4][5]
顶点3=>[1][6][7]
顶点4=>[2][5]
顶点5=>[2][4][8]
顶点6=>[3][7][8]
顶点7=>[3][6]
顶点8=>[5][6]
深度优先遍历顶点：
[1][2][4][5][8][6][3][7]
```

图 7-43

7.3.2 广度优先查找法

之前所谈到的深度优先遍历是利用堆栈和递归的技巧来遍历图，而广度优先（Breadth-First Search，BFS）遍历法则是使用队列和递归技巧来遍历，也是从图的某一顶点开始遍历，被访问过的顶点就做上已访问的记号，接着遍历此顶点的所有相邻且未访问过的顶点中的任意一个顶点，并做上已访问的记号，再以该点为新的起点继续进行广度优先的遍历。下面我们以图 7-44 为例来看看广度优先的遍历过程。

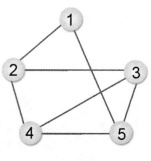

图 7-44

步骤01 以顶点 1 为起点，将与顶点 1 相邻且未访问过的顶点 2 和顶点 5 加入队列。

步骤02 取出顶点 2，将与顶点 2 相邻且未访问过的顶点 3 和顶点 4 加入队列。

步骤03 取出顶点 5，将与顶点 5 相邻且未访问过的顶点 3 和顶点 4 加入队列。

步骤04 取出顶点 3，将与顶点 3 相邻且未访问过的顶点 4 加入队列。

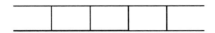

步骤05 取出顶点 4，将与顶点 4 相邻且未访问过的顶点加入队列中，大家可以发现与顶点 4 相邻的顶点全部被访问过了，所以无须再加入队列中。

```
③ ④ ② ④
```

步骤06 将队列内的值取出并判断是否已经遍历过了，直到队列内无节点可遍历为止。

```
          
```

广度优先的遍历顺序为顶点 1、顶点 2、顶点 5、顶点 3、顶点 4。

广度优先程序的编写与深度优先程序的编写类似，需注意它们使用技巧的不同，广度优先必须使用队列。

范例程序：ch07_05.sln

```
1   using System;
2   using System.Collections.Generic;
3   using System.Linq;
4   using System.Text;
5   using System.Threading.Tasks;
6   using System.IO;
7   using static System.Console;//导入静态类
8
9   namespace ch07_05
10  {
11      class Node
12      {
13          public int x;
14          public Node next;
15          public Node(int x)
```

```
16          {
17              this.x = x;
18              this.next = null;
19          }
20      }
21  class GraphLink
22  {
23      public Node first;
24      public Node last;
25      public bool IsEmpty()
26      {
27          return first == null;
28      }
29      public void Print()
30      {
31          Node current = first;
32          while (current != null)
33          {
34              Write("[" + current.x + "]");
35              current = current.next;
36          }
37          WriteLine();
38      }
39      public void Insert(int x)
40      {
41          Node newNode = new Node(x);
42          if (this.IsEmpty())
43          {
44              first = newNode;
45              last = newNode;
46          }
47          else
48          {
49              last.next = newNode;
50              last = newNode;
51          }
52      }
53  }
54  class Program
55  {
56      public static int[] run = new int[9];//用来记录各顶点是否遍历过
57      public static GraphLink[] Head = new GraphLink[9];
58      public const int MAXSIZE = 10; //定义队列的最大容量
```

```
59          static int[] queue = new int[MAXSIZE];//队列数组的声明
60          static int front = -1; //指向队列的前端
61          static int rear = -1;  //指向队列的后端
62          //队列数据的存入
63          public static void Enqueue(int value)
64          {
65              if (rear >= MAXSIZE) return;
66              rear++;
67              queue[rear] = value;
68          }
69          //队列数据的取出
70          public static int Dequeue()
71          {
72              if (front == rear) return -1;
73              front++;
74              return queue[front];
75          }
76          //广度优先查找法
77          public static void Bfs(int current)
78          {
79              Node tempnode; //临时的节点指针
80              Enqueue(current); //将第一个顶点存入队列
81              run[current] = 1; //将遍历过的顶点设置为1
82              Write("[" + current + "]"); //打印输出当前遍历过的顶点
83              while (front != rear)
84              { //判断当前是否为空队列
85                  current = Dequeue(); //将顶点从队列中取出
86                  tempnode = Head[current].first; //先记录当前顶点的位置
87                  while (tempnode != null)
88                  {
89                      if (run[tempnode.x] == 0)
90                      {
91                          Enqueue(tempnode.x);
92                          run[tempnode.x] = 1; //记录已遍历过
93                          Write("[" + tempnode.x + "]");
94                      }
95                      tempnode = tempnode.next;
96                  }
97              }
98          }
99          static void Main(string[] args)
100         {
101             int[,] Data =  //图边线数组的声明
```

```
102                    { {1,2},{2,1},{1,3},{3,1},{2,4},{4,2},{2,5},{5,2},
                         {3,6},{6,3},{3,7},{7,3},{4,5},{5,4},{6,7},{7,6},
                         {5,8},{8,5},{6,8},{8,6} };
103            int DataNum;
104            int i, j;
105            WriteLine("图的邻接链表内容: "); //打印图的邻接链表内容
106            for(i=1 ; i<9 ; i++ ) { //共有 8 个顶点
107            run[i]=0; //设置所有顶点为尚未遍历过
108            Head[i]=new GraphLink();
109                Write("顶点"+i+"=>");
110            for(j=0 ; j<20 ;j++) {
111                if(Data[j,0]==i) { //如果起点和链表头相等，则把顶点加入链表
112                    DataNum = Data[j,1];
113                    Head[i].Insert(DataNum);
114                    }
115                }
116            Head[i].Print(); //打印输出图的邻接链表内容
117            }
118            WriteLine("广度优先遍历顶点: ");    //打印广度优先遍历的顶点
119            Bfs(1);
120            WriteLine();
121            ReadKey();
122        }
123    }
124 }
```

范例程序的执行结果如图 7-45 所示。

```
图的邻接链表内容:
顶点1=>[2][3]
顶点2=>[1][4][5]
顶点3=>[1][6][7]
顶点4=>[2][5]
顶点5=>[2][4][8]
顶点6=>[3][7][8]
顶点7=>[3][6]
顶点8=>[5][6]
广度优先遍历顶点:
[1][2][3][4][5][6][7][8]
```

图 7-45

7.4 生成树

生成树又称"花费树""成本树"或"值树"，一个图的生成树（Spanning Tree）就是以最少的边来连通图中所有的顶点，且不造成回路（Cycle）的树形结构。简单地说，当一个图连通时，使用深度优先搜索（DFS）或广度优先搜索（BFS）必能访问图中所有的顶点，且

G = (V, E)的所有边可分成两个集合：T 和 B（T 为搜索时所经过的所有边，B 为其余未被经过的边）。if S = (V, T)为 G 中的生成树（Spanning Tree），具有以下三项性质：

（1）E = T + B；

（2）加入 B 中的任一边到 S 中，会产生回路（Cycle）；

（3）V 中的任何两个顶点 V_i、V_j，在 S 中存在唯一的一条简单路径。

例如以下则是图 G 与它的三棵生成树，如图 7-46 所示。

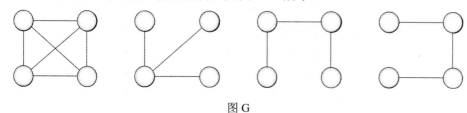

图 G

图 7-46

一棵生成树也可以利用深度优先搜索法（DFS）与广度优先搜索法（BFS）来产生，所得到的生成树称为深度优先生成树（DFS 生成树）或广度优先生成树（BFS 生成树）。现在来练习，求出图 7-47 所示的 DFS 生成树和 BFS 生成树。

按照生成树的定义，可以得到下列几棵生成树，如图 7-48 所示。

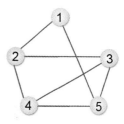

图 7-47

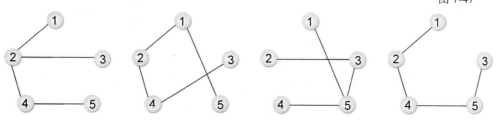

图 7-48

从图 7-48 可以得知，一个图通常具有不只一棵生成树。上图的深度优先生成树为①②③④⑤，如图 7-49（a）；广度优先生成树为①②⑤③④，如图 7-49（b）。

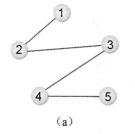

（a）   （b）

图 7-49

7.5　最小生成树

　　假设在树的边加上一个权重（Weight）值，这种图就称为"加权图（Weighted Graph）"。如果这个权重值代表两个顶点之间的距离（Distance）或成本（Cost），那么这类图被称为网络（Network），如图 7-50 所示。

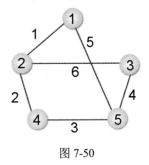

图 7-50

　　想知道从某个点到另一个点之间的路径成本，如果从顶点 1 到顶点 5 有(1+2+3)、(1+6+4)和 5 三条路径成本，而"最小成本生成树（Minimum Cost Spanning Tree）"就是路径成本为 5 的生成树，如图 7-51 中最右边的图。

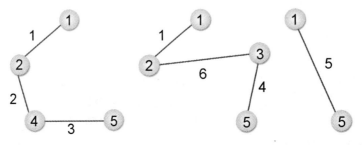

图 7-51

　　一个加权图形中如何找到最小成本生成树是相当重要的，因为许多工作都可以用图来表示，例如从北京到上海的距离或花费等。接着将介绍以 "贪婪法则"（Greedy Rule）为基础，求得一个无向连通图的最小生成树，常见的方法分别是 Prim 算法和 Kruskal 算法。

7.5.1　Prim 算法

　　Prim 算法又称 P 氏法，对一个加权图形 G=(V, E)，设 V={1, 2, …… n}。假设 U={1}，也就是说，U 及 V 是两个顶点的集合，然后从 U-V 差集所产生的集合中找出一个顶点 x，该顶点 x 能与 U 集合中的某点形成最小成本的边且不会造成回路，最后将顶点 x 加入 U 集合中，反复执行同样的步骤，一直到 U 集合等于 V 集合（即 U=V）为止。

　　接下来，我们将实际利用 P 氏法求出如图 7-52 所示的最小成本生成树。

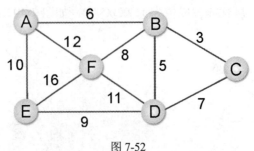

图 7-52

步骤 **01** V=ABCDEF，U=A，从 V-U 中找一个与 U 路径最短的顶点，如图 7-53 所示。

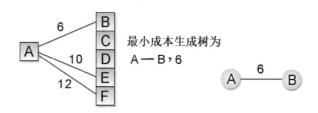

图 7-53

步骤 02 把 B 加入 U，在 V-U 中找一个与 U 路径最短的顶点，如图 7-54 所示。

步骤 03 把 C 加入 U，在 V-U 中找一个与 U 路径最短的顶点，如图 7-55 所示。

图 7-54   图 7-55

步骤 04 把 D 加入 U，在 V-U 中找一个与 U 路径最短的顶点，如图 7-56 所示。

步骤 05 把 F 加入 U，在 V-U 中找一个与 U 路径最短的顶点，如图 7-57 所示。

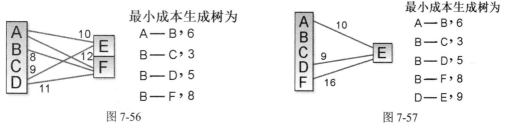

图 7-56   图 7-57

步骤 06 最后可得到最小成本生成树如图 7-58 所示，{A—B，6}{B—C，3}{B—D，5}{B—F，8}{D—E，9}。

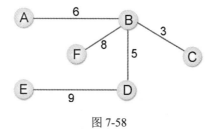

图 7-58

7.5.2 Kruskal 算法

Kruskal 算法又称 K 氏法，是将各边按权值大小从小到大排列，接着从权值最低的边开始建立最小成本生成树，如果加入的边会造成回路，则舍弃不用，直到加入了 n-1 个边为止。这个方法看起来似乎不难，我们直接来看看如何以 K 氏法得到图 7-59 所示例图对应的最小成本生成树。

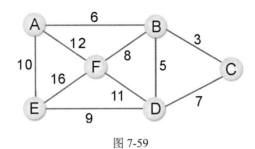

图 7-59

步骤 01 把所有边的成本列出，并从小到大排序，如图表 7-2 所示。

表 7-2 所有边的成本

起始顶点	终止顶点	成本
B	C	3
B	D	5
A	B	6
C	D	7
B	F	8
D	E	9
A	E	10
D	F	11
A	F	12
E	F	16

步骤 02 选择成本最低的一条边作为建立最小成本生成树的起点，如图 7-60 所示。

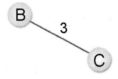

图 7-60

步骤 03 按步骤 1 所建立的表格，按序加入边，如图 7-61 所示。

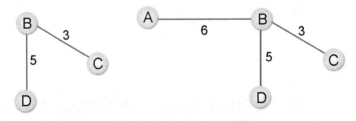

图 7-61

步骤 04 因为 C—D 加入会形成回路，所以直接跳过，如图 7-62 所示。

步骤 05 完成图如图 7-63 所示。

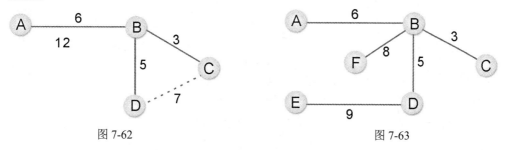

图 7-62   图 7-63

对于这个范例的程序，我们可以用最简单的数组结构来表示。先以一个二维数组存储并排列 K 氏法的成本表，接着按序把成本表加入另一个二维数组并判断是否会造成回路。

选择成本最低的一条边作为架构最小成本生成树的起点。

```
范例程序：ch07_06.sln
1    using System;
2    using System.Collections.Generic;
3    using System.Linq;
4    using System.Text;
5    using System.Threading.Tasks;
6    using System.IO;
7    using static System.Console;//导入静态类
8
9    namespace ch07_06
10   {
11       class Node
12       {
13           const int MaxLength = 20; // 定义链表的最大长度
14           public int[] from = new int[MaxLength];
15           public int[] to = new int[MaxLength];
16           public int[] find = new int[MaxLength];
17           public int[] val = new int[MaxLength];
18           public int[] Next = new int[MaxLength];// 链表的下一个节点位置
19
20           public Node()      // Node 构造函数
21           {
22               for (int i = 0; i < MaxLength; i++)
23                   Next[i] = -2;   // -2 表示未用节点
24           }
25
26           // -------------------------------------------------
27           // 查找可用节点的位置
28           // -------------------------------------------------
```

```
29        public int FindFree()
30        {
31            int i;
32
33            for (i = 0; i < MaxLength; i++)
34                if (Next[i] == -2)
35                    break;
36            return i;
37        }
38
39        // ----------------------------------------------------
40        // 建立链表
41        // ----------------------------------------------------
42        public void Create(int Header, int FreeNode, int DataNum, int
                          fromNum, int toNum, int findNum)
43        {
44            int Pointer;          // 现在的节点位置
45
46            if (Header == FreeNode) // 新的链表
47            {
48                val[Header] = DataNum;  // 设置数据编号
49                from[Header] = fromNum;
50                find[Header] = findNum;
51                to[Header] = toNum;
52                Next[Header] = -1;  // 将下个节点的位置，-1 表示空节点
53            }
54            else
55            {
56                Pointer = Header;    // 现在的节点为头节点
57                val[FreeNode] = DataNum;// 设置数据编号
58                from[FreeNode] = fromNum;
59                find[FreeNode] = findNum;
60                to[FreeNode] = toNum;
61                // 设置数据名称
62                Next[FreeNode] = -1; // 将下一个节点的位置设置为-1，表示空节点
63                                     // 寻找链表的尾端
64                while (Next[Pointer] != -1)
65                    Pointer = Next[Pointer];
66
67                // 将新节点串连在原链表的尾端
68                Next[Pointer] = FreeNode;
69            }
70        }
```

```
71
72          // --------------------------------------------------------
73          // 打印输出链表的数据
74          // --------------------------------------------------------
75          public void PrintList(int Header)
76          {
77              int Pointer;
78              Pointer = Header;
79              while (Pointer != -1)
80              {
81                  Write("起始顶点[" + from[Pointer] + "]  终止顶点[");
82                  Write(to[Pointer] + "]  路径长度[" + val[Pointer] + "]");
83                  WriteLine();
84                  Pointer = Next[Pointer];
85              }
86          }
87      }
88      class Program
89      {
90          public static int VERTS = 6;
91          public static int[] v = new int[VERTS + 1];
92          public static Node NewList = new Node();
93          public static int Findmincost()
94          {
95              int minval = 100;
96              int retptr = 0;
97              int a = 0;
98              while (NewList.Next[a] != -1)
99              {
100                 if (NewList.val[a] < minval && NewList.find[a] == 0)
101                 {
102                     minval = NewList.val[a];
103                     retptr = a;
104                 }
105                 a++;
106             }
107             NewList.find[retptr] = 1;
108             return retptr;
109         }
110         public static void Mintree()
111         {
112             int i, result = 0;
```

```
113             int mceptr;
114             int a = 0;
115             for (i = 0; i <= VERTS; i++)
116                 v[i] = 0;
117             while (NewList.Next[a] != -1)
118             {
119                 mceptr = Findmincost();
120                 v[NewList.from[mceptr]]++;
121                 v[NewList.to[mceptr]]++;
122                 if (v[NewList.from[mceptr]] > 1 && v[NewList.to[mceptr]] > 1)
123                 {
124                     v[NewList.from[mceptr]]--;
125                     v[NewList.to[mceptr]]--;
126                     result = 1;
127                 }
128                 else
129                     result = 0;
130                 if (result == 0)
131                 {
132                     Write("起始顶点[" + NewList.from[mceptr] + "]  终止顶点[");
133                     Write(NewList.to[mceptr] + "]  路径长度[" +
                                            NewList.val[mceptr] + "]");
134                     WriteLine();
135                 }
136                 a++;
137             }
138         }
139     static void Main(string[] args)
140     {
141         int[,] Data =              /*图数组的声明*/
142         { {1,2,6},{1,6,12},{1,5,10},{2,3,3},{2,4,5},
143           {2,6,8},{3,4,7},{4,6,11},{4,5,9},{5,6,16} };
144     int DataNum;
145         int fromNum;
146         int toNum;
147         int findNum;
148         int Header = 0;
149         int FreeNode;
150         int i, j;
151         WriteLine("建立图的链表：");
152         /*打印图的邻接链表内容*/
153     for (i=0 ; i<10 ; i++ )
```

```
154              {
155                   for(j=1 ; j<=VERTS ;j++)
156          {
157            if(Data[i,0]==j)
158             {
159                 fromNum = Data[i,0];
160          toNum = Data[i,1];
161          DataNum = Data[i,2];
162          findNum=0;
163          FreeNode = NewList.FindFree();
164          NewList.Create(Header, FreeNode, DataNum, fromNum, toNum, findNum);
165              }
166                 }
167               }
168          NewList.PrintList(Header);
169            WriteLine("建立最小成本生成树");
170            Mintree();
171            ReadKey();
172          }
173        }
174     }
```

范例程序的执行结果如图 7-64 所示。

```
建立图的链表:
起始顶点[1]    终止顶点[2]    路径长度[6]
起始顶点[1]    终止顶点[6]    路径长度[12]
起始顶点[1]    终止顶点[5]    路径长度[10]
起始顶点[2]    终止顶点[3]    路径长度[3]
起始顶点[2]    终止顶点[4]    路径长度[5]
起始顶点[2]    终止顶点[6]    路径长度[8]
起始顶点[3]    终止顶点[4]    路径长度[7]
起始顶点[4]    终止顶点[6]    路径长度[11]
起始顶点[4]    终止顶点[5]    路径长度[9]
起始顶点[5]    终止顶点[6]    路径长度[16]
建立最小成本生成树
起始顶点[2]    终止顶点[3]    路径长度[3]
起始顶点[2]    终止顶点[4]    路径长度[5]
起始顶点[1]    终止顶点[2]    路径长度[6]
起始顶点[2]    终止顶点[6]    路径长度[8]
起始顶点[4]    终止顶点[5]    路径长度[9]
```

图 7-64

7.6　图的最短路径

在一个有向图 G = (V, E)中，它的每一条边都有一个比例常数 W（Weight）与之对应，如果想求图 G 中某一个顶点 V0 到其他顶点的最少 W 总和，那么这类问题就称为最短路径问题（The Shortest Path Problem）。由于交通运输工具和通信工具的便利与普及，因此两地之间发生货物运送或进行信息传递时，最短路径（Shortest Path）的问题随时都可能会因应需求而产生，简单来说，就是找出两个端点之间可通行的快捷方式。

上节中介绍的最小成本生成树（MST，最小花费生成树）就是计算连通网络中每一个顶点所需的最少花费，但连通树中任意两顶点的路径不一定就是一条花费最少的路径，这也是本节研究最短路径问题的主要理由。一般讨论的方向有以下两种：

（1）单点对全部顶点（Single Source All Destination）。

（2）所有顶点对两两之间的最短距离（All Pairs Shortest Path）。

7.6.1　单点对全部顶点——Dijkstra 算法与 A* 算法

一个顶点到多个顶点的最短路径通常使用 Dijkstra 算法求得。Dijkstra 的算法如下：

假设 $S = \{V_i \mid V_i \in V\}$，且 V_i 在已发现的最短路径中，其中 $V_0 \in S$ 是起点。

假设 $w \notin S$，定义 Dist(w)是从 V_0 到 w 的最短路径，这条路径除了 w 外必属于 S，且有以下几点特性。

（1）如果 u 是当前所找到最短路径的下一个节点，那么 u 必属于 V-S 集合中最小成本的边。

（2）若 u 被选中，将 u 加入 S 集合中，则会产生当前的从 V_0 到 u 的最短路径。对于 $w \notin S$，DIST(w) 被改变成 DIST(w) ← Min{DIST(w), DIST(u) + COST(u, w)}。

从上述的算法中，可以推演出如下步骤。

步骤 01

```
G = (V, E)
D[k] = A[F, k]其中 k 从 1 到 N
S = {F}
V = {1, 2, …… N}
```

- D 为一个 N 维数组，用来存放某一顶点到其他顶点的最短距离。
- F 表示起始顶点。
- A[F, I] 为顶点 F 到 I 的距离。
- V 是网络中所有顶点的集合。
- E 是网络中所有边的组合。
- S 也是顶点的集合，其初始值是 S = {F}。

步骤 02 从 V-S 集合中找到一个顶点 x，使 D(x)的值为最小值，并把 x 放入 S 集合中。

步骤 03 按下列公式

$$D[I] = \min(D[I], D[x] + A[x, I])$$

其中 $(x, I) \in E$ 用来调整 D 数组的值；　I 是指 x 的相邻各顶点。

步骤 04 重复执行步骤 2 ，一直到 V-S 是空集合为止。

现在来看一个例子，在图 7-65 中找出顶点 5 到各顶点之间的最短路径。

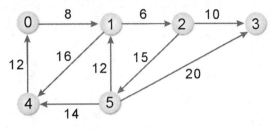

图 7-65

首先从顶点 5 开始，找出顶点 5 到各顶点之间最小的距离，到达不了的以∞ 表示。步骤如下：

步骤 01 D[0] = ∞，D[1]=12，D[2] = ∞，D[3] = 20，D[4] = 14。在其中找出值最小的顶点并加入 S 集合中：D[1]。

步骤 02 D[0] = ∞，D[1] = 12，D[2] = 18，D[3] = 20，D[4] = 14。D[4]最小，加入 S 集合中。

步骤 03 D[0] = 26，D[1] = 12，D[2] = 18，D[3] = 20，D[4] = 14。D[2]最小，加入 S 集合中。

步骤 04 D[0] = 26，D[1]=12，D[2] = 18，D[3] = 20，D[4] = 14。D[3]最小，加入 S 集合中。

步骤 05 加入最后一个顶点即可到表 7-3.

表 7-3　加入最后一个顶点后

步骤	S	0	1	2	3	4	5	选择
1	5	∞	12	∞	20	14	0	1
2	5, 1	∞	12	18	20	14	0	4
3	5, 1, 4	26	12	18	20	14	0	2
4	5, 1, 4, 2	26	12	18	20	14	0	3
5	5, 1, 4, 2, 3	26	12	18	20	14	0	0

从顶点 5 到其他各顶点的最短距离为：

- 顶点 5-顶点 0：26;
- 顶点 5-顶点 1：12;
- 顶点 5-顶点 2：18;
- 顶点 5-顶点 3：20;
- 顶点 5-顶点 4：14。

范例 7.6.1　请设计一个 C# 程序，以 Dijkstra 算法来求取下面图结构中顶点 1 对全部图的顶点之间的最短路径。图结构的成本数组如下：

```
int[,] Weight_Path = { {1, 2, 10},{2, 3, 20},
            {2, 4, 25},{3, 5, 18},
            {4, 5, 22},{4, 6, 95},{5, 6, 77} };
```

范例程序：ch07_07.sln

```
1    using System;
2    using System.Collections.Generic;
3    using System.Linq;
4    using System.Text;
5    using System.Threading.Tasks;
6    using System.IO;
7    using static System.Console;//导入静态类
8
9    namespace ch07_07
10   {
11       // 图的邻接矩阵类的声明
12       class Adjacency
13       {
14           public static int INFINITE = 99999;
15           public int[,] Graph_Matrix;
16           // 构造函数
17           public Adjacency(int[,] Weight_Path, int number)
18           {
19               int i, j;
20               int Start_Point, End_Point;
21               Graph_Matrix = new int[number,number];
22               for (i = 1; i < number; i++)
23                   for (j = 1; j < number; j++)
24                       if (i != j)
25                           Graph_Matrix[i,j] = INFINITE;
26                       else
27                           Graph_Matrix[i,j] = 0;
28               for (i = 0; i < Weight_Path.GetLength(0); i++)
29               {
30                   Start_Point = Weight_Path[i,0];
31                   End_Point = Weight_Path[i,1];
32                   Graph_Matrix[Start_Point,End_Point] = Weight_Path[i,2];
33               }
34           }
35           // 显示图的方法
36           public void PrintGraph_Matrix()
37           {
38               for (int i = 1; i < Graph_Matrix.GetLength(0); i++)
39               {
40                   for (int j = 1; j < Graph_Matrix.GetLength(1); j++)
41                       if (Graph_Matrix[i,j] == INFINITE)
42                           Write(" x ");
```

```
43            else {
44                    if (Graph_Matrix[i,j] == 0) Write(" ");
45                        Write(Graph_Matrix[i,j] + " ");
46                }
47                WriteLine();
48            }
49        }
50    }
51    // Dijkstra算法类
52    class Dijkstra :Adjacency
53    {
54        private int[] cost;
55        private int[] selected;
56        // 构造函数
57        public Dijkstra(int[,] Weight_Path, int number):
                                            base(Weight_Path, number)
58        {
59            cost = new int[number];
60            selected = new int[number];
61            for (int i = 1; i < number; i++) selected[i] = 0;
62        }
63    // 单点对全部顶点的最短距离
64    public void ShortestPath(int source)
65    {
66        int shortest_distance;
67        int shortest_vertex = 1;
68        int i, j;
69        for (i = 1; i < Graph_Matrix.GetLength(0); i++)
70            cost[i] = Graph_Matrix[source,i];
71        selected[source] = 1;
72        cost[source] = 0;
73        for (i = 1; i < Graph_Matrix.GetLength(0) - 1; i++)
74        {
75            shortest_distance = INFINITE;
76            for (j = 1; j < Graph_Matrix.GetLength(0); j++)
77                if (shortest_distance > cost[j] && selected[j] == 0)
78                {
79                    shortest_vertex = j;
80                    shortest_distance = cost[j];
81                }
```

```
82              selected[shortest_vertex] = 1;
83              for (j = 1; j < Graph_Matrix.GetLength(0); j++)
84              {
85                  if (selected[j] == 0 &&
86                      cost[shortest_vertex] +
                              Graph_Matrix[shortest_vertex,j] < cost[j])
87                  {
88                      cost[j] = cost[shortest_vertex] +
                              Graph_Matrix[shortest_vertex,j];
89                  }
90              }
91          }
92          WriteLine("=====================================");
93          WriteLine("顶点 1 到各顶点最短距离的最终结果");
94          WriteLine("=====================================");
95      for (j = 1; j < Graph_Matrix.GetLength(0); j++)
96          WriteLine("顶点 1 到顶点" + j + "的最短距离= " + cost[j]);
97      }
98
99  }
100 class Program
101     {
102         static void Main(string[] args)
103         {
104         int[,] Weight_Path = { {1, 2, 10},{2, 3, 20},
105                 {2, 4, 25},{3, 5, 18},
106                 {4, 5, 22},{4, 6, 95},{5, 6, 77} };
107         Dijkstra obj=new Dijkstra(Weight_Path,7);
108         WriteLine("===========================");
109         WriteLine("此范例图的邻接矩阵如下：");
110         WriteLine("===========================");
111         obj.PrintGraph_Matrix();
112         obj.ShortestPath(1);
113         ReadKey();
114         }
115     }
116 }
```

范例程序的执行结果如图 7-66 所示。

```
=========================
此范例图的邻接矩阵如下：
=========================

 0  10   x   x   x   x
 x   0  20  25   x   x
 x   x   0   x  18   x
 x   x   x   0  22  95
 x   x   x   x   0  77
 x   x   x   x   x   0
=========================
顶点1到各顶点最短距离的最终结果
=========================
顶点1到顶点1的最短距离= 0
顶点1到顶点2的最短距离= 10
顶点1到顶点3的最短距离= 30
顶点1到顶点4的最短距离= 35
顶点1到顶点5的最短距离= 48
顶点1到顶点6的最短距离= 125
```

图 7-66

前面介绍的 Dijkstra 算法在寻找最短路径的过程中算是一个效率不高的算法，这是因为这个算法在寻找起点到各个顶点距离的过程中，无论哪一个顶点，都要实际计算起点与各个顶点之间的距离，以获得最后的一个判断：到底哪一个顶点距离与起点最近。

也就是说，Dijkstra 算法在带有权重值（Cost Value，成本值）的有向图间的最短路径中寻找方式，只是简单地使用广度优先进行查找，完全忽略了许多有用的信息，这种查找算法会消耗许多系统资源，包括 CPU 的时间与内存空间。如果能有更好的方式帮助我们预估从各个顶点到终点的距离，善加利用这些信息，就可以预先判断图上有哪些顶点离终点的距离较远，以便直接略过这些顶点的查找。这种更有效率的查找算法，绝对有助于程序以更快的方式找到最短路径。

在这种需求的考虑下，A*算法可以说是一种 Dijkstra 算法的改进版，它结合了在路径查找过程中从起点到各个顶点的"实际权重"及各个顶点预估到达终点的"推测权重"（推测权重 Heuristic Cost）两个因素，这个算法可以有效减少不必要的查找操作，从而提高了查找最短路径的效率，如图 7-67 所示。

Dijkstra 算法　　　　　　A*算法（Dijkstra 算法的改进版）

图 7-67

因此，A*算法也是一种最短路径算法，与 Dijkstra 算法不同的是，A*算法会预先设置一个"推测权重"，并在查找最短路径的过程中将"推测权重"一并纳入决定最短路径的考虑因素中。所谓"推测权重"，就是根据事先知道的信息来给定一个预估值，结合这个预估值，A*算法可以更有效地查找最短路径。

例如，在寻找一个已知"起点位置"与"终点位置"的迷宫的最短路径问题中，因为事先知道迷宫的终点位置，所以可以采用顶点和终点的欧氏几何平面直线距离（Euclidean Distance，数学定义中的平面两点间的距离）作为该顶点的推测权重。

有哪些常见的距离评估函数

在 A*算法中，用来计算推测权重的距离评估函数除了上面所提到的欧氏几何平面距离外，还有许多距离评估函数可供选择，如曼哈顿距离（Manhattan Distance）和切比雪夫距离（Chebysev Distance）等。对于二维平面上的两个点(x1, y1)和(x2, y2)，这三种距离的计算方式如下。

- 曼哈顿距离（Manhattan Distance）：

$$D=|x1-x2|+|y1-y2|$$

- 切比雪夫距离（Chebysev Distance）：

$$D=\max(|x1-x2|,|y1-y2|)$$

- 欧氏几何平面直线距离（Euclidean Distance）：

$$D=\sqrt{(x1-x2)^2+(y1-y2)^2}$$

A*算法并不像 Dijkstra 算法那样只单一考虑从起点到这个顶点的实际权重（实际距离）来决定下一步要尝试的顶点。不同的做法是，A*算法在计算从起点到各个顶点的权重时，会同步考虑从起点到这个顶点的实际权重，以及该顶点到终点的推测权重，以估算出该顶点从起点到终点的权重，再从其中选出一个权重最小的顶点，并将该顶点标示为已查找完毕。接着计算从查找完毕的顶点出发到各个顶点的权重，并从中选出一个权重最小的顶点，遵循前面同样的做法，将该顶点标示为已查找完毕的顶点，以此类推，反复进行同样的步骤，直到抵达终点才结束查找的工作，最终可以得到最短路径的解答。

做个简单的总结，实现 A*算法的主要步骤如下：

步骤01 首先确定各个顶点到终点的"推测权重"。"推测权重"的计算方法可以采用各个顶点和终点之间的直线距离（四舍五入后的值），而直线距离的计算函数可从上述三种距离的计算方式择一即可。

步骤02 分别计算从起点抵达各个顶点的权重，计算方法是由起点到该顶点的"实际权重"加上该顶点抵达终点的"推测权重"。计算完毕后，选出权重最小的点，并标示为查找完毕的点。

步骤03 计算从查找完毕的顶点出发到各个顶点的权重，并从中选出一个权重最小的顶点，将其标示为查找完毕的顶点。以此类推，反复进行同样的计算过程，直到抵达终点。

A*算法适用于可以事先获得或预估各个顶点到终点距离的情况,但是如果无法获得各个顶点到目的地终点的距离信息时,就无法使用 A*算法。虽然说 A*算法是一种 Dijkstra 算法的改进版,但并不是指任何情况下 A*算法的效率一定优于 Dijkstra 算法。例如,当"推测权重"的距离与实际两个顶点间的距离相差很大时,A*算法的查找效率可能会比 Dijkstra 算法更差,甚至还会误导方向,从而造成无法得到最短路径的最终答案。

如果推测权重所设置的距离与实际两个顶点间的真实距离误差不大时,那么 A*算法的查找效率就远大于 Dijkstra 算法。因此,A*算法常被应用于游戏软件中玩家与怪物两种角色间的追逐行为,或者是引导玩家以最有效率的路径及最便捷的方式快速突破游戏关卡,如图 7-68所示。

图 7-68

7.6.2　两两顶点间的最短路径——Floyd 算法

由于 Dijkstra 的方法只能求出某一点到其他顶点的最短距离,因此如果要求出图中任意两点甚至所有顶点间最短的距离,就必须使用 Floyd 算法。

Floyd 算法的定义如下:

(1)$A^k[i][j] = \min\{A^{k-1}[i][j], A^{k-1}[i][k] + A^{k-1}[k][j]\}$,$k \geqslant 1$,k 表示经过的顶点,$A^k[i][j]$为从顶点 i 到 j 通过 k 顶点的最短路径。

(2)$A^0[i][j] = COST[i][j]$(即 A^0 等于 COST),A^0 为顶点 i 到 j 间的直通距离。

(3)$A^n[i, j]$代表 i 到 j 的最短距离,A^n 便是我们要求出的最短路径成本矩阵。

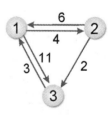

这样看起来,似乎 Floyd 算法相当复杂,现在直接以实例来说明它的算法。试以 Floyd 算法求得图 7-69 中各顶点间的最短路径。

图 7-69

步骤 01　找到 $A^0[i][j] = COST[i][j]$,A^0 为不经任何顶点的成本矩阵。若没有路径,则以 ∞(无穷大)来表示,如图 7-70 所示。

步骤 02　找出 $A^1[i][j]$从 i 到 j,通过顶点①的最短距离,并填入矩阵。

```
A¹[1][2] = min{A⁰[1][2], A⁰[1][1] + A⁰[1][2]} = min{4, 0+4} = 4
A¹[1][3]= min{A⁰[1][3], A⁰[1][1] + A⁰[1][3]} = min{11, 0+11} = 11
A¹[2][1] = min{A⁰[2][1], A⁰[2][1] + A⁰[1][1]} = min{6, 6+0} = 6
A¹[2][3] = min{A⁰[2][3], A⁰[2][1] + A⁰[1][3]} = min{2, 6+11} = 2
A₁[3][1] = min{A₀[3][1], A₀[3][1] + A₀[1][1]} = min{3, 3+0} = 3
A₁[3][2] = min{A₀[3][2], A₀[3][1] + A₀[1][2]} = min{∞, 3+4} = 7
```

按序求出各顶点的值后可以得到 A^1 矩阵，如图 7-71 所示。

```
A⁰ 1  2  3              A¹ 1  2  3
1  0  4  11             1  0  4  11
2  6  0  2              2  6  0  2
3  3  ∞  0              3  3  7  0
```

图 7-70   图 7-71

步骤03 求出 $A^2[i][j]$ 通过顶点②的最短距离。

```
A²[1][2] = min{A¹[1][2], A¹[1][2] + A¹[2][2]} = min{4, 4+0} = 4
A²[1][3] = min{A¹[1][3], A¹[1][2] + A¹[2][3]} = min{11, 4+2} = 6
```

按序求出其他各顶点的值可得到 A^2 矩阵，如图 7-72 所示。

步骤04 求出 $A3[i][j]$ 通过顶点③的最短距离。

```
A₃[1][2] = min{A₂[1][2], A₂[1][3] + A₂[3][2]} = min{4, 6+7} = 4
A₃[1][3] = min{A₂[1][3], A₂[1][3] + A₂[3][3]} = min{6, 6+0} = 6
```

按序求出其他各顶点的值可得到 A_3 矩阵，如图 7-73 所示。

```
A² 1  2  3              A³ 1  2  3
1  0  4  6              1  0  4  6
2  6  0  2              2  5  0  2
3  3  7  0              3  3  7  0
```

图 7-72   图 7-73

步骤05 完成，所有顶点间的最短路径为矩阵 A^3 所示。

从上例可知，一个加权图若有 n 个顶点，则此方法必须执行 n 次循环，逐一产生 A^1, A^2, A^3, ……A^k 个矩阵。但因 Floyd 算法较为复杂，读者也可以用上一小节所讲 Dijkstra 算法，按序以各顶点为起始顶点，如此也可以得到同样的结果。

范例▶ 7.6.2 请设计一个 C# 程序，以 Floyd 算法求取下面图结构中所有顶点两两之间的最短路径。图的邻接矩阵数组如下：

```
int[,] Weight_Path = { {1, 2, 10},{2, 3, 20},
                       {2, 4, 25},{3, 5, 18},
                       {4, 5, 22},{4, 6, 95},{5, 6, 77} };
```

范例程序：ch07_08.sln

```
1    using System;
2    using System.Collections.Generic;
3    using System.Linq;
4    using System.Text;
5    using System.Threading.Tasks;
6    using System.IO;
7    using static System.Console;//导入静态类
8
9    namespace ch07_08
10   {
11       // 图的邻接矩阵类的声明
12       class Adjacency
13       {
14           static int INFINITE = 99999;
15           public int[,] Graph_Matrix;
16           // 构造函数
17           public Adjacency(int[,] Weight_Path, int number)
18           {
19               int i, j;
20               int Start_Point, End_Point;
21               Graph_Matrix = new int[number,number];
22               for (i = 1; i < number; i++)
23                   for (j = 1; j < number; j++)
24                       if (i != j)
25                           Graph_Matrix[i,j] = INFINITE;
26                       else
27                           Graph_Matrix[i,j] = 0;
28               for (i = 0; i < Weight_Path.GetLength(0); i++)
29               {
30                   Start_Point = Weight_Path[i,0];
31                   End_Point = Weight_Path[i,1];
32                   Graph_Matrix[Start_Point,End_Point] = Weight_Path[i,2];
33               }
34           }
35           // 显示图的方法
36           public void PrintGraph_Matrix()
37           {
38               for (int i = 1; i < Graph_Matrix.GetLength(0); i++)
39               {
40                   for (int j = 1; j < Graph_Matrix.GetLength(1); j++)
41                       if (Graph_Matrix[i,j] == INFINITE)
```

```
42                     Write(" x ");
43                 else {
44                     if (Graph_Matrix[i,j] == 0) Write(" ");
45                     Write(Graph_Matrix[i,j] + " ");
46                 }
47             WriteLine();
48         }
49     }
50 }
51 // Floyd 算法类
52 class Floyd : Adjacency
53 {
54     private int[][] cost;
55     private int capcity;
56     // 构造函数
57     public Floyd(int[,] Weight_Path, int number):
                     base(Weight_Path, number)
58     {
59         cost = new int[number][];
60         capcity = Graph_Matrix.GetLength(0);
61         for (int i = 0; i < capcity; i++)
62             cost[i] = new int[number];
63     }
64     // 所有顶点两两之间的最短距离
65     public void ShortestPath()
66     {
67         for (int i = 1; i < Graph_Matrix.GetLength(0); i++)
68             for (int j = i; j < Graph_Matrix.GetLength(0); j++)
69                 cost[i][j] = cost[j][i] = Graph_Matrix[i,j];
70         for (int k = 1; k < Graph_Matrix.GetLength(0); k++)
71             for (int i = 1; i < Graph_Matrix.GetLength(0); i++)
72                 for (int j = 1; j < Graph_Matrix.GetLength(0); j++)
73                     if (cost[i][k] + cost[k][j] < cost[i][j])
74                         cost[i][j] = cost[i][k] + cost[k][j];
75         Write("顶点 vex1 vex2 vex3 vex4 vex5 vex6\n");
76         for (int i = 1; i < Graph_Matrix.GetLength(0); i++)
77         {
78             Write("vex" + i + " ");
79             for (int j = 1; j < Graph_Matrix.GetLength(0); j++)
80             {
81                 // 调整显示的位置，显示距离数组
82                 if (cost[i][j] < 10) Write(" ");
83                 if (cost[i][j] < 100) Write(" ");
```

```
                    Write(" " + cost[i][j] + " ");
                }
                WriteLine();
            }
        }
    }
    class Program
    {
        static void Main(string[] args)
        {
            int[,] Weight_Path = { {1, 2, 10},{2, 3, 20},
                    {2, 4, 25},{3, 5, 18},
                    {4, 5, 22},{4, 6, 95},{5, 6, 77} };
            Floyd obj = new Floyd(Weight_Path,7);
            WriteLine("==========================");
            WriteLine("此范例图的邻接矩阵如下：");
            WriteLine("==========================");
            obj.PrintGraph_Matrix();
            WriteLine("=================================");
            WriteLine("所有顶点两两之间的最短距离：");
            WriteLine("=================================");
            obj.ShortestPath();
            ReadKey();
        }
    }
}
```

范例程序的执行结果如图 7-74 所示。

```
==========================
此范例图的相邻矩阵如下：
==========================
 0 10  x  x  x  x
 x  0 20 25  x  x
 x  x  0  x 18  x
 x  x  x  0 22 95
 x  x  x  x  0 77
 x  x  x  x  x  0
================================
所有顶点两两之间的最短距离：
================================
顶点 vex1 vex2 vex3 vex4 vex5 vex6
vex1    0   10   30   35   48  125
vex2   10    0   20   25   38  115
vex3   30   20    0   40   18   95
vex4   35   25   40    0   22   95
vex5   48   38   18   22    0   77
vex6  125  115   95   95   77    0
```

图 7-74

7.7 AOV 网络与拓扑排序

网络图主要用来协助规划大型项目，首先我们将复杂的大型项目细分成很多工作项，而每一个工作项代表网络的一个顶点，由于每一项工作可能有完成的先后顺序，有些可以同时进行，有些则不行，因此可用网络图来表示其先后完成的顺序。以顶点来代表工作项的网络，称为顶点活动网络（Activity On Vertex Network），简称 AOV 网络，如图 7-75 所示。

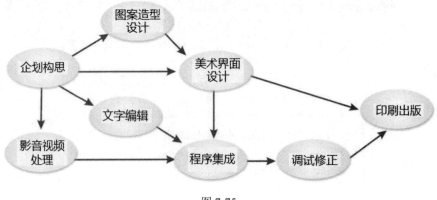

图 7-75

更清楚地说，AOV 网络就是在一个有向图 G 中，每一顶点（或节点）代表一项工作或行为，边则代表工作之间存在的优先关系。即<V_i, V_j>表示 $V_i \rightarrow V_j$ 的工作，其中顶点 V_i 的工作必须先完成后才能进行 V_j 顶点的工作， V_i 为 V_j 的"先行者"，而 V_j 为 V_i 的"后继者"。

如果在 AOV 网络中具有部分次序的关系（即有某几个顶点为先行者），那么拓扑排序的功能就是将这些部分次序（Partial Order）的关系转换成线性次序（Linear Order）的关系。例如 i 是 j 的先行者，在线性次序中，i 仍排在 j 的前面，具有这种特性的线性次序就称为拓扑排序（Topological Order）。排序的步骤如下：

步骤 01 寻找图中任何一个没有先行者的顶点。

步骤 02 输出此顶点，并将此顶点的所有边删除。

步骤 03 重复以上两个步骤处理所有的顶点。

现在，我们来试着求出图 7-76 所示图的拓扑排序，拓扑排序所输出的结果不一定是唯一的。如果同时有两个以上的顶点没有先行者，那么结果就不是唯一的。

（1）首先输出 V_1，因为 V_1 没有先行者，所以删除<V_1,V_2>，<V_1,V_3>，<V_1,V_4>，结果如图 7-77 所示。

（2）可输出 V_2、V_3 或 V_4，这里我们选择输出 V_4，如图 7-78 所示。

（3）输出 V_3，如图 7-79 所示。

（4）输出 V_6，如图 7-80 所示。

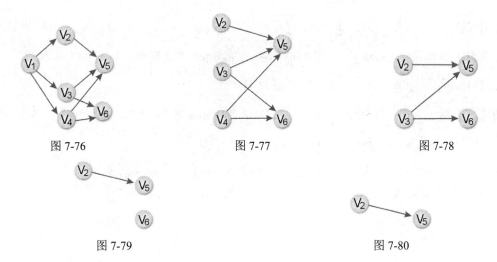

图 7-76　　　　　　　　　　图 7-77　　　　　　　　　　图 7-78

图 7-79　　　　　　　　　　　　　　图 7-80

（5）输出 V_2、V_5，如图 7-81 所示。

=>拓扑排序为

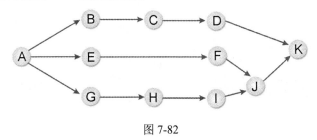

图 7-81

范例▶ **7.7.1**　请写出图 7-82 的拓扑排序。

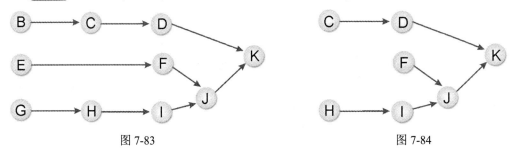

图 7-82

解答▶ 拓扑排序结果为 A、 B、 E、G、 C、 F、 H、 D、 I、 J、 K。

步骤 **01** 输出没有先行者的 A，并把 A 顶点的所有边删除，如图 7-83 所示。

拓扑排序结果为 A。

步骤 **02** 输出没有先行者的 B、E、G，并把该顶点的所有边删除，如图 7-84 所示。

图 7-83　　　　　　　　　　　　图 7-84

拓扑排序结果为A、 B、 E、 G。

步骤 03 输出没有先行者的C、F、H，并把该顶点的所有边删除，如图 7-85 所示。

拓扑排序结果为A、B、E、G、C、 F、 H。

步骤 04 输出没有先行者的D、I，并把该顶点的所有边删除，如图 7-86 所示。

拓扑排序结果为A、 B、E、 G、C、 F、 H、D、I。

步骤 05 输出没有先行者的J，并把J顶点的所有边删除，如图 7-87 所示。

拓扑排序结果为A、 B、 E、G、C、 F、 H、D、I、J、K。

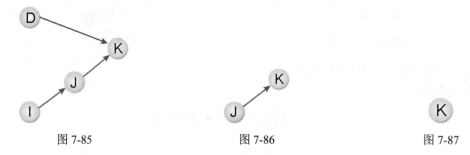

图 7-85　　　　　　　　　　图 7-86　　　　　　　　　　图 7-87

也就是说，如果按照上述顺序选修课程，就一定不会发生因为该修的科目未修而被禁止选修的情况。由上例我们可以知道，拓扑排序所输出的结果不一定是唯一的，如果同时有两个以上的顶点没有先行者，那结果就不是唯一解。另外，如果 AOV 网络中每一个顶点都有先行者，就表示此网络含有回路而无法进行拓扑排序。

7.8　AOE 网络

之前所讲的 AOV 网络是指在有向图中的顶点表示一项工作，而边表示顶点之间的先后关系。下面还要介绍一个新名词 AOE（Activity On Edge，用边表示的活动网络）。所谓 AOE，是指事件（Event）的行动（Action）在边上的有向图。其中的顶点作为各"进入边事件"（Incident In Edge）的汇集点，当所有"进入边事件"的行动全部完成后，才可以开始"外出边事件"（Incident Out Edge）的行动。在 AOE 网络，会有一个源头顶点和目的顶点。从源头顶点开始，执行各边上事件的行动到目的顶点完成为止，所需的时间为所有事件完成的时间总花费。

AOE 完成所需的时间是由一条或数条关键路径（Critical Path）所控制的。所谓关键路径，就是 AOE 有向图从源头顶点到目的顶点之间，所需时间最长的一条有方向性的路径。当有一条以上的时间相等并且都是最长，则这些路径都称为此 AOE 有向图的关键路径（Critical Path）。也就是说，想缩短整个 AOE 完成的时间，必须设法缩短关键路径各边行动所需的时间。

关键路径是用来决定一个项目至少需要多少时间才可以完成，即在 AOE 有向图中从源头顶点到目的顶点间最长的路径长度，如图 7-88 所示。

图 7-88 中的边线和顶点分别代表 12 个 action(a_1, a_2, a_3, a_4…, a_{12}) 和 10 个 event(V_1, V_2, V_3…V_{10})。

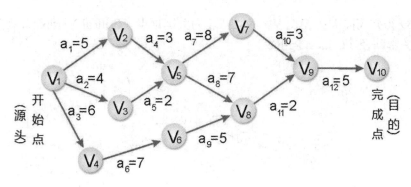

图 7-88

（1）最早时间（Earliest Time）

AOE 网络中顶点的最早时间为该顶点最早可以开始其外出边事件（Incident Out Edge）的时间，它必须由最慢完成的进入边事件所控制，用 TE 来表示。

（2）最晚时间（Latest Time）

AOE 网络中顶点的最晚时间为该顶点最慢可以开始其外出边事件（Incident Out Edge）而不会影响整个 AOE 网络完成的时间，它是由外出边事件（Incident Out Edge）中最早要求开始者控制，用 TL 来表示。

TE 和 TL 的计算原则如下。

- TE：从前往后（即从源头到目的正方向），若第 i 项工作前面几项工作有好几个完成时段，则取其中最大值。
- TL：从后往前（即从目的到源头的反方向），若第 i 项工作后面几项工作有好几个完成时段，则取其中最小值。

（3）关键顶点（Critical Vertex）

AOE 网络中顶点的 TE = TL，我们称它为关键顶点。从源头顶点到目的顶点的各个关键顶点可以构成一条或数条的有向关键路径，只要控制好关键路径所需的时间，就不会拖延工作进度。如果集中火力缩短关键路径所需的时间，就可以加速整个计划完成的速度。我们以图7-89 为例来简单说明如何确定关键路径。

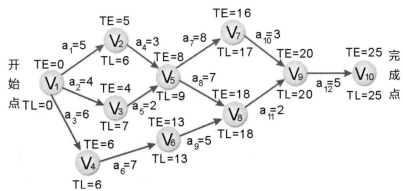

图 7-89

从图 7-89 得知 V_1、V_4、V_6、V_8、V_9、V_{10} 为关键顶点（Critical Vertex），可以求得如图 7-90 所示的关键路径（Critical Path）。

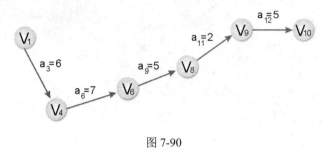

图 7-90

课 后 习 题

1. 请问以下哪些是图的应用？

（1）作业调度　　　　　（2）递归程序　　　　　（3）电路分析　　　　　（4）排序

（5）最短路径搜索　　　（6）仿真　　　　　　　（7）子程序调用　　　　（8）都市计划

2. 什么是欧拉链（Eulerian Chain）理论？试绘图说明。

3. 求出下图的 DFS 与 BFS 结果。

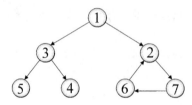

4. 什么是多重图（Multigraph）？试绘图说明。

5. 请以 K 氏法求取下图中的最小成本生成树。

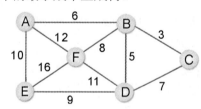

6. 请写出下图的邻接矩阵表示法和各个顶点之间最短距离的表示矩阵。

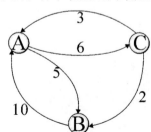

7. 求下图的拓扑排序。

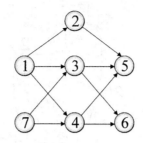

8. 求下图的拓扑排序。

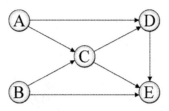

9. 下图是否为双连通图（Biconnected Graph）？有哪些连通分支（Connected Component）？试说明之。

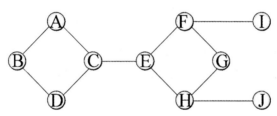

10. 请问图有哪 4 种常见的表示法？

11. 请以邻接矩阵表示下面的有向图。

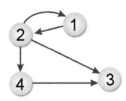

12. 试简述图的遍历定义。

13. 请简述拓扑排序的步骤。

14. 以下为一个有限状态机（Finite State Machine）的状态转换图（State Transition Diagram）。试列举两种图的数据结构来表示它，其中：

- S 代表状态 S;
- 射线(→)表示转换方式;
- 射线上方 A/B，A 代表输入信号，B 代表输出信号。

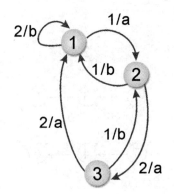

15. 什么是完全图，请说明。

16. 下面为图 G

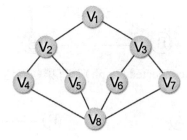

① 请以（1）邻接链表（Adjacency List）和（2）邻接数组（Adjacency Matrix）表示 G。
② 使用下面的遍历法（或查找法）求出生成树（Spanning Tree）。

- 深度优先（Depth First）；
- 广度优先（Breadth First）。

17. 以下所列的各个树都是关于图 G 的搜索树（Search Tree，查找树）。假设所有的搜索都始于节点 1，试判定每棵树是深度优先搜索树（Depth-First Search Tree）还是广度优先搜索树（Breadth-First Search Tree），或者二者都不是。

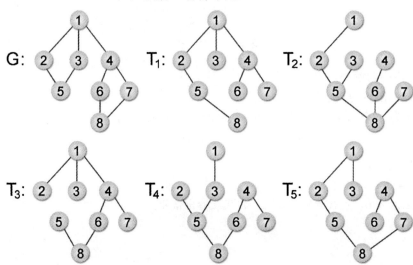

18. 求 V1、V2、V3 任两顶点的最短距离，并描述其过程。

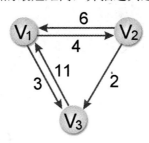

19. 求下图的邻接矩阵。

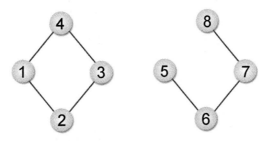

20. 什么是生成树？生成树应该包含哪些特点？

21. 在求解一个无向连通图的最小生成树时，Prim 算法的主要方法是什么？试简述之。

22. 在求解一个无向连通图的最小生成树时，Kruskal 算法的主要方法是什么？试简述之。

第 8 章

排　序

随着大数据和人工智能（Artificial Intelligence，AI）技术的普及与应用，企业所拥有的数据量都在成倍增长，排序算法更是成为不可或缺的重要工具之一。无论是庞大的商业应用软件还是小至个人的文字处理软件，每项工作的核心都与数据库有很大的关系，而数据库中常见且重要的功能就是排序与查找，如图 8-1 所示。

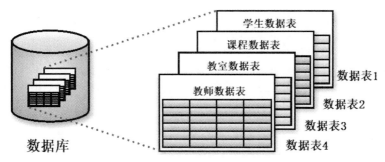

图 8-1

在大众都喜爱的各种电子游戏中，排序算法也无处不在。例如，在处理多边形模型隐藏面消除的过程中，不管场景中的多边形有没有挡住其他多边形，只要按照从后面到前面的顺序，游戏中的光栅化图形就可以正确地显示出所有可见的图形。其实就是沿着观察方向，按照多边形的深度信息对它们进行排序处理，如图 8-2 所示。

图 8-2

 光栅处理的主要作用是将 3D 模型转换成能够被显示于屏幕的图像，并对图像进行修正和进一步美化处理，让展现在眼前的画面能更加逼真与生动。

人工智能的概念最早是由美国科学家 John McCarthy 于 1955 年提出，目标是使计算机具有类似人类学习解决复杂问题与进行思考的能力。简单地说，人工智能就是由计算机所仿真或执行的具有类似人类智慧或思考的行为，如推理、规划、解决问题及学习等能力。

所谓"排序"（Sorting），是指将一组数据按特定规则调换位置，使数据具有某种顺序关系（递增或递减）。例如，数据库内可针对某一字段进行排序，此字段称为"键（Key）"，而字段里面的值称为"键值（Key Value）"。

8.1 排序简介

在排序的过程中，数据的移动方式可分为"直接移动"和"逻辑移动"两种。"直接移动"是直接交换存储数据的位置，而"逻辑移动"并不会移动数据存储的位置，仅改变指向这些数据的辅助指针的值，如图 8-3 和图 8-4 所示。

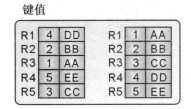

图 8-3

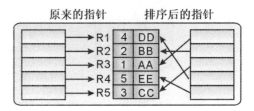

图 8-4

两者之间的优缺点在于直接移动会浪费许多时间，而逻辑移动只要改变辅助指针指向的位置就能轻易达到排序的目的。例如在数据库中，可在报表中显示多项记录，也可以针对这些字段的特性进行分组并排序与汇总，这就是属于逻辑移动，而不是直接改变数据在数据文件中的位置。数据在经过排序后，会有以下好处。

（1）数据容易阅读。

（2）数据利于统计和整理。

（3）可大幅减少数据查找的时间。

8.1.1 排序的分类

排序按照执行时所使用的内存种类可以分为以下两种方式。

（1）内部排序：排序的数据量小，可以全部加载到内存中进行排序。

（2）外部排序：排序的数据量大，无法全部一次性加载到内存中进行排序，必须借助辅助存储器（如硬盘）。

常见的内部排序法有冒泡排序法、选择排序法、插入排序法、合并排序法、快速排序法、堆积排序法、希尔排序法、基数排序法等；常见的外部排序法有直接合并排序法、k 路合并法、多相合并法等。在后面的章节中，将会针对以上方法做更进一步的说明。

8.1.2 排序算法分析

排序算法的选择将影响到排序的结果与效率，通常可由以下几点决定。

■ 算法稳定与否

稳定的排序是指数据在经过排序后，两个相同键值的记录仍然保持原来的次序，如下面 7 左的原始位置在 7 右的左边（7 左和 7 右是指相同键值一个在左，另一个在右），稳定的排序（Stable Sort）后 7 左仍在 7 右的左边，不稳定排序则有可能 7 左会跑到 7 右的右边。例如：

原始数据顺序:	7 左	2	9	7 右	6;
稳定的排序:	2	6	7 左	7 右	9;
不稳定的排序:	2	6	7 右	7 左	9。

⊶ 时间复杂度（Time Complexity）

排序算法的时间复杂度可分为最好情况（Best Case）、最坏情况（Worst Case）及平均情况（Average Case）。最好情况就是数据已完成排序，如原本数据已经完成升序了，如果再进行一次升序所使用的时间复杂度就是最好情况。最坏情况是指每一个键值均须重新排列，简单的例子就如原本为升序现在要重新排序成为降序，就是最坏情况。例如：

排序前：2	3	4	6	8	9;
排序后：9	8	6	4	3	2。

⊶ 空间复杂度（Space Complexity）

空间复杂度就是指算法在执行过程中需要占用的额外内存空间。如果所挑选的排序法必须借助递归的方式来进行，那么递归过程中会使用到的堆栈就是这个排序法必须付出的额外空间。另外，任何排序法都有数据对调的操作，数据对调就会暂时用到一个额外的空间，这也是排序法中空间复杂度要考虑的问题。排序法使用到的额外空间越少，其空间复杂度就越佳。例如冒泡法在排序过程中仅会用到一个额外空间，在所有的排序算法中，这样的空间复杂度就算是最好的。

8.2　内部排序法

排序的各种算法称得上是数据结构这门学科的精髓所在。每一种排序方法都有其适用的情况与数据种类。首先我们将内部排序法依照算法的时间复杂度及键值整理如表 8-1 所示。

表 8-1　内部排序法依照算法的时间复杂度及键值

	排序名称	排序特性
简单排序法	1. 冒泡排序法（Bubble Sort）	（1）稳定排序法 （2）空间复杂度为最佳，只需一个额外空间 O(1)
	2. 选择排序法（Selection Sort）	（1）不稳定排序法（2）空间复杂度为最佳，只需一个额外空间 O(1)
	3. 插入排序法（Insertion Sort）	（1）稳定排序法 （2）空间复杂度为最佳，只需一个额外空间 O(1)
	4. 希尔排序法（Shell Sort）	（1）稳定排序法 （2）空间复杂度为最佳，只需一个额外空间 O(1)

（续表）

排序名称		排序特性
高级排序法	1. 快速排序法（Quick Sort）	（1）不稳定排序法 （2）空间复杂度最差为 O(n)，最佳为 O(log2n)
	2. 堆积排序法（Heap Sort）	（1）不稳定排序法（2）空间复杂度为最佳，只需一个额外空间 O(1)
	3. 基数排序法（Radix Sort）	（1）稳定排序法 （2）空间复杂度为 O(np)，n 为原始数据的个数，p 为基底

8.2.1 冒泡排序法

冒泡排序法又称为交换排序法，是从观察水中气泡变化构思而成，原理是从第一个元素开始，比较相邻元素的大小，若大小顺序有误，则对调后再进行下一个元素的比较，就仿佛气泡逐渐从水底逐渐升到水面上一样。如此扫描过一次之后就可确保最后一个元素是位于正确的顺序，接着逐步进行第二次扫描，直到完成所有元素的排序关系为止。

以下使用 55、23、87、62、16 数列来演示排序过程，这样大家就可以清楚地知道冒泡排序法的具体流程。图 8-5 为原始顺序，图 8-6~8-9 为排序的具体过程。

从小到大排序：

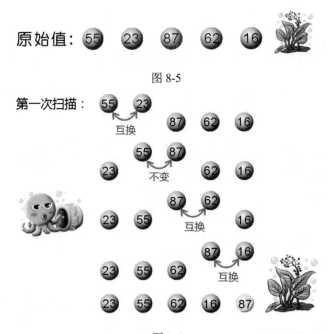

图 8-5

图 8-6

第一次扫描会先拿第一个元素 55 和第二个元素 23 进行比较，如果第二个元素小于第一个元素，则进行互换。接着拿 55 和 87 进行比较，就这样一直比较并互换，到第 4 次比较完后即可确定最大值在数组的最后面。

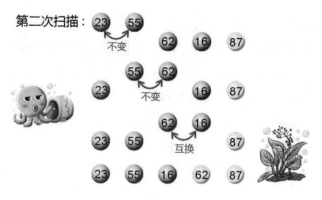

图 8-7

第二次扫描也是从头比较，但因为最后一个元素在第一次扫描就已确定是数组中的最大值，所以只需比较 3 次即可把剩余数组元素的最大值排到剩余数组的最后面。

第三次扫描完成后，三个值的排序如图 8-8 所示。

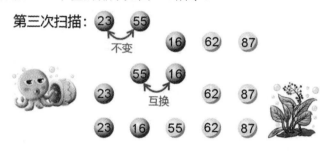

图 8-8

第四次扫描完成后，所有的排序如图 8-9 所示。

图 8-9

由此可知，5 个元素的冒泡排序法必须执行 5-1 次扫描，第一次扫描需要比较 5-1 次，共比较 4+3+2+1=10 次。

冒泡排序法的分析：

（1）最坏情况和平均情况均需要比较 $(n-1)+(n-2)+(n-3)+...+3+2+1=\dfrac{n(n-1)}{2}$ 次，时间复杂度为 O(n^2)。最好情况只需要完成一次扫描，若发现没有执行数据的交换操作，则表示已经排序完成。所以只做了 n-1 次比较，时间复杂度为 O(n)。

（2）因为冒泡排序是相邻两个数据相互比较和对调，并不会更改其原本排列的顺序，所以是稳定排序法。

（3）因为只需要一个额外空间，所以空间复杂度为最佳。

（4）此排序法适用于数据量小或者有部分数据已经过排序的情况。

范例▶ 8.2.1 数列（43、35、12、9、3、99）采用冒泡排序法（Bubble Sort）从小到大排序，在执行时前三次交换（Swap）的结果各是什么？

解答▶ 第 1 次交换的结果为（35, 43, 12, 9, 3, 99）；

第 2 次交换的结果为（35, 12, 43, 9, 3, 99）；

第 3 次交换的结果为（35, 12, 9, 43, 3, 99）。

范例▶ 8.2.2 请设计一个 C# 程序，使用冒泡排序法将数列（6,5,9,7,2,8）进行排序，并输出逐次排序的过程。

范例程序：ch08_01.sln

```
1    using System;
2    using System.Collections.Generic;
3    using System.Linq;
4    using System.Text;
5    using System.Threading.Tasks;
6    using System.IO;
7    using static System.Console;//导入静态类
8
9    namespace ch08_01
10   {
11       class Program
12       {
13           static void Main(string[] args)
14           {
15               int i, j, tmp;
16               int[] data = { 6, 5, 9, 7, 2, 8 };  //原始数据
17
18               WriteLine("冒泡排序法: ");
19               Write("原始数据为: ");
20               for (i = 0; i < data.Length; i++)
21               {
22                   Write(data[i] + " ");
23               }
24               WriteLine();
25
26               for (i = data.Length-1; i > 0; i--)      //扫描次数
27               {
28                   for (j = 0; j < i; j++)       //比较、交换次数
29                   {
30                       // 比较相邻两数，如第一个数较大则交换
```

```
31                    if (data[j] > data[j + 1])
32                    {
33                        tmp = data[j];
34                        data[j] = data[j + 1];
35                        data[j + 1] = tmp;
36                    }
37                }
38
39                //把各次扫描后的结果打印输出
40                Write("第" + (data.Length - i) + "次排序后的结果是：");
41                for (j = 0; j < data.Length; j++)
42                {
43                    Write(data[j] + " ");
44                }
45                WriteLine();
46            }
47
48            Write("最终排序的结果为：");
49            for (i = 0; i < data.Length; i++)
50            {
51                Write(data[i] + " ");
52            }
53            WriteLine();
54            ReadKey();
55        }
56    }
57 }
```

范例程序的执行结果如图 8-10 所示。

```
冒泡排序法：
原始数据为：6 5 9 7 2 8
第1次排序后的结果是：5 6 7 2 8 9
第2次排序后的结果是：5 6 2 7 8 9
第3次排序后的结果是：5 2 6 7 8 9
第4次排序后的结果是：2 5 6 7 8 9
第5次排序后的结果是：2 5 6 7 8 9
最终排序的结果为：2 5 6 7 8 9
```

图 8-10

我们知道，冒泡排序法的缺点就是不管数据是否已排序完成都会固定执行 n(n-1)/2 次，下面设计一个 C# 程序，使用"岗哨"概念既可以提前中断程序，又可以得到正确的排序结果，以此来提高程序执行的效率。

【范例程序：ch08_02.sln】

```
1    using System;
2    using System.Collections.Generic;
3    using System.Linq;
4    using System.Text;
5    using System.Threading.Tasks;
6    using System.IO;
7    using static System.Console;//导入静态类
8
9    namespace ch08_02
10   {
11       class Program
12       {
13           public static int[] data = new int[] { 4, 6, 2, 7, 8, 9 };
                                                              //原始数据
14           static void Main(string[] args)
15           {
16               WriteLine("改进的冒泡排序法\n 原始数据为：");
17               Showdata();
18               Bubble();
19               ReadKey();
20           }
21           public static void Showdata()      //使用循环打印数据
22           {
23               int i;
24               for (i = 0; i < data.Length; i++)
25               {
26                   Write(data[i] + " ");
27               }
28               WriteLine();
29           }
30
31           public static void Bubble()
32           {
33               int i, j, tmp, flag;
34               for (i = data.Length-1; i >= 0; i--)
35               {
36                   flag = 0;  //flag用来判断是否执行了交换的操作
37                   for (j = 0; j < i; j++)
38                   {
39                       if (data[j + 1] < data[j])
40                       {
```

```
41                              tmp = data[j];
42                              data[j] = data[j + 1];
43                              data[j + 1] = tmp;
44                              flag++; //如果执行过交换的操作，则 flag 不为 0
45                          }
46                      }
47                      if (flag == 0)
48                      {
49                          break;
50                      }
51
52                      //当执行完一次扫描就判断是否执行过交换操作，如果没有交换过数据，
53                      //则表示此时数组已完成排序，故可直接跳出循环
54
55                      Write("第" + (data.Length - i) + "次排序的结果为：");
56                      for (j = 0; j < data.Length; j++)
57                      {
58                          Write(data[j] + " ");
59                      }
60                      WriteLine();
61                  }
62
63              Write("最终的排序结果为：");
64              Showdata();
65          }
66      }
67  }
```

范例程序的执行结果如图 8-11 所示。

```
改进的冒泡排序法
原始数据为：
4 6 2 7 8 9
第1次排序的结果为：4 2 6 7 8 9
第2次排序的结果为：2 4 6 7 8 9
最终的排序结果为：2 4 6 7 8 9
```

图 8-11

8.2.2　选择排序法

选择排序法（Selection Sort）可使用两种方式进行排序，即在所有数据中，若从大到小排序，则将最大值放入第一个位置；若从小到大排序，则将最大值放入最后一个位置。例如，一开始在所有数据中挑选一个最小项放在第一个位置（假设是从小到大排序），再从第二项开始挑选一个最小项放在第二个位置，以此重复，直到完成排序为止。

下面我们仍然用数列（55、23、87、62、16）从小到大的排序过程来说明选择排序法的演算流程，参考图 8-12~图 8-16。

原始值：55 23 87 62 16

图 8-12

（1）首先找到此数列中的最小值，并与数列中的第一个元素交换。

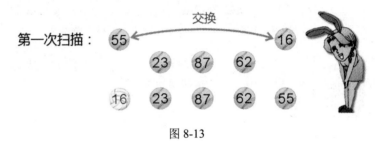

图 8-13

（2）从第二个值开始找，找到此数列中（不包含第一个）的最小值，再与第二个值交换。

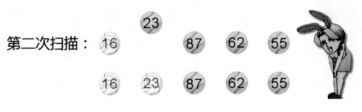

图 8-14

（3）从第三个值开始找，找到此数列中（不包含第一、二个）的最小值，再与第三个值交换。

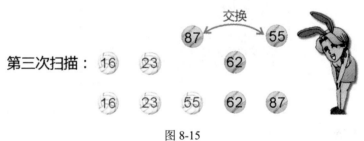

图 8-15

（4）从第四个值开始找，找到此数列中（不包含第一、二、三个）的最小值，再与第四个值交换。

第四次扫描：

图 8-16

■▪ 选择排序法的分析

（1）由于无论是最坏情况、最好情况还是平均情况都需要找到最大值（或最小值），因此其比较次数为 $(n-1)+(n-2)+(n-3)+...+3+2+1 = \dfrac{n(n-1)}{2}$ 次，时间复杂度为 $O(n^2)$。

（2）由于选择排序是以最大或最小值直接与最前方未排序的键值交换，数据排列顺序很有可能被改变，因此不是稳定排序法。

（3）因为只需要一个额外空间，所以空间复杂度为最佳。

（4）此排序法适用于数据量小或有部分数据已经排序的情况。

范例 ▶ 8.2.3　请设计一个 C# 程序，并使用选择排序法将数列（9、7、5、3、4、6）进行排序。

【范例程序：ch08_03.sln】

```
1    using System;
2    using System.Collections.Generic;
3    using System.Linq;
4    using System.Text;
5    using System.Threading.Tasks;
6    using System.IO;
7    using static System.Console;//导入静态类
8
9    namespace ch08_03
10   {
11       class Program
12       {
13           public static int[] data = new int[] { 9, 7, 5, 3, 4, 6 };
14           static void Main(string[] args)
15           {
16               Write("原始数据为：");
17               Showdata();
18               Select();
19               ReadKey();
20           }
21
```

```
22          static void Showdata()
23          {
24              int i;
25              for (i = 0; i < 6; i++)
26              {
27                  Write(data[i] + " ");
28              }
29              WriteLine();
30          }
31
32          static void Select()
33          {
34              int i, j, tmp, k;
35              for (i = 0; i < 5; i++)            //扫描 5 次
36              {
37                  for (j = i + 1; j < 6; j++)  //从 i+1 开始比较，比较 5 次
38                  {
39                      if (data[i] > data[j])    //比较第 i 和第 j 个元素
40                      {
41                          tmp = data[i];
42                          data[i] = data[j];
43                          data[j] = tmp;
44                      }
45                  }
46                  Write("第" + (i + 1) + "次排序的结果为: ");
47                  for (k = 0; k < 6; k++)
48                  {
49                      Write(data[k] + " ");   //打印排序的结果
50                  }
51                  WriteLine();
52              }
53          }
54      }
55  }
```

范例程序的执行结果如图 8-17 所示。

```
原始数据为：9 7 5 3 4 6
第1次排序的结果为：3 9 7 5 4 6
第2次排序的结果为：3 4 9 7 5 6
第3次排序的结果为：3 4 5 9 7 6
第4次排序的结果为：3 4 5 6 9 7
第5次排序的结果为：3 4 5 6 7 9
```

图 8-17

8.2.3　插入排序法

插入排序法（Insert Sort）是将数组中的元素逐一与已排序好的数据进行比较，先将前两个元素排好，再将第三个元素插入适当的位置，也就是说这三个元素仍然是已排序好的，接着将第四个元素加入，重复此步骤，直到排序完成为止。

下面我们仍然用数列（55、23、87、62、16）从小到大的排序过程来说明插入排序法的演算流程。如图 8-18 所示，在步骤二以 23 为基准与其他元素进行比较后，将其放到适当的位置（55 的前面），步骤三则是将 87 与其他两个元素进行比较，接着 62 在比较完前三个数后插入到 87 的前面……，将最后一个元素比较完后即可完成排序。

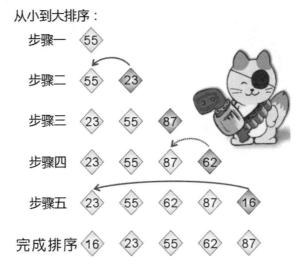

图 8-18

❖　插入排序法的分析

（1）最坏情况和平均情况需要比较 $(n-1)+(n-2)+(n-3)+...+3+2+1 = \dfrac{n(n-1)}{2}$ 次，时间复杂度为 $O(n^2)$；最好情况的时间复杂度为 $O(n)$。

（2）插入排序是稳定排序法。

（3）因为只需要一个额外空间，所以空间复杂度为最佳。

（4）此排序法适用于大部分数据已经排序或已排序数据库新增数据后进行排序的情况。

（5）因为插入排序法会造成数据的大量搬移，所以建议在链表上使用。

范例 **8.2.4**　请设计一个 C# 程序，自行输入 6 个数值，并使用插入排序法进行排序。

【范例程序：ch08_04.sln】

```
1    using System;
2    using System.Collections.Generic;
3    using System.Linq;
```

```
4    using System.Text;
5    using System.Threading.Tasks;
6    using System.IO;
7    using static System.Console;//导入静态类
8
9    namespace ch08_04
10   {
11       class Program
12       {
13           static int[] data = new int[6];
14           static int size = 6;
15
16           static void Main(string[] args)
17           {
18               Inputarr();
19               Write("您输入的原始数组是: ");
20               Showdata();
21               Insert();
22               ReadKey();
23           }
24           static void Inputarr()
25           {
26               int i;
27               for (i = 0; i < size; i++)        //使用循环输入数组数据
28               {
29                   try
30                   {
31                       Write("请输入第" + (i + 1) + "个元素: ");
32                       data[i] = int.Parse(ReadLine());
33                   }
34                   catch (Exception e) { }
35               }
36           }
37
38           static void Showdata()
39           {
40               int i;
41               for (i = 0; i < size; i++)
42               {
43                   Write(data[i] + " ");    //打印数组数据
44               }
45               WriteLine();
46           }
```

```
47
48          static void Insert()
49          {
50              int i;      //i 为扫描次数
51              int j;         //以 j 来定位比较的元素
52              int tmp;    //tmp 用来暂存数据
53              for (i = 1; i < size; i++)    //扫描循环次数为 SIZE-1
54              {
55                  tmp = data[i];
56                  j = i - 1;
57                  while (j >= 0 && tmp < data[j]) //如果第二个元素小于第一个元素
58                  {
59                      data[j + 1] = data[j]; //就把所有元素往后推一个位置
60                      j--;
61                  }
62                  data[j + 1] = tmp;          //最小的元素放到第一个位置
63                  Write("第" + i + "次扫描的排序结果为: ");
64                  Showdata();
65              }
66          }
67      }
68 }
```

范例程序的执行结果如 8-19 所示。

```
请输入第1个元素: 9
请输入第2个元素: 5
请输入第3个元素: 8
请输入第4个元素: 4
请输入第5个元素: 7
请输入第6个元素: 2
您输入的原始数组是: 9 5 8 4 7 2
第1次扫描的排序结果为: 5 9 8 4 7 2
第2次扫描的排序结果为: 5 8 9 4 7 2
第3次扫描的排序结果为: 4 5 8 9 7 2
第4次扫描的排序结果为: 4 5 7 8 9 2
第5次扫描的排序结果为: 2 4 5 7 8 9
```

图 8-19

8.2.4　希尔排序法

"希尔排序法"是 D. L. Shell 在 1959 年 7 月所发明的一种排序法,可以减少插入排序法中数据搬移的次数,以加速排序的进行。排序的原则是将数据区分为特定间隔的几个小区块,以插入排序法排完区块内的数据后再渐渐减少间隔的距离。

下面我们仍然用数列(63、92、27、36、45、71、58、7)从小到大的排序过程来说明希尔排序法的演算流程,参考图 8-20~图 8-25。

图 8-20

（1）首先将所有数据分成 Y：(8 div 2)，即 Y=4，称为划分数。注意，划分数不一定是 2，质数最好，但为了方便计算，我们习惯选 2。因此，一开始的间隔设置为 8/2，如图 8-21 所示。

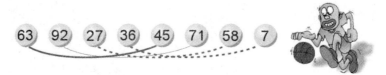

图 8-21

（2）如此就可以得到 4 个区块，分别是(63, 45)、(92, 71)、(27, 58)、(36, 7)，再分别用插入排序法排序为(45, 63)、(71, 92)、(27, 58)、(7, 36)。在整个队列中，数据的排列如图 8-22 所示。

图 8-22

（3）接着缩小间隔为(8/2)/2，如图 8-23 所示。

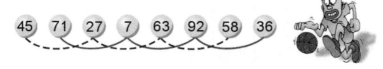

图 8-23

（4）再分别用插入排序法对(45,27,63,58)和(71,7,92,36)进行排序，得到如图 8-24 所示的结果。

图 8-24

（5）再以((8/2)/2)/2 的间距进行插入排序，即对每一个元素进行排序，得到如图 8-25 所示的结果。

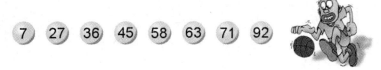

图 8-25

■ 希尔排序法的分析

（1）任何情况的时间复杂度均为 $O(n^{3/2})$。

（2）希尔排序法和插入排序法一样，都是稳定排序。

（3）因为只需要一个额外空间，所以空间复杂度是最佳。

（4）此排序法适用于数据大部分都已排序完成的情况。

范例 8.2.5 请设计一个 C# 程序，自行输入 8 个数值，并使用希尔排序法进行排序。

范例程序：ch08_05.sln

```
1    using System;
2    using System.Collections.Generic;
3    using System.Linq;
4    using System.Text;
5    using System.Threading.Tasks;
6    using System.IO;
7    using static System.Console;//导入静态类
8
9    namespace ch08_05
10   {
11       class Program
12       {
13           static int[] data = new int[8];
14           static int size = 8;
15
16           static void Main(string[] args)
17           {
18               Inputarr();
19               Write("您输入的原始数组是：");
20               Showdata();
21               Shell();
22               ReadKey();
23           }
24
25           static void Inputarr()
26           {
27               int i = 0;
```

```
28          for (i = 0; i < size; i++)
29          {
30              Write("请输入第" + (i + 1) + "个元素：");
31              try
32              {
33                  data[i] = int.Parse(ReadLine());
34              }
35              catch (Exception e) { }
36          }
37      }
38
39      static void Showdata()
40      {
41          int i = 0;
42          for (i = 0; i < size; i++)
43          {
44              Write(data[i] + " ");
45          }
46          WriteLine();
47      }
48
49      static void Shell()
50      {
51          int i;          //i 为扫描次数
52          int j;          //以 j 来定位比较的元素
53          int k = 1;      //k 打印计数
54          int tmp;        //tmp 用来暂存数据
55          int jmp;        //设置间距位移量
56          jmp = size / 2;
57          while (jmp != 0)
58          {
59              for (i = jmp; i < size; i++)
60              {
61                  tmp = data[i];
62                  j = i - jmp;
63                  while (j >= 0 && tmp < data[j])
64                      //插入排序法
65                  {
66                      data[j + jmp] = data[j];
67                      j = j - jmp;
68                  }
69                  data[jmp + j] = tmp;
70              }
```

```
71
72                              Write("第" + (k++) + "次排序的结果为：");
73                              Showdata();
74                              jmp = jmp / 2;  //控制循环次数
75                       }
76                }
77          }
78    }
```

范例程序的执行结果如图 8-26 所示。

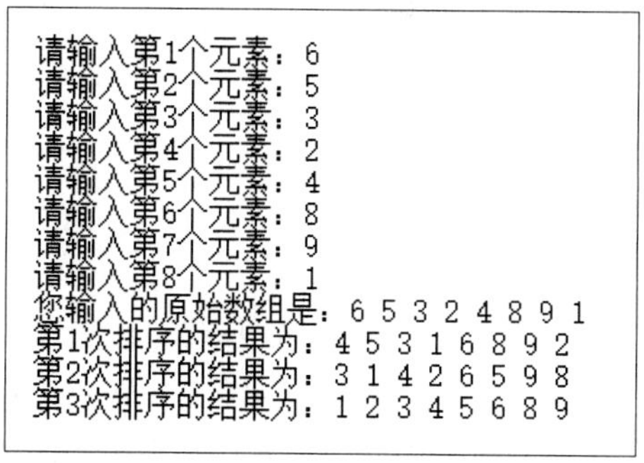

```
请输入第1个元素：6
请输入第2个元素：5
请输入第3个元素：3
请输入第4个元素：2
请输入第5个元素：4
请输入第6个元素：8
请输入第7个元素：9
请输入第8个元素：1
您输入的原始数组是：6 5 3 2 4 8 9 1
第1次排序的结果为：4 5 3 1 6 8 9 2
第2次排序的结果为：3 1 4 2 6 5 9 8
第3次排序的结果为：1 2 3 4 5 6 8 9
```

图 8-26

8.2.5　合并排序法

合并排序法（Merge Sort）是针对已排序好的两个或两个以上的数列（或数据文件），通过合并的方式将其组合成一个大的且已排好序的数列（或数据文件）。步骤如下：

（1）将 N 个长度为 1 的键值成对地合并成 N/2 个长度为 2 的键值组。

（2）将 N/2 个长度为 2 的键值组成对地合并成 N/4 个长度为 4 的键值组。

（3）将键值组不断地合并，直到合并成一组长度为 N 的键值组为止。

下面我们用数列（38、16、41、72、52、98、63、25）从小到大的排序过程来说明合并排序法的基本演算流程，如图 8-27 所示。

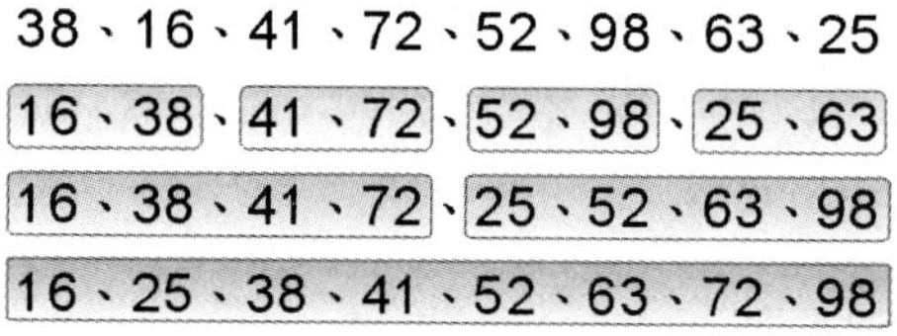

```
38、16、41、72、52、98、63、25
16、38  41、72  52、98  25、63
16、38、41、72  25、52、63、98
16、25、38、41、52、63、72、98
```

图 8-27

上面展示的是一种比较简单的合并排序，又称为 2 路（2-way）合并排序，主要是把原来的数列视作 N 个已排好序且长度为 1 的数列，再将这些长度为 1 的数列两两合并，结合成 N/2 个已排好序且长度为 2 的数列。同样的做法，再按序两两合并，合并成 N/4 个已排好序且长度为 4 的数列……，以此类推，最后合并成一个已排好序且长度为 N 的数列。

现在将排序步骤整理如下：

步骤 01 将 N 个长度为 1 的数列合并成 N/2 个已排序妥当且长度为 2 的数列。

步骤 02 将 N/2 个长度为 2 的数列合并成 N/4 个已排序妥当且长度为 4 的数列。

步骤 03 将 N/4 个长度为 4 的数列合并成 N/8 个已排序妥当且长度为 8 的数列。

步骤 04 将 N/2i-1 个长度为 2i-1 的数列合并成 N/2i 个已排序妥当且长度为 2i 的数列。

■ 合并排序法的分析

（1）使用合并排序法，n 项数据一般需要约 $\log_2 n$ 次处理，因为每次处理的时间复杂度为 O(n)，所以合并排序法的最佳情况、最差情况及平均情况复杂度为 $O(n\log_2 n)$。

（2）由于在排序过程中需要一个与数列（或数据文件）大小同样的额外空间，所以其空间复杂度为 O(n)。

（3）是一个稳定（Stable）的排序方式。

8.2.6 快速排序法

快速排序（Quick Sort）是由 C. A. R. Hoare 提出来的。快速排序法又称分割交换排序法，是目前公认的最佳排序法，也是使用"分而治之"（Divide and Conquer）的方式，会先在数据中找到一个虚拟的中间值，并按此中间值将所有打算排序的数据分为两部分。其中小于中间值的数据放在左边，而大于中间值的数据放在右边，再以同样的方式分别处理左右两边的数据，直到排序完为止。操作与分割步骤如下：

假设有 n 项 R_1、R_2、R_3…R_n 记录，其键值为 k_1、k_2、k_3……k_n。

步骤 01 先假设 K 的值为第一个键值。

步骤 02 从左向右找出键值 K_i，使得 $K_i > K$。

步骤 03 从右向左找出键值 K_j，使得 $K_j < K$。

步骤 04 若 i<j，则 K_i 与 K_j 互换，并回到步骤 2。

步骤 05 若 i≥j，则 K 与 K_j 互换，并以 j 为基准点分割成左右两部分，然后针对左右两边执行步骤 1~5，直到左边键值=右边键值为止。

下面示范使用快速排序法对数据进行排序的过程，参考图 8-28。

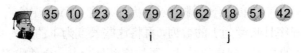

R1 R2 R3 R4 R5 R6 R7 R8 R9 R10

35 10 42 3 79 12 62 18 51 23

K=35　i　　　　　　　　　　　j

图 8-28

步骤 01 因为 i<j，所以交换 K_i 与 K_j，如图 8-29 所示，然后继续进行比较。

35 10 23 3 79 12 62 18 51 42

　　　　i　　　　j

图 8-29

步骤 02 因为 i<j，所以交换 K_i 与 K_j，如图 8-30 所示，然后继续进行比较。

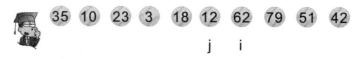

$$j \quad i$$

图 8-30

步骤 03 因为 i≥j，所以交换 K 与 K_j，并以 j 为基准点分割成左右两部分，如图 8-31 所示。

图 8-31

经过上述几个步骤，大家可以将小于键值 K 的数据放在左边；将大于键值 K 的数据放在右边。按照上述的排序过程，对左右两部分分别排序，过程如图 8-32 所示。

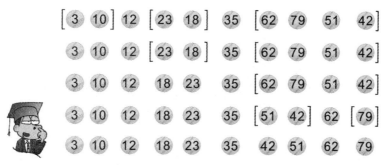

图 8-32

■ 快速排序法的分析

（1）在最快情况和平均情况下，时间复杂度为 $O(n\log_2 n)$。最坏情况就是每次挑中的中间值不是最大就是最小，因此最坏情况下的时间复杂度为 $O(n^2)$。

（2）快速排序法不是稳定排序法。

（3）在最差情况下，空间复杂度为 $O(n)$，而最佳情况下空间复杂度为 $O(\log 2n)$。

（4）快速排序法是平均运行时间最快的排序法。

范例 8.2.6　请设计一个 C# 程序，输入数列的个数，并使用随机数生成数值，再使用快速排序法进行排序。

范例程序：ch08_06.sln

```
1    using System;
2    using System.Collections.Generic;
3    using System.Linq;
4    using System.Text;
5    using System.Threading.Tasks;
6    using System.IO;
7    using static System.Console;//导入静态类
```

```
8
9    namespace ch08_06
10   {
11      class Program
12      {
13         static int process = 0;
14         static int size;
15         static int[] data = new int[100];
16
17         static void Main(string[] args)
18         {
19            Write("请输入数组大小(100 以下)：");
20            size = int.Parse(ReadLine());
21            Inputarr();
22            Write("原始数据是：");
23            Showdata();
24
25            Quick(data, size, 0, size - 1);
26            Write("\n 排序的结果为：");
27            Showdata();
28            ReadKey();
29         }
30         static void Inputarr()
31         {
32            //以随机数输入
33            Random rand = new Random();
34            int i;
35            for (i = 0; i < size; i++)
36               data[i] = (Math.Abs(rand.Next(99))) + 1;
37         }
38
39         static void Showdata()
40         {
41            int i;
42            for (i = 0; i < size; i++)
43            Write(data[i] + " ");
44            WriteLine();
45         }
46
47         static void Quick(int[] d, int size, int lf, int rg)
48         {
49            int i, j, tmp;
50            int lf_idx;
```

```
51              int rg_idx;
52              int t;
53              //1:第一项键值为d[lf]
54              if (lf < rg)
55              {
56                  lf_idx = lf + 1;
57                  rg_idx = rg;
58
59                  //排序
60                  while (true)
61                  {
62                      Write("[处理过程" + (process++) + "]=> ");
63                      for (t = 0; t < size; t++)
64                          Write("[" + d[t] + "] ");
65
66                      Write("\n");
67
68                      for (i = lf + 1; i <= rg; i++)   //2:从左向右找出一个键值
                                                              大于d[lf]者
69                      {
70                          if (d[i] >= d[lf])
71                          {
72                              lf_idx = i;
73                              break;
74                          }
75                          lf_idx++;
76                      }
77
78                      for (j = rg; j >= lf + 1; j--)    //3:从右向左找出一个键值
                                                              小于d[lf]者
79                      {
80                          if (d[j] <= d[lf])
81                          {
82                              rg_idx = j;
83                              break;
84                          }
85                          rg_idx--;
86                      }
87
88                      if (lf_idx < rg_idx)        //4-1:若lf_idx<rg_idx
89                      {
90                          tmp = d[lf_idx];
91                          d[lf_idx] = d[rg_idx]; //则d[lf_idx]和d[rg_idx]互换
```

```
92                    d[rg_idx] = tmp;           //然后继续排序
93                }
94            else
95            {
96                    break; //否则跳出排序过程
97                }
98        }
99
100            //整理
101            if (lf_idx >= rg_idx) //5-1:若 lf_idx 大于等于 rg_idx
102            {                           //则将 d[lf]和 d[rg_idx]互换
103                tmp = d[lf];
104                d[lf] = d[rg_idx];
105                d[rg_idx] = tmp;
106                //5-2:并以 rg_idx 为基准点分成左右两半
107                Quick(d, size, lf, rg_idx - 1); //以递归方式分别为左右
                                                   两半进行排序
108                Quick(d, size, rg_idx + 1, rg); //直至完成排序
109            }
110        }
111    }
112    }
113 }
```

范例程序的执行结果如图 8-33 所示。

```
请输入数组大小(100以下)：10
原始数据是：39 28 41 5 97 66 94 99 85 89
[处理过程0]=> [39] [28] [41] [5] [97] [66] [94] [99] [85] [89]
[处理过程1]=> [39] [28] [5] [41] [97] [66] [94] [99] [85] [89]
[处理过程2]=> [5] [28] [39] [41] [97] [66] [94] [99] [85] [89]
[处理过程3]=> [5] [28] [39] [41] [97] [66] [94] [99] [85] [89]
[处理过程4]=> [5] [28] [39] [41] [97] [66] [94] [99] [85] [89]
[处理过程5]=> [5] [28] [39] [41] [97] [66] [94] [89] [85] [99]
[处理过程6]=> [5] [28] [39] [41] [85] [66] [94] [89] [97] [99]
[处理过程7]=> [5] [28] [39] [41] [66] [85] [94] [89] [97] [99]

排序的结果为：5 28 39 41 66 85 89 94 97 99
```

图 8-33

8.2.7 堆积排序法

堆积排序法可以算是选择排序法的改进版，它可以减少在选择排序法中的比较次数，进而减少排序时间。堆积排序法用到了二叉树的技巧，它是利用堆积树来完成排序的。堆积树是一种特殊的二叉树，可分为最大堆积树和最小堆积树。最大堆积树具备以下三个条件。

（1）它是一个完全二叉树。

（2）所有节点的值都大于或等于其左右子节点的值。

（3）树根是堆积树中最大的。

最小堆积树则具备以下三个条件。

（1）它是一个完全二叉树。
（2）所有节点的值都小于或等于其左右子节点的值。
（3）树根是堆积树中最小的。

在开始讨论堆积排序法之前，大家必须先了解如何将二叉树转换成堆积树（Heap Tree）。以下面实例进行说明。

假设有 9 个数据（32、17、16、24、35、87、65、4、12），我们以二叉树来表示，如图 8-34 所示。

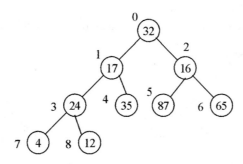

图 8-34

如果将该二叉树转换成堆积树（Heap Tree），可以用数组来存储二叉树所有节点的值。即

A[0]=32、A[1]=17、A[2]=16、A[3]=24、A[4]=35、A[5]=87、A[6]=65、A[7]=4、A[8]=12

步骤01 A[0]=32 为树根，若 A[1]大于父节点，则必须互换。此处因 A[1]=17 < A[0]=32，故不交换。

步骤02 因 A[2]=16 < A[0]，故不交换，如图 8-35 所示。

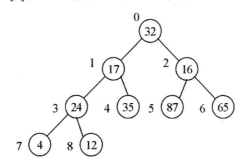

图 8-35

步骤03 因 A[3]=24 > A[1]=17，故交换，如图 8-36 所示。

步骤04 因 A[4]=35 > A[1]=24，故交换；再与 A[0]=32 比较，因 A[1]=35 > A[0]=32，故交换，如图 8-37 所示。

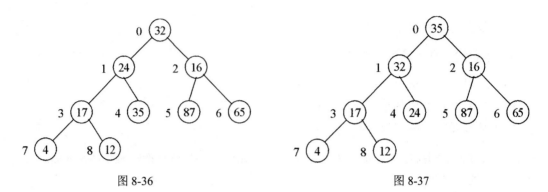

图 8-36   图 8-37

步骤 05 因 A[5]=87 > A[2]=16，故交换；再与 A[0]=35 比较，因 A[2]=87 > A[0]=35，故交换，如图 8-38 所示。

步骤 06 因 A[6]=65 > A[2]=35，故交换，且 A[2]=65 < A[0]=87，故不必换，如图 8-39 所示。

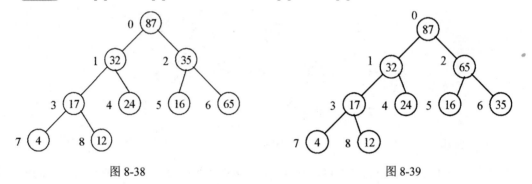

图 8-38   图 8-39

步骤 07 因 A[7]=4<A[3]=17，故不必换。

步骤 08 因 A[8]=12<A[3]=17，故不必换。

可得到如图 8-40 所示的堆积树。

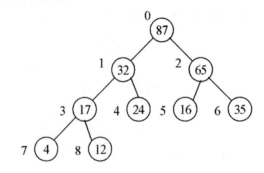

图 8-40

　　刚才示范从二叉树的树根开始从上向下逐一按堆积树的建立原则来改变各节点值，最终得到一棵最大堆积树。大家可能已经发现，堆积树并非唯一。如果想从小到大排序，就必须建立最小堆积树，方法与建立最大堆积树类似，在此就不再赘述。

　　下面我们利用堆积排序法对数列（34、19、40、14、57、17、4、43）进行排序。

（1）按图 8-41 中数字顺序建立完全二叉树。

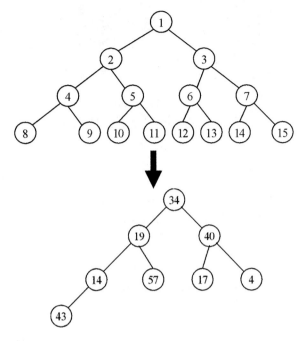

图 8-41

（2）建立堆积树，如图 8-42 所示。

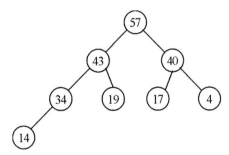

图 8-42

（3）将 57 从树根删除，重新建立堆积树，如图 8-43 所示。

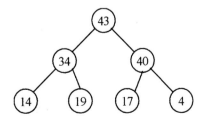

图 8-43

（4）将 43 从树根删除，重新建立堆积树，如图 8-44 所示。

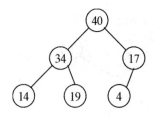

图 8-44

（5）将 40 从树根删除，重新建立堆积树，如图 8-45 所示。

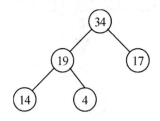

图 8-45

（6）将 34 从树根删除，重新建立堆积树，如图 8-46 所示。

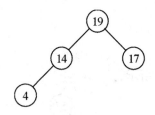

图 8-46

（7）将 19 从树根删除，重新建立堆积树，如图 8-47 所示。

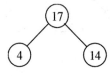

图 8-47

（8）将 17 从树根删除，重新建立堆积树，如图 8-48 所示。

图 8-48

（9）将 14 从树根删除，重新建立堆积树，如图 8-49 所示。

图 8-49

最后将 4 从树根删除，得到的排序结果为 57、43、40、34、19、17、14、4。

▪ 堆积排序法的分析

（1）在所有情况下，时间复杂度均为 $O(n\log_2 n)$。

（2）堆积排序法不是稳定排序法。

（3）因为只需要一个额外的空间，所以空间复杂度为 $O(1)$。

范例▶ **8.2.7**　请设计一个 C# 程序，并使用堆积排序法对一个数列进行排序。

范例程序：ch08_07.sln

```csharp
1   using System;
2   using System.Collections.Generic;
3   using System.Linq;
4   using System.Text;
5   using System.Threading.Tasks;
6   using System.IO;
7   using static System.Console;//导入静态类
8
9   namespace ch08_07
10  {
11      class Program
12      {
13          static int[] data = { 0, 5, 6, 4, 8, 3, 2, 7, 1 };  //原始数组内容
14
15          static void Main(string[] args)
16          {
17              int i, size;
18              size = 9;
19              Write("原始数组: ");
20              for (i = 1; i < size; i++)
21                  Write("[" + data[i] + "] ");
22              Heap(data, size); //建立堆积树
23              Write("\n排序结果: ");
24              for (i = 1; i < size; i++)
25                  Write("[" + data[i] + "] ");
26              WriteLine();
27              ReadKey();
28          }
29          public static void Heap(int[] data , int size)
30          {
31              int i, j, tmp;
32              for (i = (size / 2); i > 0; i--) //建立堆积树节点
33                  Ad_heap(data, i, size - 1);
```

```
34              Write("\n 堆积内容: ");
35              for (i = 1; i < size; i++)          //原始堆积树内容
36                  Write("[" + data[i] + "] ");
37              WriteLine();
38              for (i = size - 2; i > 0; i--)     //堆积排序
39              {
40                  tmp =.data[i + 1];              //头尾节点交换
41                  data[i + 1] = data[1];
42                  data[1] = tmp;
43                  Ad_heap(data, 1, i);           //处理剩余节点
44                  Write("\n 处理过程: ");
45                  for (j = 1; j < size; j++)
46                      Write("[" + data[j] + "] ");
47              }
48          }
49          public static void Ad_heap(int[] data, int i, int size)
50          {
51              int j, tmp, post;
52              j = 2 * i;
53              tmp = data[i];
54              post = 0;
55              while (j <= size && post == 0)
56              {
57                  if (j < size)
58                  {
59                      if (data[j] < data[j + 1]) //找出最大节点
60                          j++;
61                  }
62                  if (tmp >= data[j]) //若树根较大，结束比较过程
63                      post = 1;
64                  else
65                  {
66                      data[j / 2] = data[j];//若树根较小，则继续比较
67                      j = 2 * j;
68                  }
69              }
70              data[j / 2] = tmp;         //指定树根为父节点
71          }
72      }
73  }
```

范例程序的执行结果如图 8-50 所示。

```
原始数组： [5] [6] [4] [8] [3] [2] [7] [1]
堆积内容： [8] [6] [7] [5] [3] [2] [4] [1]

处理过程： [7] [6] [4] [5] [3] [2] [1] [8]
处理过程： [6] [5] [4] [1] [3] [2] [7] [8]
处理过程： [5] [3] [4] [1] [2] [6] [7] [8]
处理过程： [4] [3] [2] [1] [5] [6] [7] [8]
处理过程： [3] [1] [2] [4] [5] [6] [7] [8]
处理过程： [2] [1] [3] [4] [5] [6] [7] [8]
处理过程： [1] [2] [3] [4] [5] [6] [7] [8]
排序结果： [1] [2] [3] [4] [5] [6] [7] [8]
```

图 8-50

8.2.8　基数排序法

基数排序法与我们之前所讨论的排序法不太一样，它并不需要进行元素之间的比较操作，而是属于一种分配模式排序方式。

基数排序法按比较的方向可分为最高位优先（Most Significant Digit First，MSD）和最低位优先（Least Significant Digit First，LSD）两种。MSD 法是从最左边的位数开始比较，而 LSD 则是从最右边的位数开始比较。在下面的范例中，我们以 LSD 将三位数的整数数据加以排序，它是按个位数、十位数、百位数来进行排序的。请直接看下面最低位优先（LSD）的例子，便可清楚地知道其工作原理。

原始数据如下：

| 59 | 95 | 7 | 34 | 60 | 168 | 171 | 259 | 372 | 45 | 88 | 133 |

步骤 01 把每个整数按其个位数字放到列表中。

个位数字	0	1	2	3	4	5	6	7	8	9
数据	60	171	372	133	34	95 45		7	168 88	59 259

合并后成为：

| 60 | 171 | 372 | 133 | 34 | 95 | 45 | 7 | 168 | 88 | 59 | 259 |

步骤 02 再把每个整数按其十位数字放到列表中。

十位数字	0	1	2	3	4	5	6	7	8	9
数据	7			133 34	45	59 259	60 168	171 372	88	95

合并后成为：

| 7 | 133 | 34 | 45 | 59 | 259 | 60 | 168 | 171 | 372 | 88 | 95 |

步骤 **03** 再把每个整数按其百位数字放到列表中。

百位数字	0	1	2	3	4	5	6	7	8	9
数据	7 34 45 59 60 88 95	133 168 171	259	372						

最后合并，即完成排序。

7	34	45	59	60	88	95	133	168	171	259	372

▪ 基数排序法的分析

（1）在所有情况下，时间复杂度均为 $O(n\log_p k)$，k 是原始数据的最大值。

（2）基数排序法是稳定排序法。

（3）基数排序法会使用很大的额外空间来存放列表数据，其空间复杂度为 $O(n*p)$， n 是原始数据的个数，p 是数据字符数。如上例中，数据的个数 n=12，字符数 p=3。

（4）若 n 很大，p 固定或很小，则此排序法将很有效率。

范例 8.2.8 请设计一个 C# 程序，可自行输入数值数组的个数，再使用基数排序法对这组数列进行排序。

```
范例程序：ch08_08.sln

1    using System;
2    using System.Collections.Generic;
3    using System.Linq;
4    using System.Text;
5    using System.Threading.Tasks;
6    using System.IO;
7    using static System.Console;//导入静态类
8
9    namespace ch08_08
10   {
11       class Program
12       {
13           static int size;
14           static int[] data = new int[100];
15
```

```
16        static void Main(string[] args)
17        {
18            Write("请输入数组大小(100 以下)：");
19            size = int.Parse(ReadLine());
20            Inputarr();
21            Write("您输入的原始数据是：\n");
22            Showdata();
23            Radix();
24            ReadKey();
25        }
26        static void Inputarr()
27        {
28            Random rand = new Random();
29            int i;
30            for (i = 0; i < size; i++)
31                data[i] = (Math.Abs(rand.Next(999))) + 1;
                                        //设置 data 值最大为 3 位数
32        }
33
34        static void Showdata()
35        {
36            int i;
37            for (i = 0; i < size; i++)
38                Write(data[i] + " ");
39            WriteLine();
40        }
41
42        static void Radix()
43        {
44            int i, j, k, n, m;
45            for (n = 1; n <= 100; n = n * 10)   //n 为基数，从个位数开始排序
46            {
47                //设置暂存数组，[0~9 位数][数据个数]，所有内容均为 0
48                int[,] tmp=new int[10,100];
49        for (i=0;i<size;i++)  //对比所有数据
50        {
51            m=(data[i]/n)%10;  //m 为 n 位数的值，如 36 取十位数(36/10)%10=3
52                tmp[m,i]=data[i];  //把 data[i]的值暂存于 tmp 中
53            }
54
55                k=0;
56        for (i=0;i<10;i++)
57        {
```

```
58              for(j=0;j<size;j++)
59                {
60                if(tmp[i,j] != 0)//因一开始设置 tmp={0}，故不为 0 者即为
61                {
62        // data 暂存在 tmp 中的值，把 tmp 中的值放回到 data[ ]中
63                data[k]=tmp[i,j];
64                k++;
65            }
66             }
67             }
68                Write("经过"+n+"位数排序后: ");
69                Showdata();
70          }
71      }
72      }
73    }
```

范例程序的执行结果如图 8-51 所示。

```
请输入数组大小(100以下)：10
您输入的原始数据是：
682 183 430 294 574 76 691 847 456 187
经过1位数排序后：430 691 682 183 294 574 76 456 847 187
经过10位数排序后：430 847 456 574 76 682 183 187 691 294
经过100位数排序后：76 183 187 294 430 456 574 682 691 847
```

图 8-51

8.3 外部排序法

当我们所要排序的数据量太多或文件太大，无法直接在内存排序而需要依赖外部存储设备时，就会使用到外部排序法。外部存储设备又可按照访问方式分为两种，即顺序访问（如磁带）和随机访问（如磁盘）。

一般来说，外部排序法经常使用的就是直接合并排序法，它适用于顺序访问的文件。

8.3.1 直接合并排序法

直接合并排序法（Direct Merge Sort）是外部存储设备常用的排序方法，它可以分为一下两个步骤。

步骤 01 将要排序的文件分为几个大小可以加载到内存空间的小文件，再使用内部排序法将各文件内的数据排序。

步骤 02 将第一步建立的小文件每两个合并成一个文件，两两合并后，把所有文件合并成一个文件后就可以完成排序了。

例如，我们把一个文件分成 6 个小文件，如图 8-52 所示。

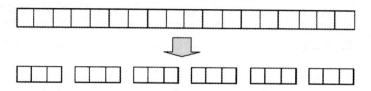

图 8-52

小文件都完成排序后，两两合并成一个较大的文件，最后合并成一个文件即可完成，如图 8-53 所示。

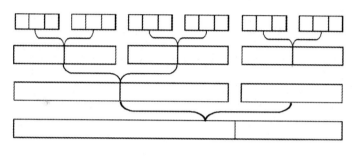

图 8-53

更实际点来说，如果要对文件 test.txt 进行排序，而 test.txt 里包含 1500 个数据，但内存最多一次可处理 300 个数据。

步骤 01　将 test.txt 分成 5 个文件，即 t1~t5，每个文件包含 300 个数据。

步骤 02　以内部排序法对 t1~t5 进行排序。

步骤 03　进行文件 t1、t2 合并，将内存分成三部分，每部分可存放 100 个数据，先将 t1 和 t2 的前 100 个数据放到内存中，排序后放到合并完成缓冲区，等缓冲区满了之后写入磁盘，参考图 8-54 所示。

t1	t2	合并完成区

图 8-54

步骤 04　重复步骤 3 直到完成排序为止。

合并的方法如下：

假设有两个完成排序的文件要合并，那么排序从小到大为：

```
a1：1,4,6,8,9
b1：2,3,5,7
```

首先在两个文件中分别读出一个元素进行比较，比较后将较小的文件放入合并缓冲区内。

1 与 2 比较后将较小的 1 放入缓冲区，a1 的文件指针往后一个元素

2 与 4 比较后将较小的 2 放入缓冲区，b1 的文件指针往后一个元素

3 与 4 比较后将较小的 3 放入缓冲区，b1 的文件指针往后一个元素

4 与 5 比较后将较小的 4 放入缓冲区，a1 的文件指针往后一个元素

以此类推，等到缓冲区的数据满了就进行写入文件的动作；a1 或 b1 的文件指针到了最后一个数据就读取下面的数据来进行比较排序。

范例 8.3.1 请设计一个 C# 程序，直接把两个已经排序好的文件合并，同时排序成一个文件。

data1.dat：1 3 4 5　　dara2.dat：2 6 7 9

范例程序：ch08_09.sln

```
1    using System;
2    using System.Collections.Generic;
3    using System.Linq;
4    using System.Text;
```

```
5     using System.Threading.Tasks;
6     using System.IO;
7     using static System.Console;//导入静态类
8
9     namespace ch08_09
10    {
11        class Program
12        {
13            static void Main(string[] args)
14            {
15                String filep = @"D:\C#\ch08\ch08_09\data.txt";
16                String filep1 = @"D:\C#\ch08\ch08_09\data1.txt";
17                String filep2 = @"D:\C#\ch08\ch08_09\data2.txt";
18
19                //调用 FileInfo 类创建文件实例 fp, fp1, fp2
20                FileInfo fp = new FileInfo(filep);
21                FileInfo fp1 = new FileInfo(filep1);
22                FileInfo fp2 = new FileInfo(filep2);
23
24                if (File.Exists(filep) == false)
25                    WriteLine("打开主文件失败");
26                else if (File.Exists(filep1) == false)
27                    WriteLine("打开数据文件 1 失败");    //打开文件成功时，指针会
                                                            返回 FILE 文件
28                else if (File.Exists(filep2) == false)      //指针，打开失败则
                                                            返回 null 值
29                    WriteLine("打开数据文件 2 失败");
30                else
31                {
32                    WriteLine("正在对数据进行排序......");
33                    Merge(fp, fp1, fp2);//调用方法
34                    WriteLine("数据处理完成！");
35                }
36                using (StreamReader pfile1 = File.OpenText(filep1))
37                {
38                    WriteLine("data1.txt 数据内容为：");
39                    ReadData(pfile1);
40                }
41
42                using (StreamReader pfile2 = File.OpenText(filep2))
43                {
44                    WriteLine("data2.txt 数据内容为：");
45                    ReadData(pfile2);
46                }
```

```
47
48          using (StreamReader srd = File.OpenText(filep))
49          {
50              WriteLine("排序后data.txt数据内容为：");
51              ReadData(srd);
52          }
53
54          ReadKey();
55      }
56
57      //Read()方法只能读取一个字符
58      public static void ReadData(StreamReader sr)
59      {
60          int pk; char wd;
61          while (true)
62          {
63              pk = sr.Read();
64              wd = (char)pk;
65              if (pk == -1)
66                  break;
67              Write($"[{wd}]");
68          }
69          WriteLine();    //换行
70      }
71
72      public static void Merge(FileInfo p, FileInfo p1, FileInfo p2)
73      {
74          char str1, str2;
75          int n1, n2; //声明变量n1，n2暂存数据文件data1和data2内的元素值
76
77          StreamWriter pfile = File.CreateText(p.FullName);
78          StreamReader pfile1 = File.OpenText(p1.FullName);
79          StreamReader pfile2 = File.OpenText(p2.FullName);
80
81          n1 = pfile1.Read();
82          n2 = pfile2.Read();
83          while (n1 != -1 && n2 != -1)        //判断是否已到文件末尾
84          {
85              if (n1 <= n2)
86              {
87                  str1 = (char)n1;
88                  pfile.Write(str1);    //如果n1比较小，则把n1存储到fp中
89                  n1 = pfile1.Read();  //接着读下一项n1的数据
90              }
```

```
91              else
92              {
93                  str2 = (char)n2;
94                  pfile.Write(str2);  //如果 n2 比较小，则把 n2 存储到 fp 中
95                  n2 = pfile2.Read(); //接着读下一笔 n2 的数据
96              }
97          }
98          if (n2 != -1)
99          {
100             while (true)
101             {
102                 if (n2 == -1)
103                     break;
104                 str2 = (char)n2;
105                 pfile.Write(str2);
106                 n2 = pfile2.Read();
107             }
108         }
109         else if (n1 != -1)
110         {
111             while (true)
112             {
113                 if (n1 == -1)
114                     break;
115                 str1 = (char)n1;
116                 pfile.Write(str1);
117                 n1 = pfile1.Read();
118             }
119         }
120         pfile.Close();
121         pfile1.Close();
122         pfile2.Close();
123     }
124   }
125 }
```

范例程序的执行结果如图 8-55 所示。

```
正在对数据进行排序……
数据处理完成!
data1.txt数据内容为:
[1][3][4][5]
data2.txt数据内容为:
[2][6][7][9]
排序后data.txt数据内容为:
[1][2][3][4][5][6][7][9]
```

图 8-55

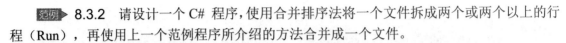

范例 8.3.2 请设计一个 C# 程序,使用合并排序法将一个文件拆成两个或两个以上的行程(Run),再使用上一个范例程序所介绍的方法合并成一个文件。

范例程序: ch08_10.sln

```
1    using System;
2    using System.Collections.Generic;
3    using System.Linq;
4    using System.Text;
5    using System.Threading.Tasks;
6    using System.IO;
7    using static System.Console;//导入静态类
8
9    namespace ch08_10
10   {
11       class Program
12       {
13           static void Main(string[] args)
14           {
15               String filep = @"D:\C#\ch08\ch08_10\datafile.txt";
16               String filep1 = @"D:\C#\ch08\ch08_10\sort1.txt";
17               String filep2 = @"D:\C#\ch08\ch08_10\sort2.txt";
18               String filepa = @"D:\C#\ch08\ch08_10\sortdata.txt";
19
20               FileInfo fp = new FileInfo(filep);   //声明文件指针
21               FileInfo fp1 = new FileInfo(filep1);
22               FileInfo fp2 = new FileInfo(filep2);
23               FileInfo fpa = new FileInfo(filepa);
24
25               if (File.Exists(filep) ==false)
26                   Write("打开数据文件失败\n");
27               else if (File.Exists(filep1) == false)
28                   Write("打开分割文件 1 失败\n");
29               else if (File.Exists(filep2) == false)
30                   Write("打开分割文件 2 失败\n");
31               else if (File.Exists(filepa) == false)
32                   Write("打开合并文件失败\n");
33               else
34               {
35                   Write("正在分割文件分割......\n");
36                   Me(fp, fp1, fp2, fpa);
37                   Write("正在对数据进行排序......\n");
38                   Write("数据处理完成! \n");
39               }
```

```
40
41          Write("原始文件 datafile.txt 的数据内容为：\n");
42          Showdata(fp);
43          Write("\n 分割文件 sort1.txt 的数据内容为：\n");
44          Showdata(fp1);
45          Write("\n 分割文件 sort2.txt 的数据内容为：\n");
46          Showdata(fp2);
47          Write("\n 排序后 sortdata.txt 的数据内容为：\n");
48          Showdata(fpa);
49          ReadKey();
50      }
51
52      public static void Showdata(FileInfo p)
53      {
54          char str;
55          int str1;
56          StreamReader pfile = File.OpenText(p.FullName);
57
58       while (true)
59       {
60           str1=pfile.Read();
61      str=(char) str1;
62             if(str1==-1)
63        break;
64        Write("["+str+"]");
65          }
66        Write("\n");
67      }
68
69      public static void Me(FileInfo p, FileInfo p1, FileInfo p2,
                        FileInfo pa)
70      {
71      char str1,str2;
72      int n1=0,n2,n;
73
74          StreamReader pfile3 = File.OpenText(p.FullName);
75          StreamWriter pfile1 = File.CreateText(p1.FullName);
76          StreamWriter pfile2 = File.CreateText(p2.FullName);
77          StreamWriter pfilea = File.CreateText(pa.FullName);
78
79      while(true)
80      {
81          n2=pfile3.Read();
```

```
82          if(n2==-1)
83             break;
84               n1++;
85           }
86          pfile3.Close();
87              StreamReader pfile = File.OpenText(p.FullName);
88
89          for(n2=0;n2<(n1/2);n2++)
90          {
91              str1=(char) pfile.Read();
92                  pfile1.Write(str1);
93          }
94          pfile1.Close();
95          Bubble(p1, n2);
96          while(true)
97          {
98              n=pfile.Read();
99          str2=(char) n;
100         if(n==-1)
101                 break;
102         pfile2.Write(str2);
103             }
104         pfile2.Close();
105         Bubble(p2, n1/2);
106             pfilea.Close();
107         Merge(pa, p1, p2);
108             pfile.Close();            //关闭文件
109     }
110
111     public static void Bubble(FileInfo p1, int size)
112         {
113         char str1;
114         int[] data =new int[100];
115         int i, j, tmp, flag, ii;
116             StreamReader pfile = File.OpenText(p1.FullName);
117
118         for(i=0;i<size;i++)
119         {
120             ii=pfile.Read();
121         if(ii==-1)
122            break;
123            data[i]=ii;
124         }
```

```
125        pfile.Close();        //关闭文件
126          StreamWriter pfile1 = File.CreateText(p1.FullName);
127
128       for(i=size;i>0;i--)
129        {
130            flag=0;
131      for(j=0;j<i;j++)
132        {
133          if(data[j + 1]<data[j])
134           {
135              tmp=data[j];
136        data[j]=data[j + 1];
137        data[j + 1]=tmp;
138        flag++;
139           }
140        }
141      if(flag==0)
142         break;
143        }
144        for(i=1;i<=size;i++)
145        {
146          str1=(char) data[i];
147             pfile1.Write(str1);
148        }
149        pfile1.Close();        //关闭文件
150     }
151
152 public static void Merge(FileInfo p, FileInfo p1, FileInfo p2)
153     {
154      char str1,str2;
155      int n1,n2;  //声明变量 n1, n2 暂存数据文件 data1 和 data2 内的元素值
156         StreamWriter pfile = File.CreateText(p.FullName);
157         StreamReader pfile1 = File.OpenText(p1.FullName);
158         StreamReader pfile2 = File.OpenText(p2.FullName);
159
160         n1=pfile1.Read();
161      n2=pfile2.Read();
162      while(n1!=-1 && n2!=-1)   //判断是否已到文件末尾
163       {
164          if (n1 <= n2)
165       {
166        str1=(char) n1;
167             pfile.Write(str1); //如果 n1 比较小，则把 n1 存储到 fp 中
```

```
168              n1=pfile1.Read();  //接着读下一项 n1 的数据
169          }
170        else
171        {
172            str2=(char) n2;
173                  pfile.Write(str2);   //如果 n1 比较小，则把 n1 存到 fp 里
174              n2=pfile2.Read();    //接着读下一项 n2 的数据
175        }
176      }
177      if(n2!=-1)     //如果其中一个数据文件已读取完毕，那么经判断后
178      {              //把另一个数据文件内的数据全部存储到 fp 中
179        while (true)
180      {
181        if(n2==-1)
182            break;
183        str2=(char) n2;
184              pfile.Write(str2);
185        n2=pfile2.Read();
186      }
187      }
188      else if (n1!=-1)
189      {
190        while (true)
191      {
192        if(n1==-1)
193            break;
194        str1=(char) n1;
195              pfile.Write(str1);
196        n1=pfile1.Read();
197      }
198      }
199      pfile.Close();
200      pfile1.Close();
201      pfile2.Close();
202    }
203   }
204  }
```

范例程序的执行结果如图 8-56 所示。

```
正在分割文件……
正在对数据进行排序……
数据处理完成!
原始文件datafile.txt的数据内容为:
[d][j][e][l][s][o][r][k][f][m][d][e][w][o][a][e][p][r][m][c]

分割文件sort1.txt的数据内容为:
[d][e][f][j][k][l][m][o][r][s]

分割文件sort2.txt的数据内容为:
[a][c][d][e][e][m][o][p][r][w]

排序后sortdata.txt的数据内容为:
[a][c][d][d][e][e][e][f][j][k][l][m][m][o][o][p][r][r][s][w]
```

图 8-56

8.3.2　k 路合并法

上节介绍的是使用 2-路（2-way）合并排序，如果合并前共有 n 个轮次，那么所需的处理时间为 $\log_2 n$ 次。下面我们就来看看 k-路（k-way）合并（k>2）排序，它所需要的时间为 $\log_k n$。也就是说，处理输入/输出的时间减少了许多，排序的速度也因此加快了。

首先来描述使用 3 路合并（3-way Merge）处理 27 个轮次（Run）的示意图（图 8-57）。

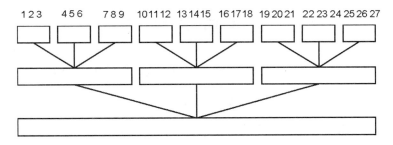

图 8-57

最后提醒大家一点，使用 k-路合并的原意是希望减少输入/输出的时间，但合并 k 个轮次前要决定下一项输出的排序数据，必须进行 k-1 次比较才可以得到答案。也就是说，虽然输入/输出的时间减少了，但进行 k-路 y 合并时却增加了更多的比较时间。因此，选择合适的 k 值，才能在这两者之间取得平衡。

8.3.3　多相合并法

处理 k-路合并时，通常会将要合并的轮次平均分配到 k 个磁带上，但为了避免下一次合并过程中被重新分布到磁带时不小心覆盖数据，我们会采用 2k 个磁带（k 个当输入，k 个当输出），但是这样也会造成磁带的浪费。

因此，为了避免这些不必要的浪费，我们可以利用多相合并（Polyphase Merge），它可以使用少于 2k 个磁盘，却能正确无误地执行 k-路合并。

表 8-2 共有 21 个轮次，使用 2-路合并和 3 个磁带 T1、T2、T3 进行合并。假设这 21 个轮次（已排序完毕，且令其长度为 1）表示为 Sn，其中 S 为轮次的大小，n 为长度相同轮次的个数。例如 8 个轮次且长度为 2，可表示为 28。

表 8-2　使用 2-路和 3 个磁盘的多项合并

Phase	T1	T2	T3	合并说明
1	113	18	empty	起始分布情况
2	15	empty	28	将 T1 和 T2 长度为 1 的 8 个轮次合并到 T3，其长度变成 2
3	empty	35	23	将 T1 5 个长度为 1 的轮次和 T3 5 个长度为 2 的轮次合并到 T2，其长度变成 3
4	53	32	empty	将 T2 3 个长度为 3 的轮次和 T3 3 个长度为 2 的轮次合并到 T1，其长度变成 5
5	51	empty	82	将 T1 2 个长度为 5 的轮次和 T2 2 个长度为 3 的轮次合并到 T3，其长度变成 8
6	empty	131	81	将 T1 1 个长度为 5 的轮次和 T3 1 个长度为 8 的轮次合并到 T2，其长度变成 13
7	211	empty	empty	将 T2 1 个长度为 13 的轮次和 T3 1 个长度为 8 的轮次合并到 T1，其长度变成 21

课 后 习 题

1. 排序的数据是以数组数据结构来存储，请问下列排序法中哪一个的数据搬移量最大。

（A）冒泡排序法　　　　　（B）选择排序法　　　　　（C）插入排序法

2. 请举例说明合并排序法是否为稳定排序？

3. 请问 12 个数据进行合并排序法，需要经过几个回合（Pass）才可以完成？

4. 待排序的关键字其值如下，请使用选择排序法列出每回合排序的结果。

　26、5、37、1、61

5. 待排序的关键字其值如下，请使用冒泡排序法列出每个回合的结果。

　26、5、37、1、61

6. 建立下列序列的堆积树：

　8、4、2、1、5、6、16、10、9、11

7. 待排序关键字其值如下，请使用选择排序法列出每个回合排序的结果。

　8、7、2、4、6

8. 待排序关键字其值如下，请使用合并排序法列出每个回合排序的结果。

　11、8、14、7、6、8+、23、4

9. 在排序过程中，数据移动可分为哪两种方式？两者之间的优劣如何？

10. 排序按照执行时所使用的内存分为哪两种方式？

11. 什么是稳定排序？请试着举出三种稳定排序？

12 请回答下列问题：

（1）什么是堆积树（Heap Tree）？

（2）为什么有 n 个元素的堆积树可完全存放在大小为 n 的数组中？

（3）将下图中的堆积树表示为数组。

（4）将 88 移去后，该堆积树变化如何？

（5）若将 100 插入（3）的堆积树中，则该堆积树变化如何？

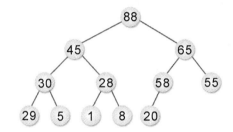

13. 请问最大堆积树必须满足哪三个条件？

14. 请回答下列问题：

（1）什么是最大堆积树（Max Heap Tree）？

（2）请问下面三棵树哪一个为堆积树（设 a<b<c<...<y<z）？

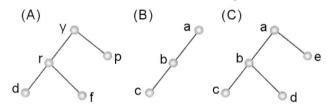

（3）利用堆积排序法（Heap Sort）把第（2）题中堆积树的数据排成从小到大的顺序，请画出堆积树的每一次变化。

15. 请简述基数排序法的主要特点。

16. 按序输入数据并完成以下工作。

　　5、7、2、1、8、3、4

（1）建立最大堆积树。

（2）将树根节点删除后，再建立最大堆积树。

（3）插入 9 后的最大堆积树为何？

17. 若输入数据存储于双链表中（Doubly Linked List），则下列排序方法是否仍适用？说明理由是什么？

（1）快速排序（Quick Sort）；

（2）插入排序（Insertion Sort）；

（3）选择排序（Selection Sort）；

（4）堆积排序（Heap Sort）。

18. 如何改进快速排序（Quick Sort）的执行速度？

19. 下列叙述正确与否？请说明原因。

（1）无论输入数据为何，插入排序（Insertion Sort）的元素比较总次数比冒泡排序（Bubble Sort）的元素比较总次数少。

（2）若输入数据已排序完成，再利用堆积排序（Heap Sort），则只需 O(n)时间即可完成排序。n 为元素个数。

20. 我们在讨论一个排序法的复杂度（Complexity）时，对于那些以比较（Comparison）为主要排序手段的排序算法而言，决策树是一个常用的方法。

（1）什么是决策树（Decision Tree）？

（2）请以插入排序法（Insertion Sort）为例，将 （a、b、c）三项元素（Element）排序，其决策树为何？请画出。

（3）就此决策树而言，什么能表示此算法的最坏表现（Worst Case Behavior）。

（4）就此决策树而言，什么能表示此算法的平均比较次数（Average Number of Comparisons）。

21. 使用二叉查找法（Binary Search），在 L[1]≤L[2]≤...≤L[i-1]中找出适当的位置。

（1）在最坏情况下，此修改的插入排序元素比较总数是多少？（以 Big-Oh 符号表示）

（2）在最坏情况下，共需要元素搬动的总数是多少？（以 Big-Oh 符号表示）

22. 讨论下列排序法的平均情况（Average Case）和最坏情况（Worst Case）时的时间复杂度。

（1）冒泡排序法（Bubble Sort）；

（2）快速排序法（Quick Sort）；

（3）堆积排序法（Heap Sort）；

（4）合并排序法（Merge Sort）。

23. 试以数列（26、73、15、42、39、7、92、84）来说明堆积排序（Heap Sort）的过程。

24. 多相合并排序法（Polyphase Merging）也称斐波那契合并法（Fibonacci Merging）。就是将已排序的数据组按斐波那契数列分配到不同的磁带上，再加以合并。（斐波那契数列 Fi 的定义为 $F_0=0$，$F_1=1$，$F_n=F_{n-1}+F_{n-2}$，n≥2）。现有 355 组（Run，轮次）已排好序的数据组存放在第一卷磁带上，若 4 个磁带机都可用，那么按多相合并排序法将此 355 组数据组合并成一个完全排好序的数据文件。

（1）共需要经过多少"相"（Phase）才能合并完成？

（2）画出每一"相"经分配和合并后各个磁带机上有多少组数据组？并简要说明其合并情况。

25. 请回答以下选择题。

（1）若以平均所花的时间考虑，使用插入排序法（Insertion Sort）排序 n 项数据的时间复杂度为

（A）$O(n)$　　　　（B）$O(\log_2 n)$　　　　（C）$O(n\log_2 n)$　　　　（D）$O(n^2)$

（2）数据排序（Sorting）中经常使用一种数据值的比较而得到排列好的数据结果。若现有 N 个数据，试问在各种排序方法中，最快的平均比较次数是多少？

（A）$\log_2 N$　　　　（B）$N\log_2 N$　　　　（C）N　　　　（D）N^2

（3）在一个堆积树（Heap）数据结构上搜索最大值的时间复杂度为

（A）$O(n)$　　　　（B）$O(\log_2 n)$　　　　（C）$O(1)$　　　　（D）$O(n^2)$

（4）关于额外的内存空间，哪一种排序法需要最多？

（A）选择排序法（Selection Sort）　　　　（C）插入排序法（Insertion Sort）
（B）冒泡排序法（Bubble Sort）　　　　（D）快速排序法（Quick Sort）

26. 请建立一个最小堆积树（Minimum Heap Tree），必须写出建立此堆积树的每一个步骤。

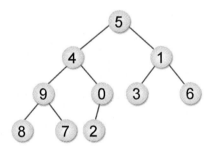

27. 请说明选择排序为何不是一种稳定的排序法？

第 9 章
查　　找

在数据处理过程中，能否在最短的时间内查找到所需要的数据，是值得信息从业人员关心的一个问题。所谓查找（Search，搜索），是指从数据文件中找出满足某些条件的记录。用来查找的条件称为"键值"（Key），就如同排序所用的键值一样。注意，在数据结构中描述算法时习惯用"查找"，而在因特网上找信息或资料时就习惯用"搜索"，在本书中，"查找"和"搜索"可以互换，意思相同。

我们每天都在查找或搜索许多目标物，如图 9-1 所示。例如，我们在通讯录中查找某人的电话号码时，这个人的姓名就成为在通讯录中查找电话号码的键值。通常影响查找时间长短的主要因素包括算法的选择、数据存储的方式和结构。或者像"搜索引擎"（Searching Engine），就是一种自动从因特网的众多网站中搜集信息，经过一番整理后，提供给用户进行查询的系统，如百度、谷歌（Google）、搜狗等。搜索引擎的信息来源主要有两种：一种是用户或网站管理员主动登录；另一种是编写程序主动搜索网络上的信息（如百度或谷歌的"爬虫"程序，它会主动通过网站上的超链接爬行到另一个网站，并收集该网站上的信息），并收录到数据库中。当用户查找或搜索时，内部的程序设计就必须采用不同的查找或搜索算法找到用户所需的信息，然后信息会从上而下依次列出。如果信息项数过多，就要分数页显示出来，而具体显示的顺序和方式，则是由搜索引擎自行判断（根据用户搜索时最有可能想得到的结果）。

图 9-1

9.1　常见的查找方法

根据数据量的大小，我们可将查找分为：

（1）内部查找：数据量较小的文件，可以一次性全部加载到内存中进行查找。

（2）外部查找：数据量较大的文件，无法一次加载到内存中处理，需要使用辅助存储器分次处理。

从另一个角度来看，查找又可分为"静态查找"和"动态查找"两种。定义如下：

（1）静态查找：是指在查找过程中，查找的表格或文件的内容不会被改动。符号表的查找就是一种静态查找。

（2）动态查找：是指在查找过程中，查找的表格或文件的内容可能会被改动。树形结构中的 B-tree 查找就是一种动态查找，另外在百度中搜索信息也是一种动态查找（参考图 9-2）。

图 9-2

查找比较常见的方法有顺序法、二分查找法、斐波拉契法、插值法、哈希法、m 路查找树、B-树法等。

9.1.1 顺序查找法

顺序查找法又称线性查找法，是一种比较简单的查找法。它是将数据一项一项地按顺序逐个查找，所以不管数据顺序如何，都得从头到尾遍历一次。该方法的优点是文件在查找前不需要进行任何处理与排序；缺点是查找速度比较慢。如果数据没有重复，找到数据就可中止查找的话，在最差情况下是未找到数据，需要进行 n 次比较，而最好情况下则是一次就找到数据，只需要 1 次比较。

现在以一个例子来说明，假设已有数列 74、53、61、28、99、46、88，若要查找 28，则需要比较 4 次；若要查找 74，则仅需要比较 1 次；若要查找 88，则需要查找 7 次，这表示当查找的数列长度 n 很大时，利用顺序查找是不太适合的，它是一种适用于小数据文件的查找方法。在日常生活中，我们经常会使用到这种查找方法，例如我们想在衣柜中找衣服时，通常会从柜子最上方的抽屉逐层寻找，如图 9-3 所示。

在抽屉中逐层查找东西，也是一种顺序查找法的应用。

图 9-3

▪ 顺序法分析

（1）时间复杂度：如果数据没有重复，找到数据就可中止查找的话，在最差情况下是未找到数据，需要进行 n 次比较，时间复杂度为 O(n)。

（2）在平均情况下，假设数据出现的概率相等，则需要进行 (n+1)/2 次比较。

（3）当数据量很大时，不适合使用顺序查找法。但如果预估所查找的数据在文件的前端，选择这种查找方法则可以减少查找的时间。

范例 9.1.1　请设计一个 C# 程序，生成 1~150 之间的 80 个随机整数，然后实现顺序查找法的过程并显示具体查找步骤。

范例程序：ch09_01.sln

```csharp
1   using System;
2   using System.Collections.Generic;
3   using System.Linq;
4   using System.Text;
5   using System.Threading.Tasks;
6   using System.IO;
7   using static System.Console;//导入静态类
8
9   namespace ch09_01
10  {
11      class Program
12      {
13          static void Main(string[] args)
14          {
15              String strM;
16              int[] data = new int[100];
17              int i, j, find, val = 0;
18              Random intRnd = new Random();
19              for (i = 0; i < 80; i++)
20                  data[i] = (((intRnd.Next(150))) % 150 + 1);
21              while (val != -1)
22              {
23                  find = 0;
24                  Write("请输入查找键值(1-150)，输入-1 离开: ");
25                  strM = ReadLine();
26                  val = int.Parse(strM);
27                  for (i = 0; i < 80; i++)
28                  {
29                      if (data[i] == val)
30                      {
31                          Write("在第" + (i + 1) + "个位置找到键值
                                                  [" + data[i] + "]\n");
32                          find++;
33                      }
34                  }
35                  if (find == 0 && val != -1)
36                      Write("######没有找到 [" + val + "]######\n");
37              }
38              Write("数据内容为: \n");
39              for (i = 0; i < 10; i++)
40              {
41                  for (j = 0; j < 8; j++)
```

```
42                    Write(i * 8 + j + 1 + "[" + data[i * 8 + j] + "]  ");
43                WriteLine();
44            }
45            ReadKey();
46        }
47    }
48 }
```

范例程序的执行结果如图 9-4 所示。

```
请输入查找键值(1-150)，输入-1离开：48
在第36个位置找到键值 [48]
请输入查找键值(1-150)，输入-1离开：49
在第3个位置找到键值 [49]
请输入查找键值(1-150)，输入-1离开：52
######没有找到 [52]######
请输入查找键值(1-150)，输入-1离开：-1
数据内容为：
1[117]   2[66]   3[49]   4[110]   5[126]   6[100]   7[112]   8[85]
9[96]   10[89]   11[1]   12[64]   13[70]   14[67]   15[74]   16[121]
17[71]   18[55]   19[66]   20[62]   21[64]   22[75]   23[54]   24[61]
25[137]  26[85]   27[85]   28[75]   29[120]  30[18]   31[69]   32[22]
33[124]  34[97]   35[143]  36[48]   37[26]   38[69]   39[75]   40[46]
41[126]  42[146]  43[71]   44[85]   45[132]  46[70]   47[30]   48[69]
49[56]   50[23]   51[105]  52[125]  53[129]  54[134]  55[1]    56[42]
57[13]   58[138]  59[124]  60[42]   61[15]   62[37]   63[116]  64[79]
65[21]   66[129]  67[90]   68[123]  69[74]   70[27]   71[95]   72[3]
73[131]  74[21]   75[87]   76[69]   77[4]    78[119]  79[80]   80[67]
```

图 9-4

9.1.2 二分查找法

如果要查找的数据已经事先排好序了，则可以使用二分查找法来进行查找。二分查找法是将数据分割成两等份，再比较键值与中间值的大小。如果键值小于中间值，则可确定要查找的数据在前半部，否则在后半部，如此分割数次直到找到或确定不存在为止。例如，以下为已排序好的数列（2、3、5、8、9、11、12、16、18），而所要查找值为 11 时：

（1）首先与第 5 个数值 9 比较，如图 9-5 所示。

数列内容 2 3 5 8 9 11 12 16 18

图 9-5

（2）因为 11>9，所以与后半部的中间值 12 比较，如图 9-6 所示。

数列内容 不处理 11 12 16 18

图 9-6

（3）因为 11＜12，所以与前半部的中间值 11 比较，如图 9-7 所示。

| 数列内容 | 不处理 | 11 | 不处理 |

图 9-7

（4）因为 11=11，所以表示查找完成。如果不相等，则表示找不到。

■ 二分查找法的分析

（1）时间复杂度：因为每次的查找都会比上一次少一半的范围，所以最多只需要比较 $\lceil \log_2 n \rceil + 1$ 或 $\lceil \log_2(n+1) \rceil$，时间复杂度为 $O(\log_2 n)$。

（2）二分查找法必须事先经过排序，且要求所有备查数据必须加载到内存中才能进行。

（3）此方法适用于不需要增删的静态数据。

范例 9.1.2 请设计一个 C# 程序，生成 1~150 之间的 50 个随机整数，然后实现二分查找法的过程并显示具体查找步骤。

范例程序：ch09_02.sln

```
1    using System;
2    using System.Collections.Generic;
3    using System.Linq;
4    using System.Text;
5    using System.Threading.Tasks;
6    using System.IO;
7    using static System.Console;//导入静态类
8
9    namespace ch09_02
10   {
11       class Program
12       {
13           static void Main(string[] args)
14           {
15               int i, j, val = 1, num;
16               int[] data = new int[50];
17               String strM;
18               Random intRnd = new Random();
19               for (i = 0; i < 50; i++)
20               {
21                   data[i] = val;
22                   val += (intRnd.Next(100) % 5 + 1);
23               }
24               while (true)
```

```
25              {
26                  num = 0;
27                  Write("请输入查找键值(1-150)，输入-1 结束：");
28                  strM = ReadLine();
29                  val = int.Parse(strM);
30                  if (val == -1)
31                      break;
32                  num = bin_search(data, val);
33                  if (num == -1)
34                      Write("##### 没有找到[" + val + "] #####\n");
35                  else
36                      Write("在第 " + (num + 1) + "个位置找到
                                         [" + data[num] + "]\n");
37              }
38          Write("数据内容为：\n");
39          for (i = 0; i < 5; i++)
40          {
41              for (j = 0; j < 10; j++)
42                  Write((i * 10 + j + 1) + "-" + data[i * 10 + j] + " ");
43              WriteLine();
44          }
45          WriteLine();
46          ReadKey();
47      }
48
49      public static int bin_search(int[] data, int val)
50      {
51          int low, mid, high;
52          low = 0;
53          high = 49;
54          WriteLine("正在查找......");
55          while (low <= high && val != -1)
56          {
57              mid = (low + high) / 2;
58              if (val < data[mid])
59              {
60                  Write(val + " 介于位置 " + (low + 1) + "[" + data[low] +
                          "]和中间值 " + (mid + 1) + "[" + data[mid] + "]
                          之间，找左半边\n");
61                  high = mid - 1;
62              }
63              else if (val > data[mid])
64              {
```

```
65                           Write(val + " 介于中间值位置 " + (mid + 1) + "[" + data[mid]
                                  + "]和 " + (high + 1) + "[" + data[high] + "]
                                  之间，找右半边\n");
66                           low = mid + 1;
67                       }
68                   else
69                       return mid;
70               }
71           return -1;
72       }
73   }
74 }
```

范例程序的执行结果如图 9-8 所示。

```
请输入查找键值(1-150)，输入-1结束：55
正在查找......
55 介于位置 1[1]和中间值 25[75]之间，找左半边
55 介于中间值位置 12[31]和 24[71]之间，找左半边
55 介于中间值位置 18[49]和 24[71]之间，找左半边
55 介于位置 19[54]和中间值 21[59]之间，找左半边
55 介于中间值位置 19[54]和 20[55]之间，找右半边
在第 20个位置找到 [55]
请输入查找键值(1-150)，输入-1结束：70
正在查找......
70 介于位置 1[1]和中间值 25[75]之间，找左半边
70 介于中间值位置 12[31]和 24[71]之间，找右半边
70 介于中间值位置 18[49]和 24[71]之间，找右半边
70 介于中间值位置 21[59]和 24[71]之间，找右半边
70 介于中间值位置 23[68]和 24[71]之间，找右半边
70 介于位置 24[71]和中间值 24[71]之间，找左半边
##### 没有找到[70] #####
请输入查找键值(1-150)，输入-1结束：-1
数据内容为：
1-1 2-3 3-6 4-8 5-10 6-11 7-14 8-19 9-20 10-22
11-27 12-31 13-35 14-36 15-39 16-41 17-44 18-49 19-54 20-55
21-59 22-63 23-68 24-71 25-75 26-78 27-82 28-85 29-87 30-91
31-95 32-99 33-103 34-104 35-105 36-110 37-115 38-120 39-122 40-126
41-131 42-134 43-137 44-141 45-143 46-146 47-147 48-148 49-149 50-154
```

图 9-8

9.1.3　插值查找法

插值查找法（Interpolation　Search）又称为插补查找法，是二分查找法的改进版。它是按照数据位置的分布，利用公式预测数据所在的位置，再以二分法的方式渐渐逼近。使用插值查找法是假设数据平均分布在数组中，而每一项数据的差距相当接近或有一定的距离比例。插值查找法的公式为：

$$Mid = low + \frac{key - data[low]}{data[high] - data[low]} * (high - low)$$

其中 key 是要查找的键，data[high]、data[low]是剩余待查找记录中的最大值和最小值。假设数据项数为 n，其插值查找法的步骤如下：

步骤 01 将记录由小到大的顺序设置为 1, 2, 3......n 的编号。

步骤 02 令 low=1，high=n。

步骤 03 当 low<high 时，重复执行步骤 4 和 5。

步骤 04 令

$$\text{Mid} = \text{low} + \frac{\text{key} - \text{data[low]}}{\text{data[high]} - \text{data[low]}} *(\text{high} - \text{low})$$

步骤 05 若 key<keyMid 且 high≠Mid-1，则令 high=Mid-1。

步骤 06 若 key = keyMid，则表示成功查找到键值的位置。

步骤 07 若 key>keyMid 且 low≠Mid+1，则令 low=Mid+1。

■ 插值查找法的分析

（1）一般而言，插值查找法优于顺序查找法，如果数据的分布越平均，则查找速度越快，甚至可能第一次就找到数据。该方法的时间复杂度取决于数据分布的情况，平均优于 $O(\log_2 n)$。

（2）使用插值查找法，数据需要先经过排序。

范例 ▶ 9.1.3 请设计一个 C# 程序，生成 1~150 之间的 50 个随机整数，然后实现插值查找法的过程并显示具体查找步骤。

范例程序：ch09_03.sln

```
1    using System;
2    using System.Collections.Generic;
3    using System.Linq;
4    using System.Text;
5    using System.Threading.Tasks;
6    using System.IO;
7    using static System.Console;//导入静态类
8
9    namespace ch09_03
10   {
11       class Program
12       {
13           static void Main(string[] args)
14           {
15               int i, j, val = 1, num;
16               int[] data = new int[50];
17               String strM;
18               Random intRnd = new Random();
19               for (i = 0; i < 50; i++)
20               {
21                   data[i] = val;
22                   val += (intRnd.Next(100) % 5 + 1);
```

```
23
24              }
25          while (true)
26          {
27              num = 0;
28              Write("请输入查找键值(1-" + data[49] + ")，输入-1 结束：");
29              strM = ReadLine();
30              val = int.Parse(strM);
31              if (val == -1)
32                  break;
33              num = Interpolation(data, val);
34              if (num == -1)
35                  Write("##### 没有找到[" + val + "] #####\n");
36               else
37                  Write("在第 " + (num + 1) + "个位置找到
                                                [" + data[num] + "]\n");
38              }
39          WriteLine("数据的内容为：");
40          for (i = 0; i < 5; i++)
41          {
42              for (j = 0; j < 10; j++)
43                  Write((i * 10 + j + 1) + "-" + data[i * 10 + j] + " ");
44              WriteLine();
45          }
46          ReadKey();
47      }
48      public static int Interpolation(int[] data, int val)
49      {
50          int low, mid, high;
51          low = 0;
52          high = 49;
53          int tmp;
54          Write("正在查找......\n");
55          while (low <= high && val != -1)
56          {
57              tmp = (int)((float)(val - data[low]) * (high - low) /
                      (data[high] - data[low]));
58              mid = low + tmp;    //内插法公式
59              if (mid > 50 || mid < -1)
60                  return -1;
61              if (val < data[low] && val < data[high])
62                  return -1;
63              else if (val > data[low] && val > data[high])
```

```
64                    return -1;
65                if (val == data[mid])
66                    return mid;
67                else if (val < data[mid])
68                {
69                    Write(val + " 介于位置 " + (low + 1) + "[" + data[low] +
                            "]和中间值 " + (mid + 1) + "[" + data[mid] + "]
                            之间，找左半边\n");
70                    high = mid - 1;
71                }
72                else if (val > data[mid])
73                {
74                    Write(val + " 介于中间值位置 " + (mid + 1) + "[" + data[mid]
                            + "]及 " + (high + 1) + "[" + data[high] + "]
                            之间，找右半边\n");
75                    low = mid + 1;
76                }
77            }
78        return -1;
79        }
80    }
81 }
```

范例程序的执行结果如图 9-9 所示。

```
请输入查找键值(1-157)，输入-1结束：54
搜寻处理中......
54 介于中间值位置 17[51]及 50[157]之间，找右半边
##### 没有找到[54] #####
请输入查找键值(1-157)，输入-1结束：58
搜寻处理中......
58 介于中间值位置 18[55]及 50[157]之间，找右半边
##### 没有找到[58] #####
请输入查找键值(1-157)，输入-1结束：60
搜寻处理中......
60 介于中间值位置 19[59]及 50[157]之间，找右半边
在第 20 个位置找到 [60]
请输入查找键值(1-157)，输入-1结束：-1
数据的内容为：
1-1 2-4 3-8 4-13 5-16 6-21 7-25 8-27 9-31 10-35
11-36 12-38 13-39 14-44 15-45 16-46 17-51 18-55 19-59 20-60
21-63 22-66 23-71 24-76 25-78 26-79 27-83 28-87 29-89 30-92
31-96 32-99 33-103 34-106 35-107 36-110 37-112 38-114 39-118 40-123
41-128 42-130 43-131 44-135 45-140 46-141 47-144 48-148 49-153 50-157
```

图 9-9

9.1.4 斐波拉契查找法

斐波拉契查找法（Fibonacci Search）又称为 Fibonacci 查找法，与二分法一样都是以分割范围来进行查找，不同的是斐波拉契查找法不以对半分割而是以斐波拉契级数的方式来分割。

斐波拉契级数 $F(n)$ 的定义如下：

$\{F_0=0, F_1=1 \qquad . F_i=F_{i-1}+F_{i-2}, \ i\geqslant 2$

斐波拉契级数为 0、1、1、2、3、5、8、13、21、34、55、89、......，也就是除了第 0 个和第 1 个元素外，级数中的每个值都是前两个值的和。

斐波拉契查找法的好处是只用到加减运算，这从计算机运算的过程来看效率会高于前两种查找法。在了解斐波拉契查找法之前，我们先来认识一下斐波拉契查找树。所谓斐波拉契查找树，是以斐波拉契级数的特性来建立的二叉树，其建立的原则如下。

（1）斐波拉契树的左右子树均为斐波拉契树。

（2）当数据个数 n 确定时，若想确定斐波拉契树的层数 k 值，就必须找到一个最小的 k 值，使得斐波拉契层数的 Fib(k+1)≥n+1。

（3）斐波拉契树的树根一定是一个斐波拉契数，且子节点与父节点差值的绝对值为斐波拉契数。

（4）当 k≥2 时，斐波拉契树的树根为 Fib(k)，左子树为 (k-1) 层斐波拉契树（其树根为 Fib(k-1)），右子树为 (k-2) 层斐波拉契树（其树根为 Fib(k)+Fib(k-2)）。

（5）若 n+1 值不为斐波拉契数的值，则可以找出存在一个 m 使用 Fib(k+1)-m=n+1，m=Fib(k+1)-(n+1)，再按斐波拉契树的建立原则完成斐波拉契树的建立，最后斐波拉契树的各节点减去差值 m 即可，并把小于 1 的节点去掉。

斐波拉契树的建立过程如图 9-10 所示。

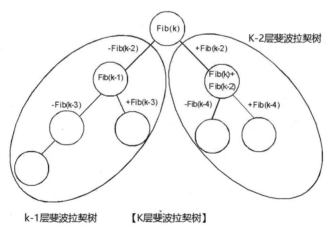

图 9-10

也就是说，当数据个数为 n，且我们找到一个最小的斐波拉契数 Fib(k+1)使得 Fib(k+1)>n+1 时，Fib(k) 就是这棵斐波拉契树的树根，而 Fib(k-2) 则是与左右子树开始的差值，左子树用减的；右子树用加的。例如，求取 n=33 的斐波拉契树：

由于 n = 33，且 n+1 = 34 为一个斐波拉契树，同时根据斐波拉契数列的三个特性：

- Fib(0) = 0;
- Fib(1) = 1;
- Fib(k) = Fib(k-1) + Fib(k-2)。

得知 Fib(0) = 0、Fib(1) = 1、Fib(2) = 1、Fib(3) = 2、Fib(4) = 3、Fib(5) = 5、Fib(6) = 8、Fib(7) = 13、Fib(8) = 21、Fib(9) = 34。

从上式可得知 Fib(k+1) = 34 ➜ k = 8，建立二叉树的树根为 Fib(8) = 21。左子树的树根为 Fib(8-1) = Fib(7) = 13；右子树的树根为 Fib(8) + Fib(8-2) = 21 + 8 = 29。

按此原则我们可以建立如图 9-11 所示的斐波拉契树。

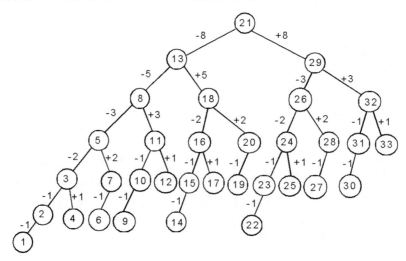

图 9-11

斐波拉契查找法是以斐波拉契树来查找数据，如果数据的个数为 n，且 n 比某一个斐波拉契数小，同时满足如下表达式：

Fib(k+1) ≥ n+1

那么 Fib(k)就是这棵斐波拉契树的树根，而 Fib(k-2)则是与左右子树开始的差值。若我们要查找的键值为 key，则首先比较数组索引 Fib(k) 和键值 key，此时可以有下列三种比较情况。

（1）当 key 值比较小，表示所查找的键值 key 落在 1 到 Fib(k) - 1 之间，故继续查找 1 到 Fib(k) - 1 之间的数据。

（2）如果键值与数组索引 Fib(k) 的值相等，就表示成功查找到所需要的数据。

（3）当 key 值比较大，表示所查找的键值 key 落在 Fib(k) + 1 到 Fib(k+1) - 1 之间，故继续查找 Fib(k) + 1 到 Fib(k+1) - 1 之间的数据。

■ 斐波拉契查找法的分析

（1）平均而言，斐波拉契查找法的比较次数会少于二分查找法，但在最坏情况下，二分查找法较快，其平均时间复杂度为 O($\log_2 n$)。

（2）斐波拉契查找算法较为复杂，需要额外产生斐波拉契树。

9.2 哈希查找法

哈希法（散列法）通常与查找法一起讨论，主要原因是哈希法不仅被用于数据的查找，在数据结构的领域中，还能应用于数据的建立、插入、删除与更新。

例如，符号表在计算机上的应用领域很广泛，包含汇编程序、编译程序、数据库使用的数据字典等，都是利用提供的名称来找到对应的属性。符号表按其特性可分为两类：静态表（Static Table）和动态表（Dynamic Table）"哈希表"（Hash Table）就是属于静态表中的一种，我们将相关的数据和键值存储在一个固定大小的表格中。

所谓哈希法（Hashing），是指将本身的键值通过特定的数学函数运算或使用其他方法转换成相对应的数据存储地址。哈希法所使用的数学函数称为"哈希函数"（Hashing Function）。先来了解一下有关哈希函数的相关名词：

- Bucket（桶）：哈希表中存储数据的位置，每一个位置对应唯一的地址（Bucket Address）。桶就好比存在一个记录的位置。
- Slot（槽）：每一个记录中可能包含多个字段，而 Slot 指的就是"桶"中的字段。
- Collision（碰撞）：若两个不同的数据经过哈希函数运算后，对应到相同的地址就称为碰撞。
- 溢出：如果数据经过哈希函数运算后，所对应的 Bucket 已满，则会使 Bucket 发生溢出。
- 哈希表：存储记录的连续内存。哈希表是一种类似数据表的索引表格，其中可分为 n 个 Bucket，每个 Bucket 又可分为 m 个 Slot，如表 9-1 所示。

表 9-1 哈希表

索引	姓名	电话
0001	Allen	07-772-1234
0002	Jacky	07-772-5525
0003	May	07-772-6604

Bucket→（指向表格左侧） ↑slot ↑slot

- 同义词（Synonym）：当两个标识符 I1 和 I2，经过哈希函数运算后所得的数值相同，即 f(I1) = f(I2)，就称 I1 与 I2 对于 f 这个哈希函数是同义词。
- 加载密度（Loading Factor）：是指标识符的使用数目除以哈希表内槽的总数。即

$$\alpha（加载密度）= \frac{n（标识符的使用数目）}{s（每一个桶内的槽数）* b（桶的数目）}$$

如果 α 值越大，就表示哈希空间的使用率越高，碰撞或溢出的概率也会越高。

■ 完美哈希（Perfect Hashing）：指没有碰撞也没有溢出的哈希函数。

在设计哈希函数时应该遵循以下原则：

（1）避免碰撞和溢出的发生。

（2）哈希函数不宜过于复杂，越容易计算越佳。

（3）尽量把文字的键值转换成数字的键值，以利于哈希函数的运算。

（4）所设计的哈希函数计算得到的值，尽量能均匀地分布在每一桶中，不要过于集中在某些桶中，这样既可以降低碰撞又能减少溢出。

9.3 常见的哈希法

常见的哈希法有除留余数法、平方取中法、折叠法和数字分析法。下面分别介绍相关的原理与执行方式。

9.3.1 除留余数法

最简单的哈希函数是将数据除以某一个常数后，取余数来当索引。例如在有 13 个位置的数组中，只使用到 7 个地址，值分别是 12、65、70、99、33、67、48。我们可以把数组内的值除以 13，并以其余数作为数组的下标（即索引）。

$$h(key)=key \bmod B$$

在这个例子中，我们使用的 B = 13。建议大家在选择 B 时，B 最好是质数。所建立出来的哈希表如下所示。

索引	数据
0	65
1	
2	67
3	
4	
5	70
6	
7	33
8	99
9	48
10	
11	
12	12

下面我们以除留余数法作为哈希函数，将数字 323、458、25、340、28、969、77 存储在 11 个空间。

令哈希函数为 h(key) = key mod B，其中 B=11，且为一个质数，这个函数的计算结果介于 0~10 之间（包括 0 和 10），则 h(323)=4、h(458)=7、h(25)=3、h(340)=10、h(28)=6、h(969)=1、h(77)=0。所建立的哈希表如下所示。

索引	数据
0	77
1	969
2	
3	25
4	323
5	
6	28
7	458
8	
9	
10	340

9.3.2 平方取中法

平方取中法与除留余数法相当类似，就是先计算数据的平方，然后取中间的某段数字作为索引。下面我们用平方取中法将数据存放在 100 个地址空间中，其操作步骤如下：

将 12、65、70、99、33、67、51 平方后如下：

```
144、4225、4900、9801、1089、4489、2601
```

再取百位数和十位数作为键值，分别为：

```
14、22、90、80、08、48、60
```

上述 7 个数字的数列就对应于原先的 7 个数 12、65、70、99、33、67、51，存放在 100 个地址空间的索引键值，即

```
f(14) = 12
f(22) = 65
f(90) = 70
f(80) = 99
f(8) = 33
f(48) = 67
f(60) = 51
```

若实际空间介于 0~9（10 个空间），则取百位数和十位数的值介于 0~99（共有 100 个空间），所以我们必须将平方取中法第一次所求得的键值再压缩 1/10，才可以将 100 个可能产生的值对应到 10 个空间，即将每一个键值除以 10 取整数。下面我们以 DIV 运算符作为取整数的除法，可以得到以下对应关系。

```
f(14 DIV 10)=12              f(1)=12
f(22 DIV 10)=65              f(2)=65
f(90 DIV 10)=70              f(9)=70
f(80 DIV 10)=99     →        f(8)=99
f(8 DIV 10) =33              f(0)=33
f(48 DIV 10)=67              f(4)=67
f(60 DIV 10)=51              f(6)=51
```

9.3.3　折叠法

折叠法是将数据转换成一串数字后，先将这串数字拆成几个部分，然后把它们加起来就可以计算出这个键值的 Bucket Address（桶地址）。例如，有一个数据转换成数字后为 2365479125443，若以每 4 个数字为一个部分，则可以拆分为 2365、4791、2544、3。将这 4 组数字加起来后即为索引值：

```
  2365
  4791
  2544
+    3
  9703 →Bucket Address（桶地址）
```

在折叠法中有两种做法，如上例直接将每一部分相加所得的值作为其 Bucket Address，这种做法称为"移动折叠法"。哈希法的设计原则之一是降低碰撞，如果希望降低碰撞的机会，就可以将上述每一部分数字中的奇数或偶数反转，再相加以取得其 Bucket Address，这种改进式的做法称为"边界折叠法（Folding At The Boundaries）"。

请看下面的说明：

（1）情况一：将偶数反转。

```
  2365（第 1 个是奇数，不反转）
  4791（第 2 个是奇数，不反转）
  4452（第 3 个是偶数，要反转）
+    3（第 4 个是奇数，不反转）
 11611 →Bucket Address
```

（2）情况二：将奇数反转。

5632（第 1 个是奇数，要反转）
1974（第 2 个是奇数，要反转）
2544（第 3 个是偶数，不反转）
+   3（第 4 个是奇数，要反转）
10153 →Bucket Address

9.3.4 数字分析法

数字分析法适用于数据不会更改且为数字类型的静态表。在决定哈希函数时先逐一检查数据的相对位置和分布情况，将重复性高的部分删除。例如下面的电话号码表，除了区号全部是080 外（注意：此区号仅用于举例，表中的电话号码也不是实际的），中间三个数字的变化也不大。假设地址空间的大小 m=999，我们必须从下列数字中提取合适的数字，即数字不要太集中，分布范围较为平均（随机度高），最后决定提取最后 4 个数字的末尾三位。所得哈希表如下所示。

电话
080-772-2234
080-772-4525
080-774-2604
080-772-4651
080-774-2285
080-772-2101
080-774-2699
080-772-2694

索引	电话
234	080-772-2234
525	080-772-4525
604	080-774-2604
651	080-772-4651
285	080-774-2285
101	080-772-2101
699	080-774-2699
694	080-772-2694

看完上面几种哈希函数之后，相信大家可以发现，哈希函数并没有一定的规则可寻，可能是其中的某一种方法，也可能同时使用好几种方法，所以哈希法常常被用来处理数据的加密和压缩。但是，哈希法经常会遇到"碰撞"和"溢出"的情况，接下来我们就介绍如果遇到这两种情况，该如何解决。

9.4 碰撞与溢出问题的处理

没有一种哈希函数能够确保数据经过处理后所得到的索引值都是唯一的，当索引值重复时就会产生碰撞的问题，而且特别容易发生在数据量较大的情况下。因此，如何在碰撞后处理溢出的问题就显得相当重要。

9.4.1 线性探测法

线性探测法是当发生碰撞情况时，若该索引对应的存储位置已有数据，则以线性的方式向后寻找空的存储位置，一旦找到位置就把数据放进去。线性探测法通常把哈希的位置视为环形结构，如此一来若后面的位置已被填满而前面还有位置时，则可以将数据放到前面。

C#的线性探测算法如下：

```csharp
public static void creat_table(int num, int[] index)  //创建哈希表子程序
{
int tmp;
    tmp = num % INDEXBOX;  //哈希函数=数据%INDEXBOX
    while (true)
    {
        if (index[tmp] == -1)  //如果数据对应的位置是空的
        {
            index[tmp] = num;  //则直接存入数据
            break;
        }
        else
            tmp = (tmp + 1) % INDEXBOX; //否则往后找位置存放
    }
}
```

范例▶ 9.4.1 请设计一个 C# 程序，以除留余数法的哈希函数取得索引值，再以线性探测法来存储数据。

范例程序：ch09_04.sln

```csharp
1    using System;
2    using System.Collections.Generic;
3    using System.Linq;
4    using System.Text;
5    using System.Threading.Tasks;
6    using System.IO;
7    using static System.Console;//导入静态类
8
9    namespace ch09_04
10   {
11       class Program
12       {
13           const int INDEXBOX = 10;    //哈希表最大元素
```

```
14          const int MAXNUM = 7;         //最大的数据个数
15
16      static void Main(string[] args)
17      {
18          int i;
19          int[] index = new int[INDEXBOX];
20          int[] data = new int[MAXNUM];
21          Random rand = new Random();
22          WriteLine("原始数组值：");
23          for (i = 0; i < MAXNUM; i++)   //起始数据值
24              data[i] = rand.Next(20) + 1;
25          for (i = 0; i < INDEXBOX; i++)  //清除哈希表
26              index[i] = -1;
27          Print_data(data, MAXNUM);     //打印起始数据
28          WriteLine("哈希表的内容：");
29          for (i = 0; i < MAXNUM; i++) //建立哈希表
30          {
31              Creat_table(data[i], index);
32              Write("  " + data[i] + " =>"); //打印输出单个元素的哈希表位置
33              Print_data(index, INDEXBOX);
34          }
35          WriteLine("完成的哈希表：");
36          Print_data(index, INDEXBOX); //打印输出最后完成的结果
37          ReadKey();
38      }
39      public static void Print_data(int[] data,int max) //打印数组子程序
40      {
41          int i;
42          Write("\t");
43          for (i = 0; i < max; i++)
44              Write("[" + data[i] + "] ");
45          WriteLine();
46      }
47      public static void Creat_table(int num, int[] index)
                                        //建立哈希表子程序
48      {
49          int tmp;
50          tmp = num % INDEXBOX;              //哈希函数=数据%INDEXBOX
51          while (true)
52          {
53              if (index[tmp] == -1)         //如果数据对应的位置是空的
54              {
55                  index[tmp] = num;         //则直接存入数据
```

```
56                  break;
57              }
58          else
59              tmp = (tmp + 1) % INDEXBOX;     //否则往后找位置存放
60          }
61      }
62   }
63   }
```

范例程序的执行结果如图 9-12 所示。

```
原始数组值:
       [1] [12] [11] [7] [4] [13] [17]
哈希表的内容:
 1 =>  [-1] [1] [-1] [-1] [-1] [-1] [-1] [-1] [-1]
12 =>  [-1] [1] [12] [-1] [-1] [-1] [-1] [-1] [-1]
11 =>  [-1] [1] [12] [11] [-1] [-1] [-1] [-1] [-1]
 7 =>  [-1] [1] [12] [11] [-1] [-1] [7] [-1] [-1]
 4 =>  [-1] [1] [12] [11] [4] [-1] [-1] [7] [-1] [-1]
13 =>  [-1] [1] [12] [11] [4] [13] [-1] [7] [-1] [-1]
17 =>  [-1] [1] [12] [11] [4] [13] [-1] [7] [17] [-1]
完成的哈希表:
       [-1] [1] [12] [11] [4] [13] [-1] [7] [17] [-1]
```

图 9-12

9.4.2 平方探测法

线性探测法有一个缺点，就是类似的键值经常会聚集在一起，因此可以考虑以平方探测法来加以改善。在平方探测法中，当溢出发生时，下一次查找的地址是$(f(x)+i^2) \bmod B$ 与$(f(x)-i^2) \bmod B$，即让数据值加或减 i 的平方。例如数据值 key，哈希函数 f：

第一次寻找：$f(key)$

第二次寻找：$(f(key)+1^2)\%B$

第三次寻找：$(f(key)-1^2)\%B$

第四次寻找：$(f(key)+2^2)\%B$

第五次寻找：$(f(key)-2^2)\%B$

……

……

……

第 n 次寻找：$(f(key)\pm((B-1)/2)^2)\%B$，其中 B 必须为 4j+3 型的质数，且 $1\leqslant i\leqslant(B-1)/2$。

9.4.3 再哈希法

再哈希法就是一开始先设置一系列哈希函数，如果使用第一种哈希函数出现溢出，就改用第二种，如果第二种也出现溢出，则改用第三种，一直到没有发生溢出为止。例如，h1 为 key%11，h2 为 key*key，h3 为 key*key%11，h4……。

请使用再哈希法处理下列数据碰撞的问题。

```
681, 467, 633, 511, 100, 164, 472, 438, 445, 366, 118;
```

其中哈希函数为（此处的 m=13）：

- f1 = h(key)=key MOD m;
- f2 =h(key) = (key+2) MOD m ;
- f3 =h(key) = (key+4) MOD m。

说明如下：

（1）使用第一种哈希函数 h (key)= key MOD 13 所得的哈希地址如下。

```
681 -> 5
467 -> 12
633 -> 9
511 -> 4
100 -> 9
164 -> 8
472 -> 4
438 -> 9
445 -> 3
366 -> 2
118 -> 1
```

（2）其中 100、472、438 都会发生碰撞，再使用第二种哈希函数 h(value+2) = (value+2) MOD 13 进行数据的地址安排。

```
100 -> h(100+2)=102 mod 13=11
472 -> h(472+2)=474 mod 13=6
438 -> h(438+2)=440 mod 13=11
```

（3）438 仍发生碰撞问题，再使用第三种哈希函数 h(value+4)= (438+4) MOD 13 重新进行 438 地址的安排。

```
438 -> h(438+4)=442 mod 13=0
```

＝＞经过三次再哈希后，数据的地址安排如下：

位置	数据
0	438
1	118
2	366
3	445
4	511

（续表）

位置	数据
5	681
6	472
7	null
8	164
9	633
10	null
11	100
12	467

9.4.4　链表法

将哈希表的所有空间建立 n 个链表，最初的默认值只有 n 个链表头。如果发生溢出，就把相同地址的键值连接在链表头的后面形成一个键表，直到所有的可用空间全部用完为止，如图 9-13 所示。

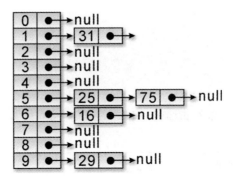

图 9-13

以 C#语言描述的再哈希（使用链表）算法如下：

```
public static void creat_table(int val)          //建立哈希表子程序
{
Node newnode = new Node(val);
int hash;
    hash = val % 7;                              //哈希函数除以 7 取余数
    Node current = indextable[hash];
    if (current.next == null)
indextable[hash].next = newnode
else
        while (current.next != null) current = current.next;
    current.next = newnode;                      //将节点加在列表首后
}
```

范例▶ **9.4.2** 请设计一个 C# 程序，使用链表来进行再哈希处理。

```
1    using System;
2    using System.Collections.Generic;
3    using System.Linq;
4    using System.Text;
5    using System.Threading.Tasks;
6    using System.IO;
7    using static System.Console; //导入静态类
8
9    namespace ch09_05
10   {
11       class Node
12       {
13           public int val;
14           public Node next;
15           public Node(int val)
16           {
17               this.val = val;
18               this.next = null;
19           }
20       }
21       class Program
22       {
23           const int INDEXBOX = 7;    //哈希表最大元素
24           const int MAXNUM = 13;      //最大的数据个数
25           static Node[] indextable = new Node[INDEXBOX]; //声明动态数组
26
27           static void Main(string[] args)
28           {
29               int i;
30               int[] index = new int[INDEXBOX];
31               int[] data = new int[MAXNUM];
32               Random rand = new Random();
33               for (i = 0; i < INDEXBOX; i++)
34                   indextable[i] = new Node(-1);  //清除哈希表
35               Write("原始数据: \n\t");
36               for (i = 0; i < MAXNUM; i++)         //起始数据值
37               {
38                   data[i] = rand.Next(30) + 1;
39                   Write("[" + data[i] + "]");
40                   if (i % 8 == 7)
```

```
41                      Write("\n\t");
42                  }
43              Write("\n 哈希表: \n");
44              for (i = 0; i < MAXNUM; i++)
45                  Creat_table(data[i]);           //建立哈希表
46              for (i = 0; i < INDEXBOX; i++)
47                  Print_data(i); //打印输出哈希表
48              ReadKey();
49          }
50          public static void Creat_table(int val) //建立哈希表子程序
51          {
52              Node newnode = new Node(val);
53              int hash;
54              hash = val % 7;     //哈希函数除以 7 取余数
55              Node current = indextable[hash];
56              if
57                  (current.next == null) indextable[hash].next = newnode;
58              else
59                  while (current.next != null) current = current.next;
60              current.next = newnode; //将节点加入链表
61          }
62          public static void Print_data(int val) //哈希表打印输出子程序
63          {
64              Node head;
65              int i = 0;
66              head = indextable[val].next;  //起始指针
67              Write("   " + val + ": \t");  //索引地址
68              while (head != null)
69              {
70                  Write("[" + head.val + "]-");
71                  i++;
72                  if (i % 8 == 7)  //控制长度
73                      Write("\n\t");
74                  head = head.next;
75              }
76              WriteLine("\b ");  //清除最后一个"-"符号
77          }
78      }
79  }
```

范例程序的执行结果如图 9-14 所示。

```
原始数据：
        [28][17][11][7][1][8][6][28]
        [20][1][24][19][13]
哈希表：
    0：  [28]-[7]-[28]
    1：  [1]-[8]-[1]
    2：
    3：  [17]-[24]
    4：  [11]
    5：  [19]
    6：  [6]-[20]-[13]
```

图 9-14

9.4.5　哈希法综合范例

在本章的前面，我们曾说过使用哈希法有许多好处，如快速查找等。在谈完哈希函数及溢出处理后，来看看如何使用哈希法快速建立和查找数据。在上面的例子中，我们直接把原始数据值存在哈希表中，如果现在要查找一个数据，只需将它经过哈希函数的处理后直接到对应的索引值列表中寻找即可；如果没找到，就表示数据不存在。如此可大幅减少读取数据和比较数据的次数，甚至可能经过一次读取和比较就可以找到数据。下面修改上一小节的范例程序，加入查找功能并打印对比的次数。

【范例程序：ch09_06.sln】

```
1    using System;
2    using System.Collections.Generic;
3    using System.Linq;
4    using System.Text;
5    using System.Threading.Tasks;
6    using System.IO;
7    using static System.Console;//导入静态类
8
9    namespace ch09_06
10   {
11       class Node
12       {
13           public int val;
14           public Node next;
15           public Node(int val)
16           {
17               this.val = val;
18               this.next = null;
19           }
20       }
21
```

```
22      class Program
23      {
24          const int INDEXBOX = 7;     //哈希表最大元素
25          const int MAXNUM = 13;      //最大的数据个数
26          static Node[] indextable = new Node[INDEXBOX]; //声明动态数组
27
28          static void Main(string[] args)
29          {
30              int i, num;
31              int[] index = new int[INDEXBOX];
32              int[] data = new int[MAXNUM];
33              Random rand = new Random();
34              for (i = 0; i < INDEXBOX; i++)
35                  indextable[i] = new Node(-1); //清除哈希表
36              Write("原始数据：\n\t");
37              for (i = 0; i < MAXNUM; i++) //起始数据值
38              {
39                  data[i] = rand.Next(30) + 1;
40                  Write("[" + data[i] + "]");
41                  if (i % 8 == 7)
42                      Write("\n\t");
43              }
44              for (i = 0; i < MAXNUM; i++)
45                  Creat_table(data[i]); //建立哈希表
46              WriteLine();
47              while (true)
48              {
49                  Write("请输入要查找的数据(1-30)，结束请输入-1：");
50                  num = int.Parse(ReadLine());
51                  if (num == -1)
52                      break;
53                  i = Findnum(num);
54                  if (i == 0)
55                      WriteLine("#####没有找到 " + num + " #####");
56                  else
57                      WriteLine("找到 " + num + "，共找了 " + i + " 次!");
58              }
59              WriteLine("\n 哈希表：");
60              for (i = 0; i < INDEXBOX; i++)
61                  Print_data(i); //打印输出哈希表
62              ReadKey();
63          }
```

```
64          public static void Creat_table(int val) //建立哈希表子程序
65          {
66              Node newnode = new Node(val);
67              int hash;
68              hash = val % 7; //哈希函数除以 7 取余数
69              Node current = indextable[hash];
70              if
71               (current.next == null) indextable[hash].next = newnode;
72              else
73                  while (current.next != null) current = current.next;
74              current.next = newnode; //将节点加入链表
75          }
76          public static void Print_data(int val) //哈希表打印输出子程序
77          {
78              Node head;
79              int i = 0;
80              head = indextable[val].next; //起始指针
81              Write("  " + val + ": \t"); //索引地址
82              while (head != null)
83              {
84                  Write("[" + head.val + "]-");
85                  i++;
86                  if (i % 8 == 7) //控制长度
87                      Write("\n\t");
88                  head = head.next;
89              }
90              WriteLine("\b "); //清除最后一个"-"符号
91          }
92
93          public static int Findnum(int num) //哈希查找子程序
94          {
95              Node ptr;
96              int i = 0, hash;
97              hash = num % 7;
98              ptr = indextable[hash].next;
99              while (ptr != null)
100             {
101                 i++;
102                 if (ptr.val == num)
103                     return i;
104                 else
105                     ptr = ptr.next;
106             }
```

```
107              return 0;
108          }
109      }
110  }
```

范例程序的执行结果如图 9-15 所示。

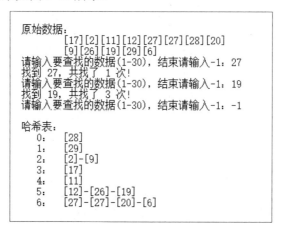

图 9-15

课 后 习 题

1. 若有 n 项数据已排序完成，请问用二分查找法查找其中某一项数据，其查找时间为：

（A）O(log²n)　　　　　　（B）O(n)　　　　　　（C）O(n²)　　　　　（D）O(log₂n)

2. 请问使用二分查找法（Binary Search）的前提条件是什么？

3. 有关二分查找法，下列叙述哪一个是正确的？

（A）文件必须事先排序

（B）当排序数据非常小时，其时间会比顺序查找法慢

（C）排序的复杂度比顺序查找法要高

（D）以上都正确

4. 下图为二叉查找树（Binary Search Tree），试绘出当插入键值（Key）为 "42" 后的新二叉树。注意，插入这个键值后仍需保持高度为 3 的二叉查找树。

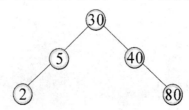

5. 用二叉查找树表示 n 个元素时，最小高度和最大高度的二叉查找树（Height of Binary Search Tree）的值是什么？

6. 斐波那契查找法查找的过程中，算术运算比二分查找法简单，请问该叙述是否正确？

7. 假设 A[i] = 2i，1≤ i ≤ n，要查找键值为 2k-1，请以插值查找法进行查找，试求需要比较几次才能确定此为一次失败的查找？

8. 用哈希法将 101、186、16、315、202、572、4637 个数字存在 0、1...6 的 7 个位置。若要存入 1000 开始的 11 个位置，又应该如何存放？

9. 什么是哈希函数？试以除留余数法和折叠法（Folding Method），并以 7 位电话号码作为数据进行说明。

10. 试叙述哈希查找与一般查找技巧有何不同？

11. 什么是完美哈希？在什么情况下使用？

12. 假设有 n 个数据记录（Data Record），我们要在这个记录中查找一个特定键值（Key Value）的记录。

（1）若用顺序查找法（Sequential Search），平均查找长度（Search Length）是多少？

（2）若用二分查找法（Binary Search），平均查找长度是多少？

（3）在什么情况下才能使用二分查找法查找一个特定记录？

（4）若找不到要查找的记录，则在二分查找法中要进行多少次比较（Comparison）？

13. 采用哪一种哈希函数可以使下列的整数集合：{74, 53, 66, 12, 90, 31, 18, 77, 85, 29}存入数组空间为 10 的哈希表中不会发生碰撞？

14. 解决哈希碰撞有一种叫 Quadratic 的方法，请证明碰撞函数为 h(k)，其中 k 为 key，当哈希碰撞发生时，$h(k)\pm i^2$，$1\leq i\leq\frac{M-1}{2}$，M 为哈希表的大小，这样的方法能涵盖哈希表的每一个位置，即证明该碰撞函数 h(k)将产生 $0\sim(M-1)$ 之间的所有正整数。

15. 当哈希函数 f(x) = 5x+4，请分别计算下列 7 项键值所对应的哈希值。

87、65、54、76、21、39、103

16. 请解释下列哈希函数的相关名词。

（1）Bucket（桶）；
（2）同义词；
（3）完美哈希；
（4）碰撞。

17. 有一个二叉查找树（Binary Search Tree）：

（1）键值 key 平均分配在[1, 100]之间，求在该查找树查找平均要比较几次。

（2）假设 k = 1 时其概率为 0.5，k = 4 时其概率为 0.3，k = 9 时其概率为 0.103，其余 97 个数，概率为 0.001。

（3）假设各 key 的概率如 (2)，能否将此查找树重新安排？

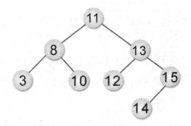

（4）以得到的最小平均比较次数，绘出重新调整后的查找树。

18. 试写出一组数据（1、2、3、6、9、11、17、28、29、30、41、47、53、55、67、78），以插值查找法找到 9 的过程。

附录 A
C#开发环境与指令摘要

Visual Studio 2017 是一套多种程序设计语言的集成开发环境，无论是使用 Visual C++、C# 还是 Visual Basic 程序设计语言，Visual Studio 都提供了相同的用户操作界面。Visual Studio 2017 有三种版本：Visual Studio Community 2017、Visual Studio Professional 2017（适用于小型的开发团队）、Visual Studio Enterprise 2017（适用于企业组织的开发团队）。Professional 和 Enterprise 版本提供了 60 天的试用期，而 Community 版本可以免费使用。

A.1　Visual Studio Community 2017 软件下载与安装

首先到微软官方网站（https://www.visualstudio.com/zh-hans/）下载 Visual Studio 的 Community 2017 软件。先从网页找到"Visual Studio IDE"，再选择"Windows 下载"版本中的"Community 2017"，完成下载操作，如图 A-1 所示。

图 A-1

下载完安装程序后，执行所下载的软件 Community 2017，将会进行解压缩并进入第一个画面，如图 A-2 所示。

图 A-2

单击"继续"按钮，请大家跟着下面的操作步骤进行安装（图 A-3 和图 A-4）。

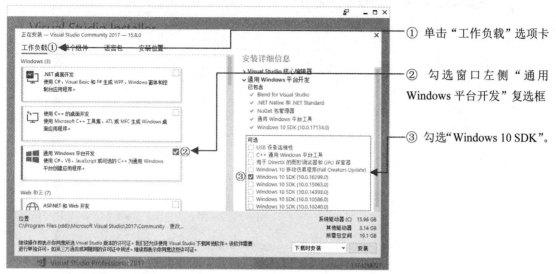

① 单击"工作负载"选项卡

② 勾选窗口左侧"通用 Windows 平台开发"复选框

③ 勾选"Windows 10 SDK"。

图 A-3

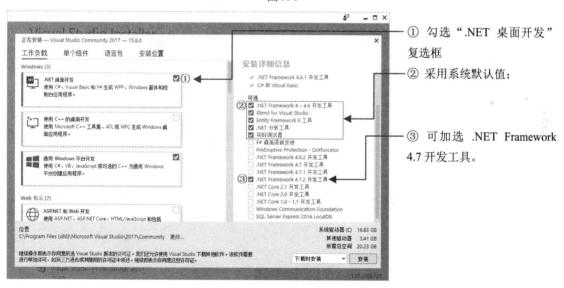

① 勾选".NET 桌面开发"复选框

② 采用系统默认值；

③ 可加选 .NET Framework 4.7 开发工具。

图 A-4

如果只想以 Visual C# 为程序设计语言的学习对象，那么工作负载模块选择"通用 Windows 平台开发"和".NET 桌面开发"即可。一切选择就绪，单击"安装"按钮（如图 A-5），就会开始进行软件的安装。

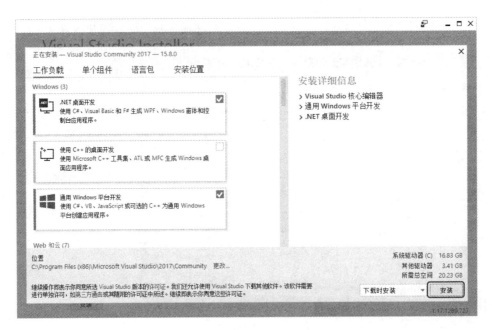

图 A-5

安装完毕后，必须重新启动系统，以便让计算机设置相关的系统环境，如图 A-6 所示。

图 A-6

完成 Visual Studio Community 2017 软件安装后，就可以在 Windows 的"开始"菜单中找到"Visual Studio 2017"软件。

A.2 创建第一个控制台项目

由于 Visual Studio 2017 是以项目（Project）为单元来进行程序的开发，因此第一步要新建一个项目。有两种创建项目的方式：

方式一：在"起始页"右下角找到"创建新项目"选项。

方式二：依次选择 "文件→新建→项目"菜单选项，如图 A-7 所示。

上述两种方式都会进入"新建项目"对话框，下面我们来示范如何添加一个控制台应用项目。请在 Windows"开始"菜单启动 Visual Studio 2017 软件。

（1）打开"新建项目"窗口。

图 A-7

依次选择 "文件→新建→项目" 菜单选项，打开 "新建项目"窗口

（2）在"新建项目"窗口中设置各选项，如图 A-8 所示。

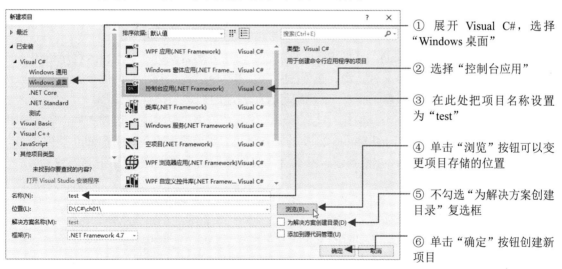

① 展开 Visual C#，选择"Windows 桌面"

② 选择"控制台应用"

③ 在此处把项目名称设置为"test"

④ 单击"浏览"按钮可以变更项目存储的位置

⑤ 不勾选"为解决方案创建目录"复选框

⑥ 单击"确定"按钮创建新项目

图 A-8

提 示

创建项目时，"为解决方案创建目录"复选框的作用如下：

- 勾选：解决方案和项目同名，以解决方案的名称为名新建文件夹。
- 未勾选：依然会产生与项目同名的解决方案，但是只产生项目文件夹。

（3）单击"确定"按钮之后，会创建一个以控制台应用程序为主的"Program.cs"文件，并启动编辑器载入这个程序文件，如图 A-9 所示。

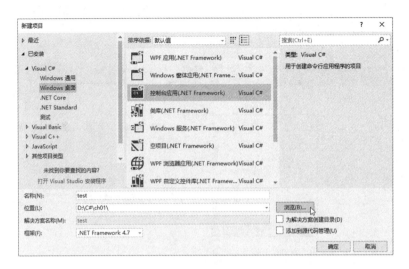

图 A-9

控制台应用程序的"Program.cs"文件包含：

（1）导入的命名空间（Namespace）：使用"using"关键字导入 .NET Framework 类库。
（2）新建项目之后，要自定义的命名空间，使用"namespace"关键字。
（3）类名称，以关键字"class"开头。
（4）主程序 Main()，代表程序的入点。

请大家找到主程序 Main()，并按 Enter 键来产生新行，然后就可以开始输入程序语句了。当程序还没生成可执行程序文件之前，必须先执行"文件➔全部保存"菜单指令选项，把程序文件和其他相关文件一同保存，再按 F5 键即可开始程序的调试与执行。

如何关闭解决方案呢？当我们执行"文件➔关闭解决方案"菜单指令选项之后，就会关闭当前打开的项目，并保留 Visual Studio 2017 的工作环境。如果想退出 Visual Studio 2017 软件，就可以直接单击窗口右上角的 ✕ 按钮或者执行"文件➔退出"菜单指令选项。

提 示

C# 语言的"项目（Project File）"由不同文件组成，其扩展名为"*.csproj"。一个简单的应用程序可能只有一个项目，而较为复杂的应用程序可能会需要多个项目，此时就要借助"解决方案（Solution）"，扩展名为"*.sln"；使用"解决方案文件夹"来管理和组织相关的项目组。

A.3　C# 语言重要指令的简介

在以 C# 语言实现数据结构的过程中，有些重要的指令经常被使用到。虽然在其他如 Java、C、C++、Python 等程序设计语言中都有类似可以达到相同功能的指令，但是为了帮助大家在以 C#语言实现数据结构程序的过程中可以精准地使用各种程序指令的正确语法，以及提高程序的调试效率，在此特别整理了实现数据结构必备的 C# 指令，并以摘要的方式帮助大家快速掌握其中的重点。

A.3.1　注释指令

适时的注释能让程序具有更好的可读性，编译程序碰到这些注释文字会忽略它们。注释（Comment）按其作用分为以下两种：

- 单行注释：使用双斜线字符"//"表示。
- 多行注释：以"/*"表示注释内容的开始，以"*/"表示注释内容的结束。

单行注释可以独立成行，也可以放在程序语句的结尾。范例如下：

```
//static 关键字导入静态类 Console
using static System.Console;
Write("请输入你的名字：");    //输出消息不会换行
```

多行注释可以使表达的内容更加清楚。范例如下：

```
/*如果数组内的值大于树根，则往右子树比较
如果数组内的值小于或等于树根，则往左子树比较*/
```

A.3.2　控制台应用程序输入/输出指令

在控制台应用程序中，处理数据的输入和输出要使用 System 命名空间的 Console 类。如果要读取标准数据流，Console 类就提供了几种方法：Read()、ReadLine()和 ReadKey()。语法如下：

```
Console.Read();        //从标准数据流读取一个字符
Console.ReadLine();    //从标准数据流读取整行字符
Console.ReadKey();     //获取用户按下的任意一个字符或功能键
```

例如：

```
string name = Console.ReadLine();    //读取输入的整行字符串
Console.ReadKey();
```

如果事先导入 System.Console 静态类，就可以省略前面的"Console."。请参考下面的语法：

```
using static System.Console;    //导入静态类
string name = ReadLine();    //读取输入的整行字符串
ReadKey();
```

为了便于解说以及考虑到程序代码的简洁性，本书中的范例程序会事先导入 System.Console 静态类，如此在进行标准数据流的输入和输出操作时就可以简化指令。

另外，如果要在屏幕上输出信息，则可以调用 Write()或 WriteLine()方法。请参考下面的语法：

```
Console.Write();            //从标准数据流输出信息
Console.WriteLine();        //从标准数据流输出信息后执行换行操作
```

WriteLine()方法可以将指定的字符串、数字等数据输出后再执行换行的操作；若使用 Write()方法，则停留在输出的那一行，不执行换行的操作。

在输出字符串时，必须使用双引号""""来括住字符串，如果是串接两个以上的字符串，则可以使用运算符"+"；如果是输出数字，则可以直接将数字写在 WriteLine()方法中，也可以先进行数学运算再输出运算的结果。范例如下：

```
Console.WriteLine("人工智能");
Console.WriteLine("人工智能" + "Artificial Intelligence");
Console.WriteLine(10);
Console.WriteLine(5 + 8 + 10);
Console.WriteLine();    //换行
```

另外，也可以进行格式化输出。其语法如下：

```
WriteLine("{0}   {1}   {2}   ", agr0, arg1, arg2…);
```

要格式化的各项必须用大括号{}括住，索引值从零开始。agr0、arg1、arg2 为格式化项对应的对象或变量。

字符串中各个字符的索引按序为{0}、{1}、{2}…，字符串双引号后以逗号分隔，此时数字会被转换为字符串，再与原字符串串接一同输出。例如：

```
Console.WriteLine("您的出生年份是：{0} ",1980);
Console.WriteLine("您的姓名是：{0} ", name);
```

数值 1980 会带入{0}中，输出的结果是"您的出生的年份：1980"。
变量"name"与格式化字符串中的{0}对应。

A.3.3　变量与常数

变量声明的作用是告诉计算机变量需要占用多大的内存空间。语法如下：

```
[修饰词] 数据类型 变量名称 = [值];
```

其中[修饰词]表示一个可选项，可以省略。不过使用变量前一定要为变量设置初始值，否则会发生错误。范例如下：

```
int num = 100; //声明变量，并设置初值
```

然后在程序中增加如下语句：

```
num = 88;
```

此时 num 的值就不再是先前的 100，而是后来赋值的 88。因此，num 为一变量，会随着程序的运行而改变存储的值。

变量会随着程序的执行而改变其值，但常数是固定不变的。声明常数的语法如下：

```
const 数据类型 常数名称 = 常数值；
```

常数的用法如下：

```
const int Max1=100;
const int Min1=0;
const int num = 5;                //常数
int x1 = 6;                       //变量
const int num2 = num + x1         //错误
```

A.3.4 数组的声明与使用

使用数组时要事先声明，声明数组之后，才能按照所声明的类型分配适当的内存空间。它语法如下：

```
数据类型[] 数组名
```

数组经过声明后不代表已获取了内存空间，必须使用 new 运算符完成实例化的操作才能享有分配的内存。语法如下：

```
数组名 = new 数据类型[size]；
```

当然，也可以将前面的两个步骤合二为一，并加上修饰词。它的语法如下：

```
修饰词 数据类型[] 数组名 = new 数据类型[size]；
```

例如，声明一个存放 4 个元素的整数类型数组，程序语句如下：

```
int[] number;                  //1.声明数组
number = new int[10];          //2.new 实例化数组，可存放 10 个元素
int[] number = new int[10];    //声明、创建数组合而为一
```

创建数组之后，可以以中括号按索引来存放数组的元素，要为数组设置初始值。语法如下：

```
数组名[索引编号] = 初值；
```

下面的几种方式都可以用来为数组中的各个元素赋值。

【例 1】创建数组之后为数组元素赋值。

```
int[] number = new int[4];     //声明数组并获得存储空间
number[1] = 20;                //把 20 赋值给数组的第 2 个元素（或第 2 个位置）
```

【例 2】声明数组之后，也可以以大括号来初始化数组。

```
int[] number = {1, 3, 5, 7}；
```

【例 3】 声明数组之后，使用 new 运算符来完成数组元素的初始化。

```
int[] number;                              //1.声明数组
number = new int[] {11, 22, 33, 44};       //2.初始化数组元素
int[] number = new int[] {11, 22, 33, 44}; //将前面的 2 个步骤合并
```

二维数组

声明二维数组的基本语法如下：

```
数据类型[,] 数组名;                         //1.声明二维数组
数组名 = new 数据类型[行数，列数];          //2.创建二维数组
数据类型[,] 数组名 = new 数据类型[行数，列数];  //合二为一
```

例如，声明一个 3*2 的整数类型数组，语句如下：

```
int[,] myArr2 = new int[3, 2];
```

二维数组要存放元素，必须按行、列加上中括号来指定其位置。语法如下：

```
数组名[行号，列号] = 初值;
```

下面的几种方式都可以用来为二维数组中的元素赋值。

【例 1】 先实例化数组，再为元素赋值。

```
int[,] number = new int[3, 2];     //声明并实例化二维数组
number[0, 1] = 100;                //将 100 赋值给数组中第一行、第二行的元素
```

【例 2】 声明二维数组并初始化。

```
int[,] number = {{5, 10}, {15, 20}, {25, 30}};
```

当数组维数是 2 以上时，先指定维数，再使用 GetLength()方法获取数组的长度。例如：

```
int[,] number = {{98, 84, 47}, {54, 69, 78}}; //声明并初始化
int row = score.GetLenght(0);
int column = score.GetLength(1);
```

多维数组

凡是二维以上的数组都可以称为多维数组，只要内存容量许可，就可以声明更多维数的数组来存取数据。下面是声明三维数组的例子：

```
int [, ,] arr3D = new int[2, 2, 3];
```

A.3.5　数组的排序

Array 类的 Sort()方法可以针对一维数组进行升序排序，若想进行降序排序，则必须先调用 Sort()方法完成排序，再调用 Reverse()方法反转数组元素。例如：

```
int[] score = new int[] {11, 87, 25, 67, 42};
Array.Sort(score); //升序排序
Array.Reverse(score);  //降序排序
```

A.3.6　随机数的使用

位于 System 命名空间的 Random 类，可调用它来产生随机值。下表列出了一些常用的方法。

方法	说明
Next()	返回非负值的随机整数
Next(x, y)	返回 x 到 y 之间的整数类型，以 Int32 类型为主
NextBytes()	产生字节数组的随机数
Sample()	返回 0.0~1.0 之间的随机浮点数

以下程序示范了如何获取随机数。

```
//创建产生随机数的对象 rand
static Random rand = new Random();
//以 byte 为类型，通过数组存储 10 个随机数
static byte[] current = new byte[10];
//调用 NextBytes 方法产生 byte 类型的随机数据
rand.NextBytes(current);
//读取数组元素
foreach(byte item in current)
{
Console.Write($"{item} ");
}
```

A.3.7　数据类型转换

数据类型转换就是将 A 数据类型转换为 B 数据类型。对于数字类型的转换可以分成自动类型转换与强制类型转换。自动类型转换是一种数据不会遗失的转换，能将数值范围较小的类型（如 int）转换成数值范围较大的类型（如 float）。例如：

```
char ch ='a';          //声明字符类型
int i = ch;            //正确；字符转成整数类型，内存存储空间从小变到大
double dou = ch;       //正确；整数转成 double 类型，内存存储空间从小变到大
decimal dec = ch;      //正确；double 转成 decimal 类型，内存存储空间从小变到大
byte b = i;            //不正确；整数变成字节类型，内存存储空间从大变到小 "自动类型转换"
```

强制类型转换是指在进行运算之前，明确告知编译程序我们打算进行数据类型转换，称为"强制类型转换"（Casting），方法有三种。

使用类型转换运算符()（括号）

如何使用转换运算符进行类型转换？先来认识一下它的语法：

> 变量 =（要转换的类型）变量或表达式；

把单个字符转为 ASCII 值，就可以使用转换运算符。

```csharp
char key = 'Y';              //单个字符，英文大写 Y
int asciiValue = (int)key;    //以 int 类型转换
WriteLine($"ASCII = {asciiValue}");//输出 89
```

调用 Parse()方法

调用 Parse()方法同样须指定要转换的类型，语法如下：

> 数值变量 = 类型.Parse(字符串);

在控制台应用程序中，调用 Read()或 ReadLine()方法读取的数值（本身是字符串），就用 Parse()方法进行转换。

```csharp
Write("请输入数值");
int number = int.Parse(ReadLine());
```

调用 Convert 类提供的方法进行转换

Convert 类的用法请参考下面的例子。

```csharp
Write("请输入数值：");
int number = Convert.ToInt32(ReadLine());
```

A.3.8 对象与类

我们直接以类定义一辆车的基本信息来说明对象与类的基本概念。

```csharp
class Car
{
    private string carColor;
    Car(string color )//构造函数
    {
        carColor = color;
    }
    public string color//属性
    {
        get { color = carColor; }
    }
    public void Speed()//方法
```

```
    {
        WriteLine( "正在全力加速……" );
    }
}
```

Car 类简单地定义了属性 color 与方法 Speed()，属性与方法称为类的成员。在这个 Car 类中，其他人只能使用 color 属性与 Speed()方法，而被声明为 private 的 carColor 为私有成员，外界无法存取。

创建类之后，需要进一步使用 new 运算符实例化对象。语法如下：

```
类名称 对象名称;
对象名称 = new 类名称();
类名称 对象名称 = new 类名称();   //前面两行合二为一
```

继续类 Car 的例子，建立对象并实例化。

```
Car bmw;                 //创建类 Car 的对象 bmw
bmw = new Car();             //用运算符 new 实例化对象 bmw
Car bmw = new Car();   //前面两行合二为一
```

创建对象之后，就能以"."（句点）运算符来存取。语法如下：

```
对象名称.数据成员;
```

实现继承时，子类会继承父类的 public、protected 和 internal 成员。继承的语法如下：

```
class 派生类:基类
{
    //定义派生类本身的数据成员和成员方法
}
```

其中父类的成员标示为 protected，只有子类才能使用它们，外界无法存取。

认识关键字 this

关键字 this 可以引用对象本身所属类的成员。当类 A 的对象 B 实例化时，除了构造函数以外，关键字 this 还会指向对象自己（B），或者是与对象有关的成员。另外，如果派生类想要使用基类的构造函数，就必须使用 base 关键字。语法如下：

```
class 派生类 : 基类
{
  public 构造函数() : base()
  {
      //构造函数程序区块;
  }
}
```

下面示范了如何调用基类含有参数的构造函数。

```
class People{           //父类
    public People(string fatherName){
        //父类构造函数程序区块
    }
}
class Human : People {  //子类 Human 继承类 People
    public Human(string sonName) : base(sonName) {
        //子类构造函数的程序区块
    }
}
```

A.3.9 静态类与静态字段

静态类与常规类的最大差异就是不能使用 new 运算符来实例化类，为了与常规类有所区别，所以加上"静态"。静态类的属性、方法也必须定义成"静态"才能使用。

常规类也可以将其成员加上 static 关键字来成为静态成员，它们是所有对象共同拥有的。"静态字段"的作用是让编译程序在执行时 "仅为每个类分配一份该属性的内存空间"。语法如下：

```
class 类名称 {   //常规类
    存取权限修饰词 static 返回值类型 类成员名称;
    ...
}
```

标示 static 的静态数据成员，在内存只会保留一份，属于全局变量，无论类产生多少对象，都会共享这些静态成员。静态成员不像其他数据成员那样会伴随对象而分别产生，请参考下面的范例说明。

```
class Student
{
    //第一个静态方法——计算总分
    public static uint Total(uint a, uint b, uint c)
    {
        uint sum = a + b + c;//总分
        return sum;   //返回累加结果
    }
    //第二个静态方法——算平均分数
    public static float Average(string word, uint number)
    {
        float result = number / 3.0F;   //平均
        return result;
    }
```

```
        }
static void Main(string[] args)
{

        Write("请输入名称：");
        string name = ReadLine();
        Write("请输入分数 -> ");
        Write("数学：");
        uint math = Convert.ToUInt32(ReadLine());
        uint eng = Convert.ToUInt32(ReadLine());
        uint chin = Convert.ToUInt32(ReadLine());
        //直接以类来调用静态方法 Total()、Average()
        uint score = Student.Total(math, eng, chin);
        float avg = Student.Average("平均分", score);
        WriteLine($"{name} " + $"总分 {score}，平均分 {avg:f3}");

}
```

附录 B
习题答案

第 1 章课后习题参考答案

1. 请问以下 C# 程序是否相当严谨地表达出算法的含义？

```
count=0;
while(count < > 3)
```

解答▶ 不够严谨，因为会造成无限循环，与算法有限性的特性相抵触。

2. 请问下列程序的循环部分，实际执行的次数与时间复杂度为何？

```
for i=1 to n
    for j=i to n
        for k =j to n
        { end of k Loop }
    { end of j Loop }
{ end of i Loop }
```

解答▶ 我们可使用数学算式来计算，公式如下：

$$\sum_{i=1}^{n}\sum_{j=i}^{n}\sum_{k=j}^{n}1 = \sum_{i=1}^{n}\sum_{j=i}^{n}(n-j+1)$$

$$= \sum_{i=1}^{n}(\sum_{j=i}^{n}n - \sum_{j=i}^{n}j + \sum_{j=i}^{n}1)$$

$$= \sum_{i=1}^{n}(\frac{2n(n-i+1)}{2} - \frac{(n+i)(n-i+1)}{2}) + (n-i+1)$$

$$= \sum_{i=1}^{n}(\frac{(n-i+1)}{2})(n-i+2)$$

$$= \frac{1}{2}\sum_{i=1}^{n}(n^2+3n+2+i^2-2ni-3i)$$

$$= \frac{1}{2}(n^3+3n^2+2n+\frac{n(n+1)(2n+1)}{6}-n^3-n^2-\frac{3n^2+3n}{2})$$

$$= \frac{1}{2}(\frac{n(n+1)(2n+1)}{6}+\frac{n(n+1)}{2})$$

$$= \frac{n(n+1)(n+2)}{6}$$

这个 $\frac{n(n+1)(n+2)}{6}$ 就是实际循环执行的次数，且我们知道必定存在 c，使得 $\frac{n(n+1)(n+2)}{6}n_0 \leq cn^3$，因此当 $n \geq n_0$ 时，时间复杂度为 $0(n^3)$。

3. 试证明 $f(n) = a_m n^m + ... + a_1 n + a_0$，则 $f(n) = O(n^m)$。

解答▶

$$f(n) \leqslant \sum_{i=1}^{n} |a_i| n^i$$

$$\leqslant n^m \sum_{0}^{m} |a_i| n^{i-m}$$

$$\leqslant n^m \sum_{0}^{m} |a_i|, \text{for} \geqslant n$$

另外，我们可以把 $\sum_{0}^{m} |a_i|$ 视为常数 $C \Rightarrow f(n) = 0(n^m)$

4. 求下列程序中，函数 F(i, j, k)的执行次数。

```
for k=1 to n
  for I-0 to k-1
    for j=0 to k-1
      if i<>j then F(i,j,k)
    end
  end
end
```

解答▶ n*(n+1)*(2n+1)/6-n*(n+1)/2=n(n²-1)/3

5. 请问以下程序的 Big-O 为何？

```
Total=0;
for(i=1; i<=n ; i++)
    total=total+i*i;
```

解答▶ 因为循环执行 n 次，所以是 O(n)

6. 试述非多项式问题（Nonpolynomial Problem）的意义。

解答▶ 当解决某问题算法的时间复杂度为 $O(2^n)$（指数时间）时，我们就称此问题为非多项式问题（Nonpolynomial Problem），简称 NP 问题。

7. 解释下列名词：

（1）O(n)（Big-Oh of n）；
（2）抽象数据类型（Abstract Data Type）。

解答▶

（1）定义一个 T(n)来表示程序执行所需的时间，其中 n 代表数据输入量，分析算法在所有可能的输入组合下需要的最多时间，也就是程序最高的时间复杂度，称为 Big-Oh（念成"big-o"），或者可以看成是程序执行的最坏情况。

（2）抽象数据类型（Abstract Data Type，ADT）是指一个数学模型以及定义在此数学模型上的一组数学运算或操作，并以预定的方式提供这个数据类型给使用者使用。也就是指使用者不用考虑抽象数据类型的制作细节，只要知道如何使用即可，如堆栈（Stack）或队列（Queue）就是典型的抽象数据类型（ADT）。

8. 结构化程序设计与面向对象程序设计的特性为何？试简述之。

解答▶ 结构化程序设计的核心精神就是"由上而下设计"与"模块化设计"。"面向对象程序设计"（Object-Oriented Programming，OOP）则是近年来相当流行的一种新兴程序设计思想，它主要是让我们在程序设计时，能以一种更生活化、可读性更高的设计思路来进行程序的开发和设计，并且所开发出来的程序也更容易扩充、修改及维护。

9. 请编写一个算法来求取函数 f(n)，f(n)的定义如下：

$$f(n): \begin{cases} n^n & \text{if } n \geq 1 \\ 0 & \text{otherwise} \end{cases}$$

解答▶

```
int aaa(n)
{
    int p,q;
    if(n<=0) return 0;
    p=n;
    q=n-1;
    while (q>0)
    {
        p=q*n;
     q=q-1;
    }
    return p;
}
```

10. 算法必须符合哪五个条件？

解答▶

算法的特性	内容与说明
输入（Input）	0 或多个输入数据，这些输入必须有清楚的描述或定义
输出（Output）	至少会有一个输出结果，不可以没有输出结果
明确性（Definiteness）	每一个指令或步骤必须是简洁明确的
有限性（Finiteness）	在有限步骤后一定会结束，不会产生无限循环
有效性（Effectiveness）	步骤清晰明了且可行，能让用户用纸笔计算而求出答案

11. 请问评估程序设计语言好坏的要素是什么？

解答▶ 评估程序设计语言好坏的要素：可读性（Readability）高、平均成本低、可靠度高、可编写性高。

12. 试简述分治法的核心思想。

解答▶ 分治法（Divide and Conquer）的核心思想在于将一个难以直接解决的大问题按照不同的分类分割成两个或更多的子问题，以便各个击破，分而治之。

13. 递归至少要定义哪两个条件？

解答▶ 递归（Recursion）至少要定义两个条件：①可以反复执行的递归过程；②跳出递归执行过程的出口。

14. 试简述贪心法的主要核心概念。

解答▶ 贪心法（Greed Method）又称为贪婪算法，是从某一起点开始，在每一个解决问题步骤中使用贪心原则，即采取在当前状态下最有利或最优化的选择，不断地改进该解答，持续在每一步骤中选择最佳的方法，并且逐步逼近给定的目标，当达到某一步骤不能再继续前进时算法就停止，就是尽可能快地求得更好的解。

15. 简述动态规划法与分治法的差异。

解答▶ 动态规划法主要的做法是：如果一个问题答案与子问题相关的话，就能将大问题拆解成各个小问题，其中与分治法最大不同的地方是可以让每一个子问题的答案被存储起来，以供下次求解时直接取用。这样的做法不但能减少再次计算的时间，还可将这些解组合成大问题的解答，故而使用动态规划可以解决重复计算的问题。

16. 什么是迭代法，请简述之。

解答▶ 迭代法（Iterative Method）是指无法使用公式一次求解，而需要使用迭代，例如用循环去重复执行程序代码的某些部分来得到答案。

17. 枚举法的核心概念是什么？试简述之。

解答▶ 枚举法的核心思想就是：列举所有的可能，根据问题要求，逐一列举问题的解答。。

18. 回溯法的核心概念是什么？试简述之。

解答▶ 回溯法（Backtracking）也算是枚举法中的一种，对于某些问题而言，回溯法是一种可以找出所有（或一部分）解的一般性算法，同时避免枚举不正确的数值。一旦发现不正确的数值，就不再递归到下一层，而是回溯到上一层，以节省时间，是一种走不通就退回再走的方式。

第 2 章课后习题参考答案

1. 试列举出 8 种线性表常见的运算方式。

解答▶

（1）计算线性表的长度 n。

（2）取出线性表中的第 i 项元素来加以修正，1≤i≤n。

（3）插入一个新元素到第 i 项，1≤i≤n，并使得原来的第 i, i+1…, n 项后移变成 i+1, i+2…, n+1 项。

（4）删除第 i 项的元素，1≤i≤n，并使得第 i+1, i+2, …n 项前移而变成第 i, i+1…, n-1 项。

（5）从右到左或从左到右读取线性表中各个元素的值。

（6）在第 i 项存入新值，并取代旧值。1≤i≤n。

（7）复制线性表。

（8）合并线性表。

2. 如果 Loc(A(1, 1)) = 2，Loc(A(2, 3)) = 18，Loc(A(3, 2)) = 28，试求 Loc(A(4, 5)) = ？

解答▶ 由 Loc(A(3, 2)) 大于 Loc(A(2, 3)) 得知，A 数组的存储分配方式是以行为主，而且 α = Loc(A(1,1)) = 2，令单位空间为 d，

另外，可由公式 Loc(A(i, j)) = α + (i-1)*n*d + (j-1)*d

→ 2 + nd + 2d = 18……①

　 2 + 2nd + d = 28……②

从①、②可得 d＝2，n=6

因此 Loc(A(4, 5)) = 2 + 3*6*2 + 4*2 = 46。

3. 若 A(3, 3)在位置 121，A(6, 4)在位置 159，则 A(4, 5)的位置在哪里？（单位空间 d = 1）

解答▶ 由 Loc(A(3, 3)) = 121, Loc(A(6, 4)) = 159 得知，数组 A 的存储分配方式是以列为主，所以起始地址为 α，单位空间为 1，则数组 A(1:m, 1:n)

→ α + (3-1)*1 + m*(3-1)*1

= α + 2*(1+m) = 121 => α+2+2m=121……①

A + (6-1)*1 + (4-1)*m

= α + 3m + 5 = 159 => α + 3m + 5 = 159……②

由①、②式可得 α = 49，m = 35

=> Loc(A(4, 5)) = 49 + 4*35 + 3 = 192。

4. A(-3:5, -4:2)数组的起始地址 A(-3,-4) = 100，以行存储为主，请问 Loc(A(1,1)) = ？

解答▶ Loc(A(1, 1)) = 133

5. 若 A(3, 3)在位置 121，A(6, 4)在位置 159，则 A(4, 5)的位置在哪里？（单位空间 d = 1）

解答▶ 由 Loc(A(3, 3)) = 121，Loc(A(6, 4)) = 159 得知，数组 A 的存储分配方式是以列为主，所以起始地址为 α，单位空间为 1，则数组 A(1:m, 1:n)

$$=> α + (3-1)*1 + m*(3-1)*1$$
$$= α + 2*(1+m) = 121 => α+2+2m=121……①$$
$$A + (6-1)*1 + (4-1)*m$$
$$= α + 3m + 5 = 159 => α + 3m + 5 = 159……②$$

由①、②式可得 α = 49，m = 35

$$=> Loc(A(4, 5)) = 49 + 4*35 + 3 = 192。$$

6. 若 A(1, 1)在位置 2，A(2, 3)在位置 18，A(3, 2)在位置 28，则 A(4, 5)的位置在哪里？

解答▶ 由 Loc(A(3, 2))大于 Loc(A(2, 3))得知，A 数组的存储分配方式为以行为主，而且 α = Loc(A(1,1)) = 2，令单位空间为 d

另外，可由公式 Loc(A(i, j)) = α + (i-1)*n*d + (j-1)*d

$$→ 2 + nd + 2d = 18……①$$
$$2 + 2nd + d = 28……②$$

从①、②可得 d = 2，n=6

因此 Loc(A(4, 5)) = 2 + 3*6*2 + 4*2 = 46。

7. 请说明稀疏矩阵的定义并举例。

解答▶ 稀疏矩阵最简单的定义就是一个矩阵中大部分的元素为 0，即可称为"稀疏矩阵"（Sparse Matrix）。例如下面的矩阵就是典型的稀疏矩阵。

$$
\begin{bmatrix}
25 & 0 & 0 & 32 & 0 & -25 \\
0 & 33 & 77 & 0 & 0 & 0 \\
0 & 0 & 0 & 55 & 0 & 0 \\
0 & 0 & 0 & 0 & 0 & 0 \\
101 & 0 & 0 & 0 & 0 & 0 \\
0 & 0 & 38 & 0 & 0 & 0
\end{bmatrix} \quad 6 \times 6
$$

8. 假设数组 A[-1:3, 2:4, 1:4, -2:1] 是以行为主排列，起始地址 a = 200，每个数组元素内存空间为 5，请问 A [-1, 2, 1, -2]、A [3, 4, 4, 1]、A [3, 2, 1, 0]的位置。

解答▶ Loc(A[-1, 2, 1, -2]) = 200、Loc(A[3, 4, 4, 1]) = 1395、Loc(A [3, 2, 1, 0]) = 1170。

9. 求下图稀疏矩阵的压缩数组表示法。

$$\begin{bmatrix} 0 & 0 & 0 & 0 & 3 \\ 1 & 0 & 0 & 0 & 0 \\ 0 & 0 & 0 & 4 & 0 \\ 6 & 0 & 0 & 0 & 7 \\ 0 & 5 & 0 & 0 & 0 \end{bmatrix}$$

解答▶ 我们声明一个数组 A[0:6, 1:3]

A	1	2	3
0	5	5	6
1	1	5	3
2	2	1	1
3	3	4	4
4	4	1	6
5	4	5	7
6	5	2	5

10. 什么是带状矩阵（Band Matrix）？并举例说明。

解答▶ 所谓带状矩阵（Band Matrix），是一种在应用上较为特殊且稀少的矩阵，就是在上三角形矩阵中，右上方的元素都为零，在下三角形矩阵中，左下方的元素也都为零，即除了第一行与第 n 行有两个元素外，其余每行都具有三个元素，使得中间主轴附近的值形成类似带状的矩阵，如下图所示。

$$\begin{bmatrix} a_{11} & a_{21} & 0 & 0 & 0 \\ a_{12} & a_{22} & a_{32} & 0 & 0 \\ 0 & a_{23} & a_{33} & a_{43} & 0 \\ 0 & 0 & a_{34} & a_{44} & a_{54} \\ 0 & 0 & 0 & a_{45} & a_{55} \end{bmatrix} 5 \times 5$$

$a_{ij}=0, \quad if \mid i\text{-}j \mid > \mid$
$=>k=n*(j\text{-}1)\text{-}j*(j\text{-}1)/2+i$

11. 解释下列名词：

① 转置矩阵　　② 稀疏矩阵
③ 左下三角形矩阵　　④ 有序表

解答▶ 请参考本章内容。

12. 数组结构类型通常包含哪几个属性？

解答▶ 数组结构类型通常包含 5 个属性：起始地址、维数（Dimension）、索引上下限、数组元素个数、数组类型。

13. 数组（Array）是以 PASCAL 语言来声明的，每个数组元素占用 4 个单位的内存空间。若起始地址是 255，则在下列声明中，所列元素存储位置分别是多少？

（1）Var A=array[-55...1, 1...55]，求 A[1,12]的地址。
（2）Var A=array[5...20, -10...40]，求 A[5,-5]的地址。

解答▶

（1）先求得数组中的实际行数和列数。

1 - (-55) + 1 = 57...行数

55 – 1 + 1 = 55...列数

由于 PASCAL 语言是以行为主的语言，因此可代入以下计算公式中：

255 + 55*4*(1 - (-55)) + (12-1)*4 = 12619

（2）同样是先求得数组中的实际行数和列数。

20 – 5 + 1 = 16...行数，

40 - (-10) + 1 = 51...列数

255 + 4*51*((5-5) + 4*(-5 - (-10)) = 275

14. 假设我们以 FORTRAN 语言来声明浮点数的数组 A[8][10]，且每个数组元素占用 4 个单位的内存空间，如果 A[0][0] 的起始地址是 200，那么元素 A[5][6] 的地址是多少？

解答▶ 因为 FORTRAN 语言是以列为主排列，所以 Loc(A[5][6]) = 200 + 5*4 + 8*4*4 = 348

15. 假设有一个三维数组声明为 A(1:3, 1:4, 1:5)，A(1,1,1) = 300，且 d=1，请在以列为主的排列方式下求出 A(2,2,3)的所在位置。

解答▶ Loc(A(1, 2, 3)) = 300 + (3-1)*3*4*1 + (2-1)*3*1 + (2-1) = 328

16. 有一个三维数组 A(-3:2, -2:3, 0:4)，以行为主（Row-major）的方式排列，数组的起始地址是 1118，试求 Loc(A(1,3,3)) =？ （d=1）

解答▶ 假设 A 为 $u_1*u_2*u_3$ 数组，且是以行为主（Row-major）的方式排列

m = 2 - (-3) + 1 = 6
n = 3 - (-2) + 1 = 6
o = 4 - 0 + 1 = 5

公式如下：

Loc(A(1,3,3)) =1118 + (1-(-3))*6*5 + (3-(-2))*5 + (3-0) = 1118 + 120 + 25 + 3 = 1266

17. 假设有一个三维数组声明为 A(-3:2, -2:3, 0:4)，A(1,1,1) = 300，且 d = 2，请在以列为主的排列方式下求出 A(2,2,3)所在的位置。

解答▶ m = 2 - (-3) + 1 = 6   n = 3 - (-2) + 1 = 6 o = 4 - 0 + 1 = 5

Loc(A(2,2,3)) = 300 + (3-0)*6*6*1 + (2-(-2))*6*1 + (2-(-3))*1 = 437

18. 一个下三角数组（Lower Triangular Array），B 是一个 n * n 的数组，其中 B[i, j]=0，i<j。

（1）求 B 数组中不为 0 的最大个数。

（2）如何将 B 数组以最经济的方式存储在内存中。

（3）写出在②的存储方式中，如何求得 B[i, j]，i>=j。

解答▶

（1）由题意得知 B 为左下三角形矩阵，因此不为 0 的个数为 $\dfrac{n*(n+1)}{2}$。

（2）可将 B 数组非零项的值以行为主（Row-major）映射到一维数组 A 中，如下图所示。

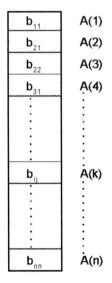

（3）以行为主的映射方式，$b_{ij} = A(k)$，$k = \dfrac{i*(i-1)}{2} + j$

19. 请使用多项式的两种数组表示法来存储 $P(x) = 8x^5 + 7x^4 + 5x^2 + 12$。

解答▶ ① P = (5, 8, 7, 0, 5, 0, 12)   ② P = (5, 8, 5, 7, 4, 5, 2, 12, 0)

20. 如何使用数组来表示与存储多项式 $P(x, y) = 9x^5 + 4x^4y^3 + 14x^2y^2 + 13xy^2 + 15$？试说明之。

解答▶ 假如 m, n 分别为多项式 x, y 的最大指数幂的系数，对于多项式 P(x) 而言，我们可用一个 (m+1)*(n+1) 的二维数组来存储它。例如本题 P(x, y) 可用 (5+1)*(3+1) 的二维数组表示如下：

$$
\begin{array}{cccc}
 & y^0 & y^1 & y^2 & y^3 \\
x^0 & 15 & 0 & 0 & 0 \\
x^1 & 0 & 0 & 13 & 0 \\
x^2 & 0 & 0 & 14 & 0 \\
x^3 & 0 & 0 & 0 & 0 \\
x^4 & 0 & 0 & 0 & 4 \\
x^5 & 9 & 0 & 0 & 0 \\
\end{array} \quad 6 \times 4
$$

第 3 章课后习题参考答案

1. 在 C# 语言中要模拟链表中的节点，该如何声明？

解答▶

```
class Node
{
    public int data;
    public Node next;
    public Node(int data) //节点声明的构造函数
    {
        this.data=data;
        this.next=null;
    }
}
```

2. 如果链表中的节点不只记录单一数值，例如每一个节点除了有指向下一个节点的指针字段外，还包括记录一位学生的姓名（name）、学号（no）、成绩（score），请问在 C# 语言中要模拟链表中的此类节点，该如何声明？

解答▶

```
class Node
{
    public  String  name;
    public  int     no;
    public  int     score;
```

```
    public   Node    next;
    public Node(String name,int no,int score)
    {
        this.name=name;
        this.no=no;
        this.score=score;
        this.next=null;
    }
}
```

3. 请用 C# 程序代码及图示来说明如何删除链表内的中间节点？

解答▶ 只要将删除节点的前一个节点的指针指向欲删除节点的下一个节点即可，如下程序代码所示。

```
newNode=first;
tmp=first;
while(newNode.data!=delNode.data)
{
    tmp=newNode;
    newNode=newNode.next;
}
tmp.next=delNode.next;
```

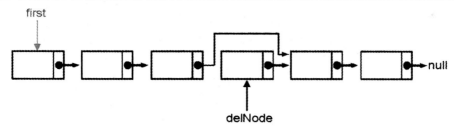

4. 请用 C# 语言实现单向链表插入节点的算法。

解答▶

```
/*插入节点*/
    public void Insert(Node ptr)
    {
        Node tmp;
        Node newNode;
        if(this.isEmpty())
        {
            first=ptr;
            last=ptr;
        }
```

```
        else
        {
            if(ptr.next==first)    /*插入第一个节点*/
            {
                ptr.next =first;
                first=ptr;
            }
            else
            {
                if(ptr.next==null) /*插入最后一个节点*/
                {
                    last.next=ptr;
                    last=ptr;
                }
                else                /*插入中间节点*/
                {
                    newNode=first;
                    tmp=first;
                    while(ptr.next!=newNode.next)
                    {
                        tmp=newNode;
                        newNode=newNode.next;
                    }
                    tmp.next=ptr;
                    ptr.next=newNode;
                }
            }
        }
    }
```

5. 稀疏矩阵（Sparse Matrix）可以链表（Linked List）来表示，请用链表表示下列矩阵。

$$\begin{bmatrix} 0 & 0 & 11 & 0 \\ -12 & 0 & 0 & 0 \\ 0 & -4 & 0 & 0 \\ 0 & 0 & 0 & -5 \end{bmatrix}_{4\times4}$$

解答►

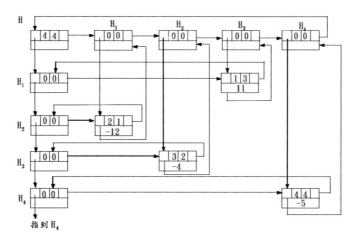

指到 H₄

6. 以链接方式（Linked Representation）表示一串数据有何好处？

解答► 链表的优点：

（1）可共享某些空间或子表，避免空间浪费。
（2）加入或删除节点十分容易，只需改变指针即可。
（3）不用事先预留大的连续内存空间，可以动态链接节点。
（4）合并或分裂链表，十分简单。

7. 试说明使用循环链表（Circular List）的优缺点。

解答►

优点：

（1）循环链表在回收到可用内存空间序列及进行多项式相加运算时较快且有效。
（2）加入或删除节点的运算优于一般环形链表。

缺点：

（1）循环链表必须花费额外的空间来存储链接，在读取或寻找列表中任一节点的时间与程序都比环形链表逊色。
（2）删除节点时，须花费额外的时间（约 O(n)）找到最后一个节点，才可链接新表的第一个节点。

8. 在 n 个数据的链表（Linked List）中查找一个数据，若以平均所需要用的时间来考虑，其时间复杂度为何？

解答► O(n)。

9. 要删除环形链表的中间节点，该如何进行，请说明。

解答► 删除环形链表的中间节点。图示如下：

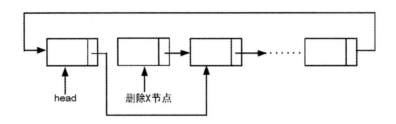

步骤：

（1）请先找到所要删除节点 X 的前一个节点。

（2）将 X 节点的前一个节点的指针指向节点 X 的下一个节点。

10. 假设一个链表的节点结构如下：

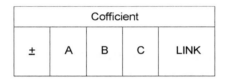

用来表示多项式 $X^A Y^B Z^C$ 的各项。

（a）请绘出多项式 $X^6 - 6XY^5 + 5Y^6$ 的链表图。

（b）绘出多项式"0"的链表图。

（c）绘出多项式 $X^6 - 3X^5 - 4X^4 + 2X^3 + 3X + 5$ 的链表图。

解答▶

（a）

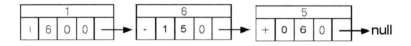

（b）

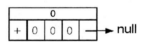

（c）

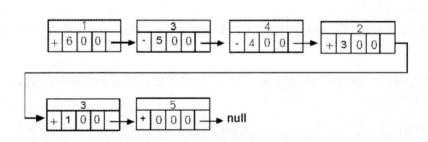

11. 用数组法和链表法表示稀疏矩阵有何优缺点，如果用链表表示，那么回收到 AVL 列表（可用内存空间列表），时间复杂度为多少？

解答▶

（1）数组法：

　　优点：省空间。

　　缺点：非零项改动时要大量移动。

　　链表法：

　　优点：改动时不须大量移动。

　　缺点：比较浪费空间。

（2）O(m+n+j)，m、n 为行、列数，j 为非零项。

12. 试比较双向链表与单向链表的优缺点。

解答▶

（1）优点

因为双向链表有两个指针分别指向节点本身的前后两个节点，所以能够很轻松地找到其前后节点，同时从列表中的任一节点也可以找到其他节点而无须经过反转或比较节点等处理，执行速度较快。另外，如果有任一节点的链接断裂，可轻易地通过反方向遍历列表，快速完成重建链接。

（2）缺点

由于它有两个链接，所以在加入节点或删除节点时需要花更多的时间移动指针，且双向链表比较浪费空间。另外，在双向链表与单向链表的算法中，双向链表在加入一个节点时需改变4 个指针，而删除一个节点也要改变两个指针，不过在单向链表中加入节点时则需要改变两个指针，而删除节点只要改变一个指针即可。

第 4 章课后习题参考答案

1. 常见的堆栈基本运算有哪几种？

解答▶ 常见的堆栈基本运算有 CREATE、PUSH、POP、EMPTY、FULL。

2．请比较以数组结构来制作堆栈和以链表来制作堆栈两者之间的优缺点。

解答▶ 以数组来制作堆栈的好处是算法简单，但往往必须考虑使用最大可能性的数组空间，会造成内存空间的浪费。而以链表来制作堆栈的优点是可以动态改变表的长度，不过算法较为复杂。

3．请列举至少三种常见的堆栈应用。

解答▶

（1）二叉树及森林的遍历运算，如中序遍历（Inorder）、前序遍历（Preorder）等。

（2）计算机中央处理单元（CPU）的中断处理（Interrupt Handling）。

（3）图形的深度优先（DFS）遍历法。

4. 下式为一般的数学表达式，其中"*"表示乘法，"/"表示除法。

$$A*B+(C/D)$$

请回答下列问题：

（1）写出上式的前置式（Prefix Form）。

（2）若改变各运算符号，则计算优先次序为：

a. 优先次序完全一样，且为左结合运算。

b. 括号"()"内的符号最先计算。

上式的前置式是什么？

（3）要写一段程序完成（2）的转换，下列数据结构哪个比较合适？

1. 队列（Queue）   2. 堆栈（Stack）

3. 表（List）   4. 环（Ring）

解答▶

（1）前置式为+*AB/CD。

（2）前置式为+*AB/CD。

（3）堆栈（stack），答案为2。

5. 试写出利用两个堆栈（Stack）执行下列算术式的每一个步骤。

$$a+b*(c-1)+5$$

解答▶

（1）将中序式 a+b(c-1)+5 转换成后序式 abc1-*+5+。

NextToken	Stack	Output
-	empty	-
a	empty	a
+	+	a
b	+	ab
*	+*	ab
(	+*	ab
c	+*(	abc
-	+*(-	abc
I	+*(-	abc1
)	+*	abc1-
+	+	abc1*+
5	+	abc1*+5
-	-	abc-*+5+

（2）再将后序式 abc1-*5+利用 Stack 得出最后值。

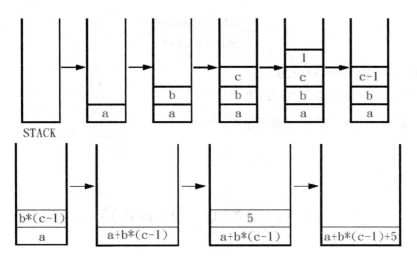

STACK

6. 将下列中序式改为后序法。

（a）A**-B+C

（b）┐(A&┐(B<C or C>D)) or C<E

解答▶ （a）AB-＊＊C+

（b）ABC＜CP＞or┐8┐CE<or

7. 解释下列名词：

（1）堆栈（Stack）。

（2）TOP(PUSH(i,s))的结果为何？

（3）POP(PUSH(i,s))的结果为何？

解答▶

（1）堆栈（Stack）是一组相同数据类型的组合，所有的动作均在堆栈顶端进行，具有"后进先出"（Last In First Out，LIFO）的特性。堆栈的应用在日常生活中也随处可以看到，如大楼电梯、货架的货品等，都是类似堆栈的数据结构原理。

（2）结果是堆栈内增加一个元素，因为该操作是将元素 i 加入堆栈 S 中，所以再返回堆栈顶端的元素。

（3）堆栈内的元素保持不变，因为该操作是将元素 i 加入堆栈 S 中，所以再将堆栈 S 中顶端的 i 元素删除。

8. 试将中序（Infix）算术式 X=((A+B)CD+E-F)/G 转换为前序（Prefix）及后序（Postfix）算术式。（"$"代表乘号）

解答▶ 前序算术式：X/+1$+AB$CDEFG
后序算术式：XAB+CD$$E-F+G/=

9. 若 A=1,B=2,C=3，求出下面后序式的值。

$$ABC+*CBA-+*$$
$$AB+C-AB+*$$

解答▶ ABC+*CBA-+* = 5*4=20

AB+C-AB+* = (1+2+3)*(1+2)=0

10. 求 A-B*(C+D)/E 的前序式和后序式。

解答▶

① 中序转前序

-A/*B+CDE

② 中序转后序

ABCD+*E/-

11. 将下列中序算术式转换为前序与后序算术式。

（1）A/B↑C+D*E-A*C

（2）(A+B)*D+E/(F+A*D)+C

（3）A↑B↑C

（4）A↑-B+C

解答▶

（1）

前序=-+/A↑BC*DE*AC

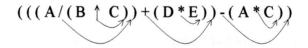

后序=ABC↑/DE*+AC*-

（2）

$$((((A+B)*D)+(E/(F+(A*D))))+C)$$

前序=++*+ABD/E+F*ADC

$$((((A+B)*D)+(E/(F+(A*D))))+C)$$

后序=AB+D*EFAD*+/+C+

（3）

$$(A\uparrow(B\uparrow C))$$

前序=↑A↑BC

$$(A\uparrow(B\uparrow C))$$

后序=ABC↑↑

（4）

$$((A\uparrow(-B))+C)$$

前序=+↑A-BC

$$((A\uparrow(-B))+C)$$

后序=AB-↑C+

12. 将下列中序算术式转换为前序与后序算术式。

（1）(A/B*C-D)+E/F/(G+H)

（2）(A+B)*C-(D-E)*(F+G)

解答▶

（1）前序=+-*/ABCD//EF+GH
    后序=AB/C*D-EF/GH+/+

（2）前序=-*+ABC*-DE+FG
    后序=AB+C*DE-FG+*-

13. 求下列中序式(A+B)*D-E/(F+C)+G 的后序式。

解答▶

我们使用堆栈法来解决。

读入字符	堆栈内容	输出
None	Empty	None
(	(	
A	(	A
+	(+	A
B	(+	AB
)	Empty	AB+
*	*	AB+
D	*	AB+D
-	-	AB+D*
E	-	AB+D*E
/	-/	AB+D*E
(	-/(	AB+D*E
F	-/(	AB+D*EF
+	-/(+	AB+D*EF
C	-/(+	AB+D*EFC
)	-/	AB+D*EFC+
+	+	AB+D*EFC+/-
G	+	AB+D*EFC+/-G
None	Empty	AB+D*EFC+/-G+

14. 将下面的中序法转成前序与后序算术式（以下都用堆栈法）。

A/B↑C+D*E-A*C

解答▶

中序转前序

读入字符	堆栈内容	输出
C	Empty	C
*	*	C
A	*	AC
-	-	*AC
E	-	E*AC
*	*-	E*AC

（续表）

读入字符	堆栈内容	输出
D	*-	DE*AC
+	+-	* DE*AC（不要 pop＋号，请注意）
C	+-	C* DE*AC
↑	↑+-	C* DE*AC
B	↑+-	B C* DE*AC
/	/+-	↑ B C* DE*AC
A	/+-	A↑ B C* DE*AC
None	Empty	-+/ A↑ B C* DE*AC

中序转后序

读入字符	堆栈内容	输出
None	Empty	None
A	Empty	A
/	/	A
B	/	AB
↑	↑/	AB
C	↑/	ABC
+	+	ABC↑/
D	+	ABC↑/D
*	*+	ABC↑/D
E	*+	ABC↑/DE
-	-	ABC↑/DE*+
A	-	ABC↑/DE*+A
*	*-	ABC↑/DE*+A
C	*-	ABC↑/DE*+AC
None		ABC↑/DE*+AC*

15. 请以堆栈法将下列两种表示法转为中序法。

（1）-+/A**BC*DE*AC

（2）AB*CD+-A/

解答▶

（1）步骤如下：（-+/A**BC*DE*AC）

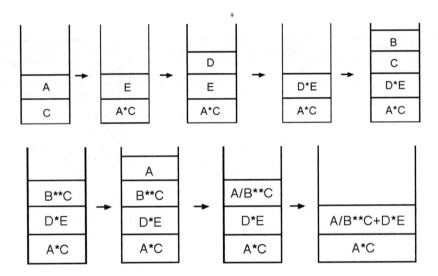

结果是 A/B**C+D*E-A*C(#)。

（2）步骤如下：AB*CD+-A/()

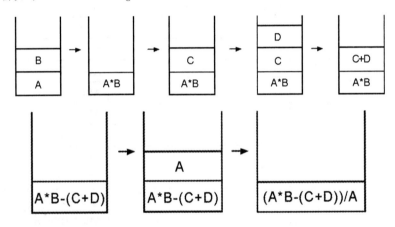

结果是(A*B-(C+D))/A。

16. 请计算后序式 abc-d+/ea-*c*的值（a=2，b=3，c=4，d=5，e=6）。

解答 ▶ 将 abc-d+/ea-*c*转为中序式 a/(b-c+d)*(e-a)*c，再代入求值可得答案为 8。

第 5 章课后习题参考答案

1. 设计一个队列（Queue）存储于全长为 N 的密集表（Dense List）Q 内，HEAD、TAIL 分别为其开始和结尾指针，均以 nil 表示其为空。现欲加入一项新数据（New Entry），其处理为以下步骤，请按序回答空格部分。

（1）按序按条件做下列选择：

① 若_____，则表示 Q 已存满，无法进行插入操作。

② 若 HEAD 为 nil，则表示 Q 内为空，可取 HEAD = 1，TAIL = _____。

③ 若 TAIL = N，则表示_____须将 Q 内从 HEAD 到 TAIL 位置的数据从 1 移到_____的位置，并取 TAIL = _____，HEAD = 1。

（2）TAIL = TAIL+1。

（3）New Entry 移入 Q 内的 TAIL 处。

（4）结束插入操作。

解答▶ 把数据加入到 TAIL 指针指向的位置，删除 HEAD 指针指向位置的数据。这样的方法当 TAIL = N 时，必须检查前面是否有空间。检查 Q 是否已满，我们可查看 TAIL-HEAD 的差。

（1）TAIL − HEAD + 1 = N　　　　　　（2）0

（3）已到密集表最右边，无法加入。　　（4）TAIL − HEAD + 1

（5）N − HEAD + 1

2. 何谓多重队列（Multiqueue）？请说明定其义与目的。

解答▶ 双向队列（Deque）就是一种二重队列，只是队列的首端可在队列的左右两端。多重队列是只要遵循数据插入在 rear 端，删除在 front 端的原则，并将多重堆栈的 T(i)改成 rear(i)、B(i)改成 front(i)即可。多重队列也可以改成多重环形队列。其实无论是多重堆、多重队列还是环形队列，主要目的都是为了提高数组的有效使用率。因为数组的大小必须事先声明，所以声明太大或太小都可能会造成空间的浪费或不足。

3. 请列出队列常见的基本运算。

解答▶

CREATE	创建空队列
ADD	将新数据加入队列的尾端，返回新队列
Delete	删除队列前端的数据，返回新队列
Front	返回队列前端的值
Empty	若队列为空集合，则返回真，否则返回假

4. 请说明队列应具备的基本特性。

解答▶ 队列是一种抽象型数据结构（Abstract Data Type，ADT），它有下列特性：

（1）具有先进先出（FIFO）的特性。

（2）拥有两种基本动作，即加入与删除，而且使用 front 与 rear 两个指针来分别指向队列的前端与尾端。

5. 如果用链表来实现队列，那么用 C# 程序设计语言的类声明将如何编写？

解答▶

```
class QueueNode     // 队列节点类
{
    public int data;  // 节点数据
    public QueueNode next; // 指向下一个节点
    //构造函数
    public QueueNode(int data)
    {
        this.data = data;
        next = null;
    }
};
class Linked_List_Queue
{ //队列类
    public QueueNode front; //队列的前端指针
    public QueueNode rear;  //队列的尾端指针
...// 构造函数及方法的程序代码
}
```

6. 请列举至少三种队列常见的应用。

解答▶ 队列的应用：图形遍历的广度优先查找法（BFS）、计算机的模拟（Simulation）、CPU 的工作调度、外设脱机批处理系统。

7. 说明环形队列的基本概念。

解答▶ 环形队列就是一种环形结构的队列，它是 Q(0:n-1)的一维数组，同时 Q(0)为 Q(n-1)的下一个元素。

8. 何谓优先队列？请说明。

解答▶ 优先队列（Priority Queue）为一种不必遵守队列特性——FIFO（先进先出）的有序表，其中的每一个元素都赋予一个优先权（Priority），加入元素时可任意加入，但有最高优先权者（Highest Priority Out First，HPOF）将最先输出。例如，在计算机中 CPU 的工作调度，优先权调度（Priority Scheduling, PS）就是一种来挑选任务的"调度算法"（Scheduling Algorithm），也会使用到优先队列。

第 6 章课后习题参考答案

1. 一般树形结构在计算机内存中的存储方式是以链表为主，对于 n 叉树（n-way 树）来说，我们必须取 n 为链接个数的最大固定长度，请说明为了改进存储空间浪费的缺点，我们经常使用二叉树（Binary Tree）结构来取代树形结构。

解答▶ 假设此 n 叉树有 m 个节点，那么此树共用了 n*m 个链接字段。另外，因为除了树根外，每一个非空链接都指向一个节点，所以得知空链接个数为 n*m - (m-1) = m*(n-1) + 1，而 n 叉树的链接浪费率为 $\frac{m*(n-1)+1}{m*n}$。可以得到以下结论：

n=2 时，2 叉树的链接浪费率约为 1/2

n=3 时，3 叉树的链接浪费率约为 2/3

n=4 时，4 叉树的链接浪费率约为 3/4

…

因此，当 n=2 时，它的链接浪费率最低。

2. 下列哪一种不是树（Tree）？

（A）一个节点
（B）环形链表
（C）一个没有回路的连通图（Connected Graph）
（D）一个边数比点数少 1 的连通图。

解答▶ （B）因为环形链表会造成回路现象，所以不符合树的定义。

3. 请问以下二叉树的中序法、后序法及前序法表达式分别是什么？

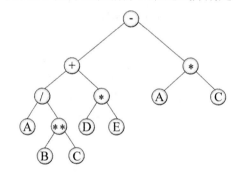

解答▶ 中序：A/B**C+D*E-A*C
　　　后序：ABC**/DE*+AC*-
　　　前序：-+/A**BC*DE*AC

4. 请问以下二叉树的中序法、前序法及后序法表达式分别是什么？

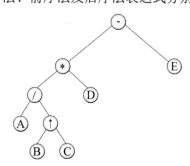

413

解答▶ 中序：A/B↑C*D-E
前序：-*/A↑BCDE
后序：ABC↑/D*E-

5. 试以链表来描述以下树形结构的数据结构。

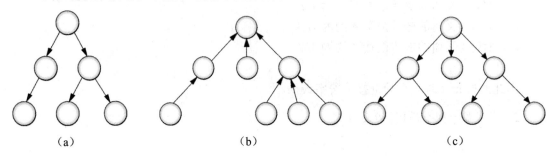

（a）　　　　　　　　（b）　　　　　　　　（c）

解答▶

（a）每个节点的数据结构如下：

Llink	Data	Rlink

（b）因为子节点都指向父节点，所以结构可以设计如下：

Data	link

（c）每个节点的数据结构如下：

Data		
Link1	Link2	Link3

6. 假如有一个非空树，其度数为 5，已知度数为 i 的节点数有 i 个，其中 $1 \leq i \leq 5$，请问终端节点数总数是多少？

解答▶ 41 个。

7. 请问以下二叉树的中序、前序及后序遍历结果分别是什么？

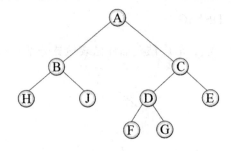

解答▶ 中序：HBJAFDGCE
前序：ABHJCDFGE
后序：HJBFGDECA

8. 用二叉查找树表示 n 个元素时，最小高度和最大高度的二叉查找树（Height of Binary Search Tree）的值分别是什么？

解答▶ 最大高度的二叉查找树高度为 n（例如：斜二叉树），而最小高度的二叉查找树为完全二叉树，高度为"$\log_2(n+1)$"。

9. 请问以下运算二叉树的中序法、后序法与前序法表示法分别是多少？

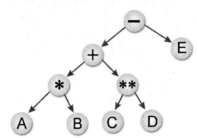

解答▶ 中序：A*B+C**D-E
前序：-+*AB**CDE
后序：AB*CD**+E-

10. 下图为一个二叉树：

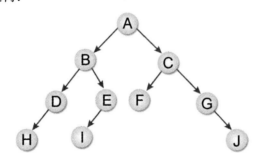

（1）请问此二叉树的前序遍历、中序遍历与后序遍历结果是什么？。
（2）空的线索二叉树是什么？
（3）以线索二叉树表示其存储情况。

解答▶

（1）前序：ABDHEICFGJ　　　中序：HDBIEAFCGJ　　　后序：HDIEBFJGCA
（2）

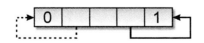

（3）

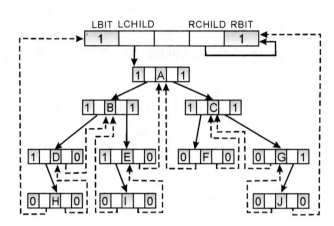

11. 形成 8 层的平衡树最少需要几个节点？

解答▶ 因为条件是形成最少节点的平衡树，不但要最少，而且要符合平衡树的定义。在此我们逐一讨论：

（1）一层的最少节点的平衡树：

（2）二层的最少节点的平衡树：

（3）三层的最少节点的平衡树：

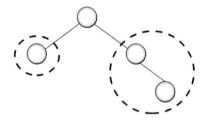

（4）四层的最少节点的平衡树：

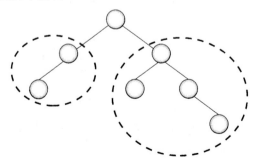

（5）五层的最少节点平衡树：

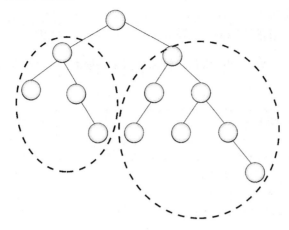

由以上的讨论可知：

$N_n=N_{n-1}+N_{n-2}+1$

且 $N_0=0$，$N_1=1$ ◄─────────────── 树根

→0，1，2，4，7，12，20，33，54，88……

所以第 8 层最少节点的平衡树有 54 个节点。

12. 在下图平衡二叉树中加入节点 11 后，重新调整后的平衡树是什么？

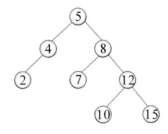

解答 ►

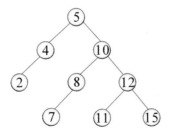

13. 请说明二叉搜索树的特点。

解答 ► 二叉搜索树 T 具有以下特点：

（1）可以是空集合，但若不是空集合，则节点上一定要有一个键值。

（2）每一个树根的值需要大于左子树的值。

（3）每一个树根的值需要小于右子树的值。

（4）左右子树也是二叉搜索树。

（5）树的每个节点值都不相同。

14. 试写出一个伪码 SWAPTREE(T)，将二叉树 T 的所有节点的左右子节点对换，并说明之。

解答▶

```
Procedure SWAPTREE(T)
    i←0
    while T<>nil do
        p←Lchild(T);q←Rchild(T)
        Lchild(T)←q;Rchild(T)←q
        if Rchild(T)<>nil then
          [
                i←i+1
                S(i)←Rchild(T)
          ]
        else
                T←Lchild(T)
        end
    if i≠0 then [T←S(i);i←i-1]
end
```

15. （1）用一维数组 A[1:10] 来表示下图的两棵树。

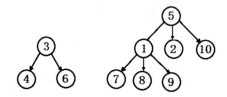

（2）利用数据结构设计一算法，该算法将两棵树合并（Union）为一棵树。

解答▶

（1）

节点值	1	2	3	4	5	6	7	8	9	10
父节点	5	5	-1	3	-1	3	1	1	1	5

（2）提示：i≠j   Parent(i)←j

16. 假设一棵二叉树其中序遍历为 BAEDGF，前序遍历为 ABEDFG，求此二叉树。

解答▶

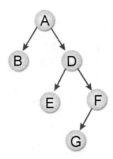

17. 试述如何对一个二叉树进行中序遍历且不用堆栈或递归？

解答▶ 使用线索二叉树（Thread Binary Tree）即可不必使用堆栈或递归来进行中序遍历。因为右线索可以指向中序遍历的下一个节点，而左线索可指向中序遍历的前一个节点。

18. 将下图的树转化为二叉树。

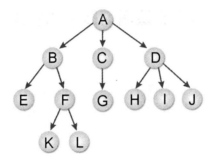

解答▶

（1）将树的各层兄弟用平行线连接起来。

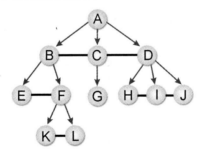

（2）删除所有子节点间的连接，只保留最左边的子节点。

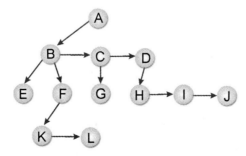

（3）顺时针旋转 45°。

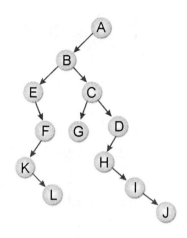

第 7 章课后习题参考答案

1. 请问以下哪些是图的应用？

（1）作业调度 　　（2）递归程序 　　（3）电路分析 　　（4）排序
（5）最短路径搜索 　（6）仿真 　　　　（7）子程序调用 　（8）都市计划

解答▶　（3）、（5）、（8）。

2. 什么是欧拉链（Eulerian Chain）理论？试绘图说明。

解答▶　如果"欧拉七桥问题"的条件改成从某顶点出发，经过每边一次，不一定要回到起点，即只允许其中两个顶点的度数是奇数，其余必须为偶数，符合这样的结果就被称为欧拉链（Eulerian Chain）。

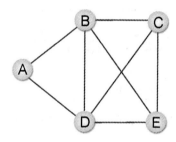

3. 求出下图的 DFS 与 BFS 结果。

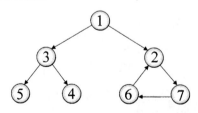

解答▶　DFS：1-2-7-6-3-4-5　　　　BFS：1-2-3-7-4-5-6

4. 什么是多重图（Multigraph）？试绘图说明。

解答▶ 图中任意两顶点只能有一条边，如果两顶点间相同的边有 2 条以上（含 2 条），则称这样的图为多重图（Multigraph）。以图论严格的定义来说，多重图应该不能称为一种图。下图就是一个多重图。

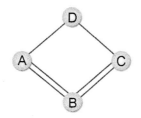

5. 请以 K 氏法求取下图中的最小成本生成树。

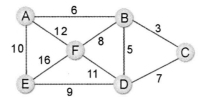

解答▶

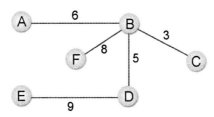

6. 请写出下图的邻接矩阵表示法和各个顶点之间最短距离的表示矩阵。

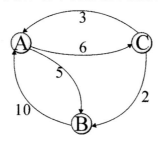

解答▶

$$
A^0 = \begin{matrix} & A & B & C \\ A & 0 & 5 & 6 \\ B & 10 & 0 & \infty \\ C & 3 & 2 & 0 \end{matrix}
\qquad
A^3 = \begin{matrix} & A & B & C \\ A & 0 & 5 & 6 \\ B & 10 & 0 & 16 \\ C & 3 & 2 & 0 \end{matrix}
$$

7. 求下图的拓扑排序。

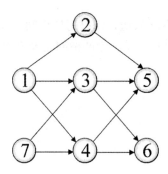

解答▶ 7、 1、4、 3、 6、 2、5。

8. 求下图的拓扑排序。

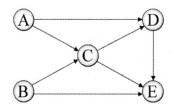

解答▶ 拓扑排序为 A→B→C→D→E 或 B→A→C→D→E

9. 下图是否为双连通图（Biconnected Graph）？有哪些连通分支（Connected Component）？试说明之。

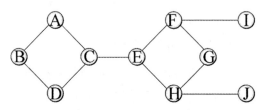

解答▶ 对于一个顶点 V，将 V 上所连接的边都去掉生成 G'，如果 G'最少有两个连通分支，就称此顶点 V 为图的"割点"（Articulation Point）。而一个没有割点的图，就是"双连通图"（Biconnected Graph）。由于这个图有 4 个割点（C、E、F、H），因此不是"双连通图"。而此图的连通分支有下列 5 种：

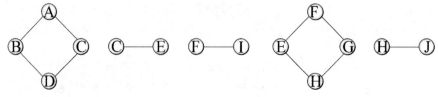

10. 请问图有哪 4 种常见的表示法？

解答▶ 邻接矩阵法、邻接链表法、邻接多叉链表法（邻接复合链表法）、索引表格法。

11. 请以邻接矩阵法表示下面的有向图。

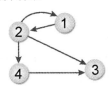

解答▶ 与无向图形的方法一样，找出相邻的点，并把边连接的两个顶点编码作为坐标值，在矩阵中对应位置的值设为1，不同的是横坐标为出发点，纵坐标为终点，如下图所示。

	1	2	3	4
1	0	1	0	0
2	1	0	1	1
3	0	0	0	0
4	0	0	1	0

12. 试简述图的遍历定义。

解答▶ 一个图 G = (V, E)，存在某一顶点 v∈V，从 v 开始，经过此顶点相邻的顶点而去访问 G 中其他顶点，这就称为"图的遍历"。

13. 请简述拓扑排序的步骤。

解答▶ 拓扑排序的步骤如下。

步骤01 寻找图形中任何一个没有先行者的顶点。
步骤02 输出此顶点，并将此顶点的所有边删除。
步骤03 重复上面两个步骤以处理所有顶点。

14. 以下为一个有限状态机（Finite State Machine）的状态转换图（State Transition Diagram）。试列举两种图的数据结构来表示它，其中：

● S 代表状态 S；
● 射线（→）表示转换方式；
● 射线上方 A/B。A 代表输入信号；B 代表输出信号。

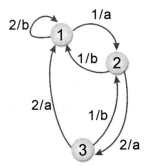

解答▶

（1）邻接矩阵：

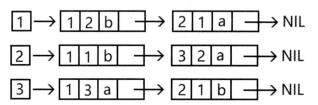

（2）邻接链表：

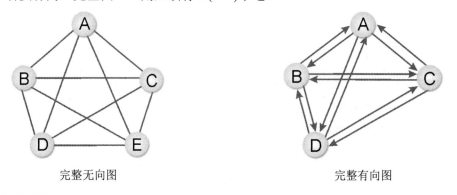

15. 什么是完全图，请说明之。

解答▶ 在"无向图"中，N 个顶点正好有 N(N-1)/2 条边，称为"完全图"。但在"有向图"中，若要称为"完全图"，则必须有 N(N-1)个边。

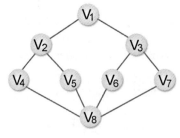

| 完整无向图 | 完整有向图 |

16. 下面为图 G。

V₁ V₂ V₃ V₄ V₅ V₆ V₇ V₈

（1）请以①邻接表（Adjacency List）和②邻接数组（Adjacency Matrix）表示 G。

（2）使用下面的遍历法（或查找法）求出生成树（Spanning Tree）。

① 深度优先（Depth First）；

② 广度优先（Breadth First）。

解答▶

（1）

① 邻接表：

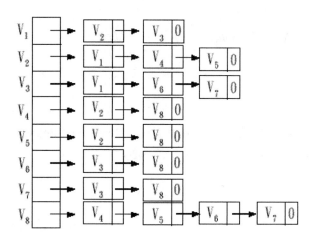

② 邻接数组：

$$
\begin{array}{c|cccccccc}
 & V_1 & V_2 & V_3 & V_4 & V_5 & V_6 & V_7 & V_8 \\
\hline
V_2 & 0 & 1 & 1 & 0 & 0 & 0 & 0 & 0 \\
V_3 & 1 & 0 & 0 & 1 & 1 & 0 & 0 & 0 \\
V_3 & 1 & 0 & 0 & 0 & 0 & 1 & 1 & 0 \\
V_4 & 0 & 1 & 0 & 0 & 0 & 0 & 0 & 1 \\
V_2 & 0 & 1 & 0 & 0 & 0 & 0 & 0 & 1 \\
V_3 & 0 & 0 & 1 & 0 & 0 & 0 & 0 & 1 \\
V_3 & 0 & 0 & 1 & 0 & 0 & 0 & 0 & 1 \\
V_4 & 0 & 0 & 0 & 1 & 1 & 1 & 1 & 0 \\
\end{array}
$$

（2）

① 深度优先（DFS）：

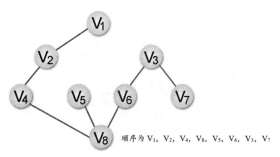

顺序为 V_1, V_2, V_4, V_8, V_5, V_6, V_3, V_7

② 广度优先（BFS）：

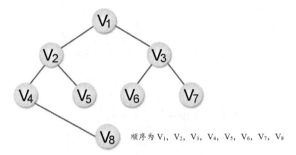

顺序为 V_1, V_2, V_3, V_4, V_5, V_6, V_7, V_8

17. 以下所列的各个树都是关于图 G 的搜索树（Search Tree，查找树）。假设所有的搜索都始于节点 1，试判定每棵树是深度优先搜索树（Depth-First Search Tree）还是广度优先搜索树（Breadth-First Search Tree），或者二者都不是。

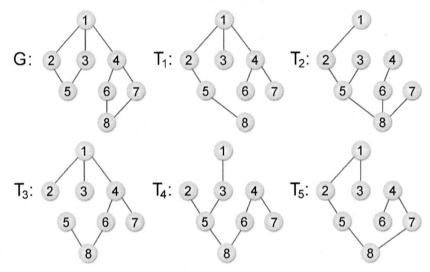

解答▶

（1）T1 为广度优先搜索树　　（2）T2 二者都不是

（3）T3 二者都不是　　　　　　（4）T4 为深度优先搜索树

（5）T5 二者都不是

18. 求 V1、V2、V3 任两个顶点的最短距离，并描述其过程。

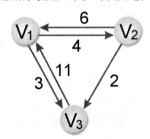

解答▶

$$A^0 = \begin{bmatrix} 0 & 4 & 11 \\ 6 & 0 & 2 \\ 3 & \infty & 0 \end{bmatrix} \qquad A^1 = \begin{bmatrix} 0 & 4 & 11 \\ 6 & 0 & 2 \\ 3 & 7 & 0 \end{bmatrix}$$

$$A^2 = \begin{bmatrix} 0 & 4 & 6 \\ 6 & 0 & 2 \\ 3 & 7 & 0 \end{bmatrix} \qquad A^3 = \begin{matrix} & V_1 & V_2 & V_3 \\ V_1 \\ V_2 \\ V_3 \end{matrix} \begin{bmatrix} 0 & 4 & 6 \\ 6 & 0 & 2 \\ 3 & 7 & 0 \end{bmatrix}$$

19. 求下图的邻接矩阵。

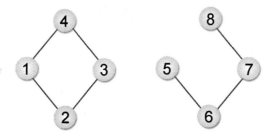

解答▶

$$\begin{array}{c|cccccccc} & 1 & 2 & 3 & 4 & 5 & 6 & 7 & 8 \\ 0 & 0 & 1 & 1 & 0 & 0 & 0 & 0 & 0 \\ 1 & 1 & 0 & 0 & 1 & 0 & 0 & 0 & 0 \\ 2 & 1 & 0 & 0 & 1 & 0 & 0 & 0 & 0 \\ 3 & 0 & 1 & 1 & 0 & 0 & 0 & 0 & 0 \\ 4 & 0 & 0 & 0 & 0 & 0 & 1 & 0 & 0 \\ 5 & 0 & 0 & 0 & 0 & 0 & 1 & 0 & 0 \\ 6 & 0 & 0 & 0 & 0 & 1 & 0 & 1 & 0 \\ 7 & 0 & 0 & 0 & 0 & 0 & 1 & 0 & 1 \\ 8 & 0 & 0 & 0 & 0 & 0 & 0 & 1 & 0 \end{array}$$

20. 什么是生成树？生成树包含哪些特点？

解答▶ 一个图的生成树是以最少的边来连接图中所有的顶点，且不造成回路（Cycle）的树形结构。由于生成树是由所有顶点和访问过程经过的边所组成的，因此令 S = (V, T)为图 G 中的生成树（Spanning Tree）。该生成树具有下面几个特点：

（1）E = T + B。

（2）将集合 B 中的任意一边加入集合 T 中，就会造成回路。

（3）V 中任意两个顶点 V_i 和 V_j，在生成树 S 中存在唯一的一条简单路径。

21. 在求解一个无向连通图的最小生成树时，Prim 算法的主要方法是什么？试简述之。

解答▶ Prim 算法又称 P 氏法，对一个加权图 G = (V, E)，设 V={1, 2, ...n}，U={1}，也就是说，U 和 V 是两个顶点的集合，再从 V-U 差集所产生的集合中找出一个顶点 x，该顶点 x 能与 U 集合中的某个顶点形成最小成本的边，且不会造成回路，然后将顶点 x 加入 U 集合中，反复执行同样的步骤，一直到 U 集合等于 V 集合（即 U=V）为止。

22. 在求解一个无向连通图的最小生成树时，Kruskal 算法的主要方法是什么？试简述之。

解答▶ Kruskal 算法是将各边按权值大小从小到大排列，接着从权值最低的边开始建立最小成本生成树。如果加入的边会造成回路，则舍弃不用，直到加入了 n-1 条边为止。

第 8 章课后习题参考答案

1. 排序的数据是以数组数据结构来存储的，下列排序法中哪一个的数据搬移量最大。

（A）冒泡排序法　　　（B）选择排序法　　　（C）插入排序法

解答▶ （C）

2. 请举例说明合并排序法是否为稳定排序？

解答▶ 合并排序法是一种稳定排序，例如 11、8、14、7、6、8+、23、4 经过合并排序法的结果为 4、6、7、8、8+、11、14、23，这种排序不会更改到键值相同数据的原有顺序，如 8+在 8 的右侧，经排序后 8+仍在 8 的右侧。

3. 请问 12 个数据进行合并排序法，需要经过几个回合（Pass）才可以完成？

解答▶ 4 个回合。

4. 待排序的关键字其值如下，请使用选择排序法列出每个回合排序的结果。

26、5、37、1、61

解答▶

```
26    5    37    1    61
→  (1)    5    37    26    61
→  (1)   (5)   37    26    61
→  (1)   (5)  (26)   37    61
→  (1)   (5)  (26)  (37)   61
```

5. 待排序的关键字其值如下，请使用冒泡排序法列出每个回合的结果。

26、5、37、1、61。

解答 ▶

原始值：	26	5	37	1	61

第一次扫描：

26	5	37	1	61
交换

5	26	37	1	61
不变

5	26	37	1	61
交换

5	26	1	37	61
不变

第一次扫描结果： 5 26 1 37 61

第二次扫描：

5	26	1	37	61
不变

5	26	1	37	61
交换

5	1	26	37	61
不变

第二次扫描结果： 5 1 26 37 61

第三次扫描：

5	1	26	37	61
交换

1	5	26	37	61
不变

第三次扫描结果： 1 5 26 37 61

第四次扫描：

1	5	26	37	61
不变

第四次扫描结果： 1 5 26 37 61 （完成）

6. 建立下列序列的堆积树。

8、4、2、1、5、6、16、10、9、11

解答 ▶

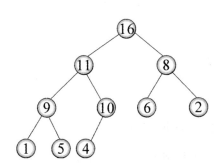

7. 待排序关键字其值如下，请使用选择排序法列出每个回合排序的结果。

$$8、7、2、4、6$$

解答▶

1	X_0	X_1	X_2	X_3	X_4	X_5
2	$-\infty$	8	7	2	4	6
3	∞	7	8	2	4	6
4	$-\infty$	2	7	8	4	6
5	∞	2	4	7	8	6
	$-\infty$	2	4	6	7	8

8. 待排序关键字其值如下，请使用合并排序法列出每个回合排序的结果。

$$11、8、14、7、6、8+、23、4$$

解答▶

11 、 8 、 14 、 7 、 6 、 8+ 、 23 、 4

8、11　　7、14　　6、8+　　4、23

7、8 、11、14　　4 、 6 、8+、23

4 、 6 、 7 、 8 、8+、11 、 14 、23

9. 在排序过程中，数据移动可分为哪两种方式？并说明两者之间的优劣。

解答▶ 在排序过程中，数据的移动方式可分为"直接移动"和"逻辑移动"两种。"直接移动"是直接交换存储数据的位置，而"逻辑移动"并不会移动数据存储的位置，仅改变指向这些数据的辅助指针的值。两者之间的优劣在于直接移动会浪费许多时间，而逻辑移动只要改变辅助指针指向的位置就能轻易达到排序的目的。

10. 排序可以按照执行时所使用的内存分为哪两种方式？

解答▶ 排序可以按照执行时所使用的内存分为以下两种方式。

（1）内部排序：排序的数据量小，可以全部加载到内存中进行排序。

（2）外部排序：排序的数据量大，无法全部一次性加载到内存中进行排序，必须借助辅助存储器（如硬盘）。

11. 什么是稳定排序？请试着列举出三种稳定排序？

解答▶ 稳定排序是指数据在经过排序后，两个相同键值的记录仍然保持原来的顺序。冒泡排序法、插入排序法、基数排序法都属于稳定排序。

12.

（1）什么是堆积树（Heap Tree）？

（2）为什么有 n 个元素的堆积树可以完全存放在大小为 n 的数组中？

（3）将下图中的堆积树表示为数组。

（4）将 88 移去后，该堆积树变化如何？

（5）若将 100 插入步骤（3）的堆积树中，则该堆积树变化如何？

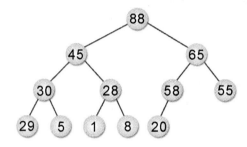

解答▶

（1）堆积树的特性（最大堆积树）：

① 为完全二叉树。

② 每个节点的键值都大于或等于其键值。

③ 树根的键值为各堆积树的最大值。

（2）因为堆积树为一个完全二叉树，所以按其定义可以完全存放在大小为 n 的数组，且有下列规则。

① 节点 i 的父节点为 i/2。

② 节点 i 的右子节点为 2i+1。

③ 节点 i 的左子节点为 2i。

（3）存放于一维数组中，如下图所示。

1	2	3	4	5	6	7	8	9	10	11	12
88	45	65	30	28	58	55	29	5	1	8	20

（4）

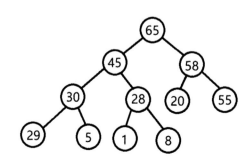

431

（5）

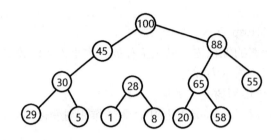

13. 请问最大堆积树必须满足哪三个条件？

解答▶ 最大堆积树要满足以下三个条件：

（1）它是一个完全二叉树。
（2）所有节点的值都大于或等于其左右子节点的值。
（3）树根是堆积树中最大的。

14. 请回答下列问题：

（1）什么是最大堆积树（Max Heap Tree）？
（2）请问下面三棵树哪一个为堆积树（设 a<b<c<...<y<z）

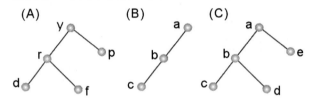

（3）利用堆积排序法（Heap Sort）把第（2）题中堆积树内的数据排成从小到大的顺序，请画出堆积树的每一次变化。

解答▶

（1）最大堆积树的定义：

a. 是一个完全二叉树。
b. 每一个节点的值大于或等于其子节点的值。
c. 堆积树中具备最大键值的必定是树根。

（2）图（A）为堆积树。

（3）

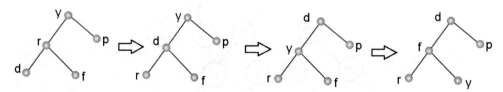

15. 请简述基数排序法的主要特点。

解答▶ 基数排序法并不需要进行元素之间的直接比较操作，它属于一种分配模式排序方式。基数排序法按比较的方向可分为最高位优先（Most Significant Digit First，MSD）和最低位优先（Least Significant Digit First，LSD）两种。MSD 法是从最左边的位数开始比较，而 LSD 则是从最右边的位数开始比较。

16. 按序输入 5、7、2、1、8、3、4，并完成以下工作。

（1）建立最大堆积树。
（2）将树根节点删除后再建立最大堆积树。
（3）在插入 9 后的最大堆积树为何？

解答▶

（1）

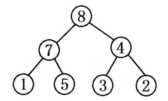

（2）

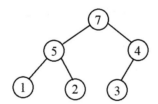

（3）

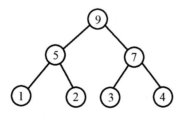

17. 若输入数据存储于双链表中（Doubly Linked List），则下列各种排序方法是否仍适用？说明理由是什么？

（1）快速排序（Quick Sort）；
（2）插入排序（Insertion Sort）；
（3）选择排序（Selection Sort）；
（4）堆积排序（Heap Sort）。

解答▶ 提示：除了堆积排序（Heap Sort）法之外，其他三种都可适用。

18. 如何改进快速排序（Quick Sort）的执行速度？

解答▶ 快速排序执行时，最好情况是使分开两边的数据个数尽量相同，一般先找出中间值（Middle Value）作为基准。

Kmiddle: {Km, K(m+n)/2, Kn} (m, n 表示分隔数据的左右边界)

例如，Kmiddle: {10, 13, 12} = 12。

此方法会使快速排序在最坏情况时时间复杂度仍然只有 $O(n\log_2 n)$。

19. 下列叙述正确与否？请说明原因。

（1）无论输入数据为何，插入排序（Insertion Sort）的元素比较总次数都会比冒泡排序（Bubble Sort）的元素比较总次数少。

（2）若输入数据已排序完成，再利用堆积排序（Heap Sort）时，则只需 $O(n)$ 时间即可完成排序。n 为元素个数。

解答▶

（1）错。提示：当 n 个已排好序的输入数据，两种方法比较次数都相同。

（2）错。在输入数据已排好序的情况下需要 $O(n\log_2 n)$。

20. 我们在讨论一个排序法的复杂度（Complexity）时，对于那些以比较（Comparison）为主要排序手段的排序算法来说，决策树是一个常用的方法。

（1）什么是决策树（Decision Tree）？

（2）请以插入排序法（Insertion Sort）为例，将 （）a、b、c）三项元素（Element）排序。其决策树为何？请画出。

（3）就此决策树而言，什么能表示此算法的最坏表现（Worst Case Behavior）。

（4）就此决策树而言，什么能表示此算法的平均比较次数（Average Number of Comparisons）。

解答▶

（1）对数据结构而言，决策树本身是人工智能（AI）中的一个重要概念，在信息管理系统（MIS）中也是决策支持系统（Decision Support System，DSS）执行的基础。决策树就是一种利用树形结构的方法来讨论一个问题各种情况分布的可能性。

（2）

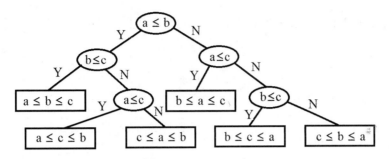

（3）所谓最坏表现，可以看成树根（Root）到叶节点的最远距离，以本题来说就是 3。

（4）平均比较次数是树根到每一树叶节点的平均距离，以本题来说是 $(2+3+3+2+3+3)/6=8/3$。

21. 使用二叉查找法（Binary Search）在 $L[1] \leqslant L[2] \leqslant ... \leqslant L[i-1]$ 中找出适当的位置。

（1）在最坏情况下，此修改的插入排序元素比较总数是多少？（以 Big-Oh 符号表示）
（2）在最坏情况下，共需元素搬动的总数是多少？（以 Big-Oh 符号表示）

解答▶ （1）$O(n\log_2 n)$；（2）$O(n^2)$。

22. 讨论下列排序法中平均情况（Average Case）和最坏情况（Worst Case）的时间复杂度。

（1）冒泡排序法（Bubble Sort）；
（2）快速排序法（Quick Sort）；
（3）堆积排序法（Heap Sort）；
（4）合并排序法（Merge Sort）。

解答▶

Name	Average Time	Worst Time
Bubble Sort	$O(n^2)$	$O(n^2)$
Quick Sort	$O(n\log_2 n)$	$O(n^2)$
Heap Sort	$O(n\log_2 n)$	$O(n\log_2 n)$
Merge Sort	$O(n\log_2 n)$	$O(n\log_2 n)$

23. 试以数列（26、73、15、42、39、7、92、84）来说明堆积排序（Heap Sort）的过程。

解答▶ 请参考本章的方法，输出顺序为 7、15、26、39、42、73、84、92。

24. 多相合并排序法（Polyphase Merging）也称斐波那契合并法 (Fibonacci Merging)。就是将已排序的数据组按斐波那契数列分配到不同的磁带上，再加以合并。（斐波那契数列 Fi 的定义为 $F_0=0$，$F_1=1$，$Fn=F_{n-1}+F_{n-2}$，$n \geqslant 2$）。现有 355 组（Run，轮次）已排好序的数据组存放在第一卷磁带上，若 4 个磁带机可用，按多相合并排序法将 355 组数据组合并成一个完全排好序的数据文件。

（1）共需要经过多少"相"（Phase）才能合并完成？

（2）画出每一"相"经过分配和合并后各个磁带机上有多少组数据组？并简要说明其合并情况。

解答▶

（1）需要经过十"相"才能完成合并。

（2）提示：

Phase	T1	T2	T3	T4
1	0	149	125	81
2	81	68	44	0
3	37	24	0	44
4	13	0	24	20
5	0	13	11	7
6	7	6	4	0
7	3	2	0	4
8	1	0	2	2
9	0	1	1	1
10	1	0	0	0

25. 请回答以下选择题。

（1）若以平均所花的时间考虑，使用插入排序法（Insertion Sort）排序 n 项数据的时间复杂度为：

（A）$O(n)$ （B）$O(\log_2 n)$ （C）$O(n\log_2 n)$ （D）$O(n^2)$

（2）数据排序（Sorting）中常使用一种数据值的比较而得到排列好的数据结果。若现有 N 个数据，试问在各种排序方法中，最快的平均比较次数是多少？

（A）$\log_2 N$ （B）$N\log_2 N$ （C）N （D）N^2

（3）在一个堆积树（heap）数据结构上搜索最大值的时间复杂度为：

（A）$O(n)$ （B）$O(\log_2 n)$ （C）$O(1)$ （D）$O(n^2)$

（4）关于额外的内存空间，哪一种排序法需要最多？

（A）选择排序法（Selection Sort）   （C）插入排序法（Insertion Sort）

（B）冒泡排序法（Bubble Sort）   （D）快速排序法（Quick Sort）

解答▶ （1）D （2）B （3）C （4）D

26. 请建立一个最小堆积树（Minimum Heap Tree），必须写出建立此堆积树的每一个步骤。

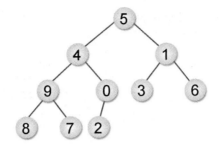

解答▶

根据最小堆积树的定义：

（1）是一个完全二叉树。

（2）每一个节点的键值都小于其子节点的值。

（3）树根的键值是此堆积树中最小的。

建立好的最小堆积树为：

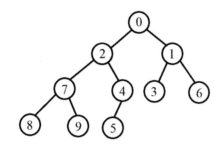

27. 请说明选择排序为何不是一种稳定的排序法？

解答▶ 由于选择排序是以最大或最小值直接与最前方未排序的键值互换，数据排列的顺序很有可能会被改变，因此不是稳定排序法。

第 9 章课后习题参考答案

1. 若有 n 项数据已排序完成，请问用二分查找法查找其中某一项数据，其查找时间约为：

（A）$O(\log^2 n)$　　　　（B）$O(n)$　　　　　　（C）$O(n^2)$　　　　（D）$O(\log_2 n)$

解答▶ （D）

2. 请问使用二分查找法（Binary Search）的前提条件是什么？

解答▶ 必须存放在可以直接存取且已排好序的文件中。

3. 有关二分查找法，下列叙述哪一个是正确的？

（A）文件必须事先排序

（B）当排序数据非常小时，其时间会比顺序查找法慢

（C）排序的复杂度比顺序查找法要高

（D）以上都正确

解答▶ （D）

4. 下图为二叉查找树（Binary Search Tree），试绘出当插入键值（Key）为"42"后的新二叉树。注意，插入这个键值后仍需要保持高度为 3 的二叉查找树。

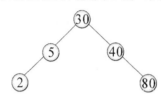

解答▶

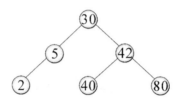

5. 用二叉查找树表示 n 个元素时，最小高度和最大高度二叉查找树（Height of Binary Search Tree）的值分别是什么？

解答▶

（1）最大高度二叉查找树的高度为 n（如斜二叉树）

（2）最小高度的二叉查找树为完全二叉树，高度为 $\lceil \log_2(n+1) \rceil$。

6. 斐波那契查找法查找的过程中算术运算比二分查找法简单，请问该叙述是否正确？

解答▶ 正确，因为它只会用到加减运算。

7. 假设 A[i] = 2i，$1 \le i \le n$，若要查找键值为 2k-1，请以插值查找法进行查找，试求需要比较几次才能确定此为一次失败的查找？

解答▶ 两次。

8. 用哈希法将 101、186、16、315、202、572、4637 个数字存在 0、1...6 的 7 个位置。若要存入 1000 开始的 11 个位置，又应该如何存放？

解答▶

f(X) = X mod 7

f(101) = 3

f(186) = 4

f(16) = 2

f(315) = 0

f(202) = 6

f(572) = 5
f(463) = 1

位置	0	1	2	3	4	5	6
数字	315	463	16	101	186	572	202

同理取：

f(X) = (X mod 11) + 1000
f(101) = 1002
f(186) = 1010
f(16) = 1005
f(315) = 1007
f(202) = 1004
f(572) = 1000
f(463) = 1001

位置	1000	1001	1002	1003	1004	1005	1006	1007	1008	1009	1010
数字	572	463	101		202	16		315			186

9. 什么是哈希函数？试以除留余数法和折叠法（Folding Method），并以 7 位电话号码作为数据进行说明。

解答▶

以下列 6 组电话号码为例：

（1）9847585；
（2）9315776；
（3）3635251；
（4）2860322；
（5）2621780；
（6）8921644。

- 除留余数法：

利用 $f_D(X) = X \bmod M$，假设 $M = 10$。

$f_D(9847585) = 9847585 \bmod 10 = 5$
$f_D(9315776) = 9315776 \bmod 10 = 6$
$f_D(3635251) = 3635251 \bmod 10 = 1$
$f_D(2860322) = 2830322 \bmod 10 = 2$
$f_D(2621780) = 2621780 \bmod 10 = 0$
$f_D(8921644) = 8921644 \bmod 10 = 4$

- 折叠法：

将数据分成几段，除最后一段外，每段长度都相同，再把每段值相加。

f(9847585) = 984+758+5 = 1747
f(9315776) = 931+577+6 = 1514
f(3635251) = 363+525+1 = 889
f(2860322) = 286+032+2 = 320
f(2621780) = 262+178+0 = 440
f(8921644) = 892+164+4 = 1060

10. 试叙述哈希查找与一般查找技巧有何不同？

解答▶判断一个查找法的好坏主要是由其比较次数和查找时间来决定的，一般的查找技巧主要是通过各种不同的比较方式来查找所要的数据项，反观哈希则是直接通过数学函数来取得对应的地址，可以快速找到所要的数据。也就是说，在没有发生任何碰撞的情况下，其比较时间只需 O(1)的时间复杂度。最重要的是，通过哈希函数来进行查找的文件，事先不需要排序，这也是与一般查找较大差异之处。

11. 什么是完美哈希？在什么情况下使用。

解答▶ 所谓完美哈希，是指该哈希函数在存入与读取的过程中不会发生碰撞或溢出，一般只有在静态表的情况下才可以使用。

12. 假设有 n 个数据记录（Data Record），我们要在这个记录中查找一个特定键值（Key Value）的记录。

（1）若用顺序查找法（Sequential Search），平均查找长度（Search Length）是多少？
（2）若用二分查找法（Binary Search），平均查找长度是多少？
（3）在什么情况下才能使用二分查找法查找一个特定记录？
（4）若找不到要查找的记录，则在二分查找法中要进行多少次比较（Comparison）？

解答▶

（1）$\dfrac{n+1}{2}$ 次。

（2）$\sum\limits_{i=1}^{n}\dfrac{\log_2(i+1)}{n}$ 次。

（3）已排序完成的文件。

（4）$O(\log_2 n)$。

13. 采用哪一种哈希函数可以使下列的整数集合：{74, 53, 66, 12, 90, 31, 18, 77, 85, 29}存入数组空间为 10 的哈希表中不会发生碰撞？

解答▶ 采用数字分析法，并取出键值的个位数作为其存放地址。

14. 解决哈希碰撞有一种叫 Quadratic 的方法，请证明碰撞函数为 h(k)，其中 k 为 key，当哈希碰撞发生时，h(k)$\pm i^2$，$1\leqslant i\leqslant \frac{M-1}{2}$，M 为哈希表的大小，这样的方法能涵盖哈希表的每一个位置，即证明该碰撞函数 h(k) 将产生 0～(M-1) 之间的所有正整数。

解答▶ 提示：可以导出，h(i)为一个哈希函数值。

A= { j²+h(I),〔mod M〕| j=1,2...(M-1)/2 }

B= { (M+2h(I)-(j²+h(I))〔mod M〕)〔mod M〕| j=1,2...(M-1)/2 }

→ A∪B= { j=0,1,2...M-1) } - { h(I) }

15. 当哈希函数 f(x) = 5x+4，请分别计算下列 7 项键值所对应的哈希值。

$$87、65、54、76、21、39、103$$

解答▶

（1）f(87) = 5*87+4 = 439；

（2）f(65) = 5*65+4 = 329；

（3）f(54) = 5*54+4 = 274；

（4）f(76) = 5*76+4 = 384；

（5）f(21) = 5*21+4 = 109；

（6）f(39) = 5*39+4 = 199；

（7）f(103) = 5*103+4 = 519。

16. 请解释下列哈希函数的相关名词。

（1）Bucket（桶）；

（2）同义词；

（3）完美哈希；

（4）碰撞。

解答▶

（1）Bucket（桶）：哈希表中存储数据的位置，每一个位置对应唯一的一个地址（Bucket Address）。桶就好比存在一个记录的位置。

（2）同义词：如果两个标识符 I_1 和 I_2 经过哈希函数运算后所得的数值相同，即 $f(I_1) = f(I_2)$，就称 I_1 与 I_2 对于 f 这个哈希函数是同义词。

（3）完美哈希（Perfect Hashing）：指没有碰撞又没有溢出的哈希函数。

（4）碰撞：若两个不同的数据经过哈希函数运算后对应到相同的地址，就称为碰撞。

17. 有一个二叉查找树（Binary Search Tree）：

（1）键值 key 平均分配在[1, 100]之间，求在该查找树查找平均要比较几次。

（2）假设 k = 1 时其概率为 0.5，k = 4 时其概率为 0.3，k = 9 时其概率为 0.103，其余 97 个数，概率为 0.001。

（3）假设各 key 的概率如（2），能否将此查找树重新安排？

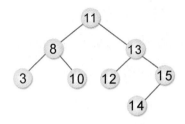

（4）以得到的最小平均比较次数，绘出重新调整后的查找树。

解答▶

（1）2.97 次
（2）2.997 次
（3）可以重新安排此查找树
（4）

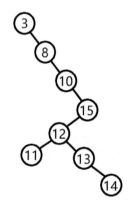

18. 试写出一组数据（1、2、 3、 6、9、11、 17、 28、 29、30、41,、 47、53、55、 67、78），以插值查找法找到 9 的过程。

解答▶

（1）先找到 m=2，键值为 2；
（2）再找到 m=4，键值为 6；
（3）最后找到 m=5，键值为 9。